刘邺 刘爱玲 阮一帆 编著

地学哲学与社会

GEOSCIENCE,
PHILOSOPHY
AND SOCIETY

走向思辨的地学之旅

A CRITICAL JOURNEY TO
GEOSCIENCE

社会科学文献出版社
SOCIAL SCIENCES ACADEMIC PRESS (CHINA)

编 委 会

序：思维着的精神是地球上最美丽的花朵

　　一般来说，人的认识从实践开始。通过实践产生感性认识，继而通过学习掌握知识，再结合某种专业，获取更广泛和系统的知识。经过对知识的加工和提炼、归纳和总结、实践和应用，进一步得出某些规律，这些规律经过实践的检验和反复实践，可对未来事件做出预测，从而逐渐发展成为某种理论。理论可以指导实践，可以预测未来，使人不仅知其然，而且可以知其所以然，所以理论具有一定的高度和深度。但一般理论具有特定的专业性，即针对一定的事物，有一定的相应的假设，用这样的理论去指导其他领域的事物就可能无效或不适用。然而，若将某些特定专业或领域的理论加以精炼、提高、抽象和升华，使其具有更大的普适性、更广泛的适用性，它就可以对更多领域的实践具有指导意义。它不仅使人"知其然"和"所以然"，而且教人"如何然"和"必然然"，这就是哲学。哲学是人们认知的最高阶层，是科学的最高形式。哲学是指导一切行为的最高思想，所谓"哲理"也就是哲学思想，"理念""思维"都表示一种抽象化了的思想。各种哲学思想，不同宗教信仰，都是各种不相同的理念。凡是符合客观事物存在和发展规律的理念和思维，都是科学的理念和科学的思维，我们崇尚科学理念和科学思维，使其成为指导我们行动的准则。

　　一门科学的形成，必须具备三个基本条件：一是有其明确的研究对象，二是有其特定的研究方法，三是具有预测未知的功能。通过观察、实验等感性认识，使第三点达到抽象的理论思维，上升到哲学的高度，使其具有科学理论和形成科学方法。一门科学的形成与发展往往有一个探索、构成、反复、完善和逐步成熟的长期过程，像地质学就经历了灾变论和均变论、水成论和火成论等种种的长期争论。正像本书引用恩格斯《反杜林论》中的一句话："全部地质学是一个被否定了的否定的系列，是旧岩层不断毁坏和新岩层不断逐层形成的系列。"

当今大数据时代，每门学科都需要有符合本学科特点的数据科学来分析处理自己的数据。数据科学就是要通过数据的处理获取信息，通过对信息的专业化、模型化产生数据知识，进而凝练数字规律，形成数字理论，再将其转化为数字产品和数字经济，创造财富，服务于社会，这就是数据科学的理念和哲学。在大数据时代，人们应该建立起数字思维，凡事要探讨其数字规律，从而达到处理问题的定量化、精准化和科学化，为此科学技术家和思想家努力开发各种人工智能和数字产品，为社会造福。

由马克思主义学院刘郦教授等编写的这本《地学、哲学与社会》从哲学的视角分析地质学中的一些重大问题，同时又从哲学的高度分析地球科学的思想和方法。这对我们探讨地球科学发展的规律、演化历史以及对人类社会发展的重要影响和意义具有重要参考价值，对地球科学研究和地质工作的开展也有指导意义。特别是通过这本著作，我们可以清楚地看到，只有通过深入的哲学思考，才能使我们从事的研究和工作达到应有的水平和高度，才能为社会做出更好的贡献，所以可以说：思维着的精神是地球上最美丽的花朵。

赵鹏大

2018 年 7 月 7 日

目　录

第 一 篇

地学科学思想

均变还是灾变：新的科学思想之争及其解

刘　郦 *

内容摘要： 在地质科学发展的历史进程中，均变还是灾变，一直是一个经久不衰的争论话题。19 世纪初开始的科学争论中灾变论和突变论为一方，均变论和渐变论为另一方，绵延争论长达一个多世纪。20 世纪 50~60 年代由于新科学事实的发现而产生的新灾变论，掀起了一轮新的均变灾变之争。到 80~90 年代争论达到顶峰。其中强调灾变或渐变、承认渐变与突变结合的新思想如间断平衡和渐进灭绝等备受关注和争议。它不仅打破了传统的科学方法论格局，丰富了科学思想的内涵，同时还为新的科学思想之争提供了一个合理性的解。地球演化是一个复杂多质的历史过程：局部性的突变表明渐进中有间断；渐进灭绝说明在灾变中有渐进的积累。只有具体地、多样性地看待地球现象和地质事件，兼顾均变论和灾变论，在具体的、局部的场景中把握和分析，才能比较全面和科学地说明地球演化的历史。

一　新争论产生的历史背景

19 世纪初，法国生物学家居维叶用灾变解释地球起源和生命演化，而莱伊尔和达尔文则主张渐进的均变论。围绕着地壳的变化、岩石的形

---

* 刘郦，中国地质大学（武汉）教授，研究领域为科学哲学。

成和古生物的演化，主要是由突发性的灾难事件决定的还是在缓慢而漫长的地质历史中形成的，双方展开长达 100 多年的争论。灾变论于 1745 年由法国博物学家布丰提出，到 1812 年居维叶出版灾变论奠基性著作《化石骨骼研究》，一度独领风骚，占据主流的地位。更由于神学代表的特创论的推波助澜，灾变论变成合法的"圣经"，成为解读地球运动包括生物进化、地层褶皱和断裂等成因的唯一标准，统治科学界相当长一段时期。其实，早在居维叶以前，英国地质学家赫顿就提出地质变动的古今一致，这一思想为莱伊尔在《地质学原理》中发展为均变论。19 世纪中叶达尔文的《物种起源》主张"自然界无跃进"的渐变思想，进一步冲击了灾变论，从而为均变论的百年统治奠定了坚实的基础，直到 20 世纪中叶新灾变论的出现。这场争论对后来的新灾变论及其引发的新的科学思想之争产生了极其深刻的影响。为此，有必要厘清均变论与灾变论各自的主要观点、争论焦点、理论思想及方法的异同以及这场争论为新争论遗留的问题。

两种理论的主要观点对比如表 1 所示。

表 1 灾变论与均变论主要观点对比

灾变论	均变论
1. 地球上绝大多数变化是突然的、迅速的，而且是灾难性的。	1. 地球表面的所有特征都是由一个难以察觉的、缓慢的自然过程形成的。变化的状态和速率具有均变性。
2. 地球历史上发生过多次巨大的全球性的灾变事件。地球演化大多由剧烈的灾变形成。	2. 地球历史上的变化大多是经过渐变逐步完成的。灾变在地球演化史上不起重要作用。
3. 每一次灾变都导致几乎所有的旧物种灭绝、新的物种产生。生物物种之间没有亲缘关系。	3. 新种通过缓慢改变，自然选择。坏的变异被排除掉，好的保留下来加以积累。物种不变。
4. 各时代地层中发现大量的生物化石与现代相似又不同，表明物种古今不一致。	4. 地球的一切变化始终遵循和服从相同的自然规律和法则，自然法则古今一致。

均变论与灾变论针锋相对，争论的焦点主要集中在：地壳及其生命的起源与演化，是突然瞬间爆发的，还是渐进缓慢地发生的。体现在思想渊源方面，是现实主义与非现实主义的对立。在科学理论或科学假说

方面，争论集中在古今演化是否遵循同样的自然法则；是渐变还是灾变；是种间的渐变还是新种的突变。在方法论上则体现为是"将今论古"还是摒弃这一原则，把演化归之于大自然的偶然的突变。

在与布朗雅尔连续四年的地质野外考察中，居维叶发现了地层的不整合以及生物化石在不同层面上是不同的。在《论地球表面的革命》一书中，他认为地面的升降和海水的进退不是渐缓的，而是突发的，是迅速的、巨大的与革命性的变化、灾变的演变作用和新旧物种之间的间断和非连续性。这种激变导致海底突然上升为陆地，使海生动物枯死；陆地突然下沉为海底，使陆生动物淹死。因此，历史上会出现物种同时大爆发和渐次灭绝，就像舞台上的演员表演一样，上台和下台都是突然发生的。居维叶认为历史上曾出现三次大的灾变，最后一次灾变直接导致人类的产生。这同《圣经》上所记载的大洪水说不谋而合。地质学界为此责难四起。

均变论则强调，如果用时间跨度极大的度量单位（如百万年）来标识的话，所有的地表特征，如化石的岩石，其形成都可以被看作一个长期的逐渐发生的过程。"历史被记录在岩石中。"[1]地球是一部古老的历史；这部历史的画卷是通过演化而展开的；而且这种演化方式是逐渐均变的。同时，古今地质作用的过程具有相似性，引发过程的原因也具有相似性，这样就有可能通过今天地质过程的渐进变化来推演历史上地球的渐进变化。均变理论可以解释自然界的一切变化过程，而不必借助超自然的力量如大洪水，可用它来解释化石记录。这一现实主义的立场为均变论赢得了科学的理性地位。

最早提出均变论观点的是英国地质学家詹姆斯·赫顿。1785 年他在爱丁堡皇家协会上宣读了有关均变论的观点，把地球演化过程解释为一个长期逐渐发生的过程，并且有着基本相同的强度。1788 年他发表《地球论》，进一步论证了这一思想。拉马克从生物物种变化的角度，证明了物种进化是一个随着环境的缓慢变化而变化的过程，物种不会灭绝。莱伊尔通过阅读赫顿、马拉克等人的著作，在《地质学原理》一书中对地质均变论做了系统的阐述和说明。泥沙的沉积、岩石的形成、山脉的形成和雨水与风的侵蚀——所有这些地质学家们能够直接观测到的地质过程都是平稳的、渐进的过程。火山的爆发、洪水等"灾变"也是一种自然力量逐步积累而发生的、可以被自然地解释的过程。同样，物种也是缓慢进化的。但物种会灭绝。灭绝过程随着环境缓慢变化而逐渐发生。因为自然界的状态是"一个长期一连串前后相继事变的结果；如果我们要增长对现代自然法则的知识，我们必须探讨它在过去时期中所造成的各种后果"[2]。这种思想深刻地影响了百年来的地质科学家。

均变论从以下两个方面批判了灾变论的错误。（1）灾变论者没有正确地认识真实的自然尺度。人类及生物尺度及其用于观察分析的实验尺度与宇宙世界的尺度是根本不同的。如果用人类生命历史的时间尺度去观测和分析诸如火山的爆发、海底山脉的隆起和岩层化石的形成等地质事件，灾变论者的地质年代只有几千年而不是漫长的、极其缓慢的几百万年。第四纪冰期开始于 200 万年前。它在地球史上所经历的时间，就像发生在两年之前的人类事件一样。莱伊尔认为这种认识尺度上的偏差，很容易导致灾变论的结论。（2）灾变论虽然有证据表明大洪水等灾变自然事件的发生，但无法精确地解释其中作用的机理。灾变论过分地夸大了地质营力的作用，最后不得不求助于神创论，同造物主的诺亚方舟连在了一起。

而对于灾变论提出的激进的、革命性的变化，均变论能够做出很好的回应。早在赫顿以前，保罗·图纳尔已经认识到动物的灭绝不是灾难性的，而是一个逐步变化的过程。莱伊尔通过大量的地质实地考察，指出地球史上许多看似极端的地质地貌的形成，其实也是可以通过缓慢的、长期的和至今仍起作用的地质营力来完成。然而，均变论也存在致命的缺陷。莱伊尔相信过去地球上的情况永远和现在发生的变化几乎相同，把状态和速率的均变性同作为科学方法基础的自然规律的不变性混淆在一起，使之成为神圣的均变主义的教条。

均变论最终战胜灾变论的两个科学理论的前提如下。其一是人类认识的非至上性及地球历史和人类历史两种时间维度的不可通约性。毕竟人们以有限的生命历史观察到地球上大的灾难的机会是相当少的。其二是在不得不于现实主义与非现实主义之间做选择时，地质学家们更乐于接受以现在起作用的地质力来解释过去发生过的事件的现实主义的方法论。莱伊尔将唯物论的反映论即地质科学的方法论的"理性带进地质学中"[3]，从而使地质学成为研究地球表面变化历史和规律的科学。这一学说的胜利发展到 20 世纪，由于魏格纳板块构造学说的提出得到了加强。毕竟由于海底的扩张，海洋以每年几厘米的速率扩张已经有几千万年了。这一事实使板块构造理论成为理想中的最为渐进的均变理论。

这场争论，由于莱伊尔过分强调地质作用古今一致，忽视发生全球性激变（灾变）的可能性，同时灾变论另执一端只看到灾变而忽略渐变，而为后来的科学思想发展及新的科学争论留下了一个很大的问题空间，那就是均变和灾变结合的可能。

即使在均变灾变争论的白热化阶段，争论双方也无法忽略或抹去均变或灾变作为地球演化的一种不可或缺的形式所起的作用。拉马克曾断言物种只有进化，没有灭绝。但莱伊尔看到渐变中物种也会灭绝，只不过这种灭绝是在渐进中进行的。20 世纪 70 年代中期，一种关于恐龙灭亡的均变观点，把恐龙灭绝归因于气候变迁或海平面下降。每一个物种都要灭绝，但它至少要经历几百万年。古生物学家西格诺尔和利普斯证明，对于一次真正的突然灭绝，化石记录越贫乏，渐进的灭绝似乎显得越明显。这被称为"西格诺尔－利普斯效应"[4]。

达尔文认为生物演化不能产生大的或突然的变化，但在《物种起源》多个版本中他提出演化"有些不规则"，也不是连续不断的，更有可能一段时期稳定或停滞，另一段时期却突然加速。他意识到物种在漫长进化过程里的渐进变化中存在突变的痕迹，"可能是不同的生物类型在不同的时期有着不同的进化方式和速度"[5]，变化并不是一直均变的，也不是单一的。

二　新灾变说及由此引发的新的科学争论

即使在均变论的全盛时期，渐进进化的观点也不断受到挑战。科学理论证据及经验事实的不足和新的反常事实的发现不断动摇着均变论假说的理论核心。首先，生物中间环节的缺失。莱伊尔提出的均变论在达尔文《物种起源》中得到了普遍的证实。然而化石证据对均变论相当不利。地质学家们发现在许多保存相当完整的地层中，中间类型的化石很难寻找。如从爬虫类到鸟类和哺乳类的进化过程中，作为过渡性物种的"始祖鸟"化石到目前为止只发现两例。同时，由单细胞生物进化到软体动物的证据也相当缺乏。达尔文相信这是地质记录不完整带来的缺陷。

其次，对渐进进化的一次重大挑战来自古生物学家埃尔德雷奇和古尔德。[6]他们在20世纪70～80年代发现了间断均衡的证据，即个别物种在很长的时间间隔里是稳定的，而新物种的出现却急速突然。而早在20年代芝加哥大学的勃雷茨就记述了华盛顿州东部的斯伯坎一带的巨大干河道曾在冰河期被一次巨大的灾难性洪水冲刷过。这一发现20年后为一个国际地质学家小组所确证。

最后，地质采矿的发现也对均变学说不利。大片的煤田和含油的岩层，说明这些区域动植物同时大量灭绝和被埋藏。这是均变学说无法解释的。这种假说和事实之间相互矛盾的突现，使科学家们不得不把怀疑的目光投向均变论，重估整个地质演化理论的科学性。

20世纪50年代，德国古生物学家欣德沃尔夫提出生物大灭绝与宇宙间超新星爆发相关。1979年美国科学家阿尔瓦雷斯出席的哥本哈根会议和次年他发表的有关铱元素异常的论文，激起了生物大灭绝问题的争论风暴，并席卷了整个80年代。阿尔瓦雷斯由新生代界线黏土层铱元素异常，推论小行星撞击地球导致生物大灭绝。两次大灭绝即著名的二叠纪大灭绝和"K-T"大灭绝。二叠纪是距今约为250万年的一个地质时期。那次大灭绝，导致海洋中50%无脊椎动物的"科"、90%以上的"种"一同灭绝。白垩纪末期大规模的物种灭绝标志着地球史的一次重大转折，即K-T界线。它表明在6500万年前有来自天外的彗星或小行星撞击地球，在墨西哥尤卡坦半岛上形成了一个巨大的陨石坑，极大地破坏了地表环境，造成多数种类的动物植物，尤其是独霸一时的恐龙永久性地灭绝了。

所有这些关于生物大灭绝的理论比均变论更多地关注突发性的灾变，包括地球史上一系列的灾变事件如磁极反转、海平面变化、火山爆发、太阳耀斑爆发、超新星爆发和小行星或彗星撞击地球等[7]，被统称为新灾变论。它由古生物学家欣德沃尔夫于1954年提出。强调宇宙和地球演化由一系列灾变事件构成，迅速、激烈和高能量，以外因为主。从 20 世纪中叶开始至今，新灾变论经历了两个发展阶段：假说提出阶段（1954～1979 年）和实证阶段（1980 年至今）。新地层学和古生物学新证据的增加及宇宙探测新科学事实的发现，挑战并更新了由来已久的均变与灾变之争，为新的科学假说和理论铺平了道路。

与旧灾变论不同，新灾变论有以下特点。（1）新灾变论完全抛弃了特创论和质朴猜测的观点，使新理论摆脱了神学的阴影。（2）在分析灾变原因时更强调宇宙因素和系统的观点，而不仅仅局限于地球动因和岩石的静态分析。它使地质学向太空拓展，在埋葬 19 世纪均变论的教条方面，走出了重要的一步，从而也引起了更大的争议。（3）新灾变论提出的背景和思维方式不同。旧灾变论处于地质科学前期，地层、岩石、动植物化石等还处于观察、收集和分析材料阶段。同时还受宗教神学的影响。而新灾变论是地球大科学走向系统科学的产物。科学假说是在严格的科学观察和经验事实及其证实的基础上形成的。围绕着霸王龙灭绝，即 K-T 界线的大量物种灭绝等灾变事件，科学家就观察事实与科学假说证实之间的关系做出了相应的辩护；为维护地质科学家共同的核心纲领而争论；地质学和其他学科如古生物学、分类学、古人类学和宇宙天文学等多学科相互合作、互相补充，共同揭示自然变化之谜。

更重要的，围绕着新灾变论产生了许多有意义的科学争论。它围绕着诸如地球磁极反转导致的宇宙射线增强，大规模火山爆发、地震和外星体撞击地球等灾变事件能否引起真正意义上的生物大灭绝；哪些灾变事件是引起生物大灭绝的真正和唯一的原因；以及严格意义上的灾变是否存在等问题而展开。

殷鸿福院士围绕新灾变论的最新研究成果，指出科学新争论主要集中在三个方面：生物灭绝；球内事件及生物灭绝效应；球外事件及生物灭绝效应。[8] 其中陨击导致大规模绝灭为争论的最大领域。

以球外因素为例[9]，新灾变论者主张陨击效应导致地球上生物大规模灭绝，而反对者的意见则集中在陨击与灭绝的同时性问题上。持新灾变论的人主张，白垩纪第三纪界线生物群菊石、双壳、微生物和颗石藻等于丹麦 Stevns Klint 和西班牙 Zumaya 两处剖面在铱异常的界线处突然灭绝。而陆相生物论的反对者则指出，界线之下不含恐龙的古新世纪型的陆生动物与下伏的三角龙动物群及其上的哺乳动物群有连续的演化关系；界线下发现过渡性植物群；灭绝的是有袋类，绝大多数树生多瘤齿哺乳类和鸟类继续生存；新墨西哥发现的恐龙确定在界线之上。而早在1993年达到争论最高潮的"达特茅斯恐龙死亡争论"中，围绕着K-T撞击事件，两种不同的解释，胜负瞬息万变，反映了灾变和渐变的许多重要结论都受到了严重的挑战。

这些围绕着新灾变论的大论战双方各执一端，针锋相对。新证据新假说不断涌现。在争论中所有的逻辑推理和说明都必须经受严酷的经验事实的检验。在这些辩护和反驳声中，一个重要的科学哲学问题浮现出来：突变（灾变）与渐变（均变）之间的关系。这个问题在旧灾变论和均变论的争论中不被重视而常常被忽略。新灾变论的反对者们通过新事实新证据揭示生物灭绝的灾变过程中有渐变的可能，以此证明灾变不是地球历史上压倒一切的变化力量，也不是唯一的一种演化方式。

至关重要的，新灾变论及其引发的新争论涤荡了统治地学界一个多世纪的单一的均变论，把均变与灾变、渐变与突变在地球演化和生物进化过程中复杂多样、多重反复和相互交织的作用的思考重新推向科学拷问和争议的风口浪尖上。

三　兼顾均变和灾变：一种局部合理性的解

今天，围绕着新灾变论的争论，沉睡已久的均变灾变之争被重新唤醒。它昭示正出现一种更为开放的科学观点，兼顾渐进论和灾变论，使两者相互之间不再排斥。一是渐进灭绝观。形成于20世纪70年代中期，作为流行已久的均变论对新灾变论的一种回应。代表人物有古生物学家凯勒等。主要观点：强调渐变的均变论；地球历史上的大多数变化是缓慢和渐进地进行的；在少数情况下，地球遭受到巨大的灾变，从而展开新的一系列渐变过程。二是间断平衡论，又叫点断平衡或间断均衡。1972年由埃尔德雷奇和古尔德提出，为近二三十年风靡欧美的新的演化理论。主要观点：强调灾变；大多数新物种的形成是在地质上通常可以被忽略不计的短时间内随机完成的；演化是突变（间断）与渐变（平衡）的结合，但大演化的突变是主流。

两种理论一个强调均变，另一个坚持灾变，可以说是在新灾变论的背景下对新的均变灾变思想之争的延续。前者大多为均变论者拥护，后者为支持新灾变作用的科学家所持有。前者因为受渐变论教条主义的影响，影响力和接受程度往往被后者所掩盖。但两种思想有一个至关重要的共同点：渐变（均变）和突变（灾变）的结合。这使得它们有可能为地质史上均变灾变的思想大争论提供一个合理性的解。

解一：渐进灭绝观说明在灾变中有渐进的积累。灭绝是一个过程。

即使在均变论渐变论盛行的时期，怎样看待灾变和突变及其在地球历史演化进程中的作用一直是一个难题。毕竟生物灭绝和地球上的灾难事件是无法抹去的。旧均变论把灾难看作自然力缓慢渐进作用的结果。20世纪20年代斯波坎灾难性洪水以及随后太阳系岩石型行星陨石坑和月亮环形山的发现，由于板块构造革命，被大大地忽略了。然而自70年代中期开始，灾难性的撞击导致生物大灭绝逐渐进入许多地质学研究的视野。渐进的均变论面临被淘汰的风险。

据此，一种折中的方案被提出来。它涤荡了严格意义上的渐变的均变学说和灾变地质学说，即渐进灭绝观。在70年代中期，关于K-T界线大量生物灭绝、恐龙灭绝事件的一种流行的看法，把灭绝看作渐进的，归因于气候的变化或海平面下降。"灭绝是一个连续过程，恐龙种类全部都要灭绝，一个接着一个，到白垩纪末，不留下后裔。从一般观点看，恐龙是伴随着呜咽声而不是伴随着轰然巨响走向灭绝的"[10]。恐龙化石的稀少和地层学记载的不完整似乎为渐进的灾变假说提供了证据。据2016年4月28日英国广播公司（BBC）网站报道的一项最新科学研究，一般观点认为恐龙灭绝于大约6600万年前的一次陨星撞击事件，但早在此前的大约5000万年前由于环境和进化的压力恐龙就可能走向衰落了。渐进灭绝观与旧均变论的区别在于，后者把灾变看作貌似极端的事件，实质等同于缓慢的渐进过程即突变以渐进的方式表现；同时没有考虑地外因素。渐进灭绝观是对新灾变论的一种回应；它承认灭绝，并把灭绝看作一个有渐进累积的演化过程即突变由渐进推动形成。

新灾变论者对渐进灭绝观通常持否定态度，认为后者显然与严格的突然灭绝是有区别的,是以往流行的有关地球均变观点的一种变种。然而,渐进灭绝思想的积极意义是明显的。第一,随着 K-T 撞击坑等新灾变科学证据的发现,排斥一切灾变事件参与的僵化的均变论破产了。新的渐变论变得更为开放:地球变迁大多数是逐步发生的,但并不排斥各种偶发的灾变事件。第二,肯定了灾变等突发事件在地球演化史中的作用。灾变和渐变一起,造就了我们今天地球的面貌。对这一思想,美国科学院院士阿尔瓦雷斯认为这是渐进论的一种进步,他称之为"后均变论"[11]。2015 年第 40 届国际地质科学史学术研讨会上又称之为"在灾变论者占主流的世界里温和坚持的均变论"。

渐进灭绝的证据是在与新灾变论的争论中被不断提出的。尽管有相当的证据证明白垩纪曾发生过突然的大规模灭绝,但许多古生物学家坚持认定灭绝是逐渐发生的。1984 年,马勒首次提出一次彗星雨可能在地球上产生多次撞击,持续大约百万年之久。这一连串的撞击能对地球化石记录逐渐灭绝有很好的支持作用。它意味着,逐渐灭绝表明突变一个接着一个,在时间上前后相继,是一连串灾变构成的灭绝。科学家们相信,在二叠纪和三叠纪交界时代物种大灭绝呈现多阶段的特点,灭绝过程持续了数十万年或数百万年。中国地质大学谢树成教授、殷鸿福院士和英国地质学家对煤山界线附近分子化石的研究发现,大灭绝不是一次完成的,至少存在两次生物灭绝。

解二:间断平衡论表明演化是突变间断与渐变平衡的结合。突变是演化主流。

间断平衡论认为地球演化的历史不是一个缓慢的渐变积累过程,而是长期稳定与迅速突变相互交替的过程,是突变(间断或连续性的中断)与渐变(平衡或连续性)相互结合的过程。相对于渐进灭绝观,间断平衡论影响最为深远。因为后者摆脱了均变论的教条主义的束缚。间断平衡论与渐进灭绝观的主要区别有三。第一,渐进灭绝观认为灭绝是在自然选择作用下逐渐积累演化的过程。间断平衡论则需要从渐进灭绝中区别出突然灭绝。在古生物界它认定渐进演化为小演化,包括物种形成以后缓慢变异形成的种系渐变和渐变积累产生的新种渐变。而大多数物种的形成是大演化,是突变,即短时间内种以及种以上单位迅速形成的过程。第二，渐进灭绝观认为种系渐变是主流，是由渐进的、长时间的变异积累产生的演化。间断平衡论则认为，渐变虽然也可以产生变异形成新种，但相对于突变，变异量较小，因此突变即大演变才是演化的主流。第三，关于物种形成过程，渐进灭绝观认为成种多数为选择有利性状积累的结果。区别于达尔文主义，间断平衡论则主张突变并不一定沿着有利于适应的方向进行，而表现为随机性和无定向性。日本学者木村资生提出中性说，强调基因突变随机自由地结合，形成新种。同时，地理隔离是成种的必要条件。而成种可以由突变短时间完成，因此不强调长时间渐变的积累[12]。

　　间断平衡论自问世以来之所以广受欢迎，还在于它相对于僵化的渐变论、新旧灾变论而言，更能说明和解释最新的科学事实和证据。它注重物种灾变的演化，但也兼顾渐变，因此更能真实地展现唯物辩证法思想的精髓。特别是对大演化和小演化的区分，表明演化是长期的渐变和迅速的突变（大演变）反复交替作用的过程；局部的突变（小演变）表明渐变中有突变。然而，由于间断平衡论坚持突变是地球演化的主流，主张基因突变的随意性和非自然选择性，在一定程度上带有客观唯心主义的嫌疑。这一缺陷后来为新特创论所利用，成为永远挥之不去的阴影。

　　上述两个均变灾变新科学之争的解决方案，虽然各有侧重，但互为补充，共同构成比较全面、合理的演化思想理论。由此得出两个重要的结论。

　　第一，地质演化史是一个复杂多质的变化过程。"演化的历史是复杂的——既非全部渐变也不是全属灾变"[13]，而是在两者相互作用基础上的结合。地球的演化史并不是单纯的渐进发展，如均变论者所强调的；也不是单纯的灾难性的突发事件，如新旧灾变论者所强调的；而是包含更多的复杂性。均变论暗示了一种正统的超越历史的教条主义的科学方法。同样灾变论仍然摆脱不了追求抽象理性和普遍有效合理性方法的桎梏。事实上，普遍合理的方法是不存在的，因为它用简单性说明复杂性，用单一的思维模式代替丰富多样的地质事件及其变化。费耶阿本德指出："科学是一个复杂的、多质杂合的历史过程"，因而"必须拒斥一切普适的标准和一切僵硬的传统"。[14]

第二，历史地解读均变和灾变在地质演化中的作用。历史是具体的、局部的，充满偶然性，因此历史地解读地球46亿年的变化，必须在地球演化和地质事件的具体场景中把握。美国科学哲学家劳斯曾指出科学地"理解局部存在的特性"，即科学知识和方法具有"局部的合理性"。[15]均变灾变的认定只能在局部的、具体的历史场景中把握。新灾变论在生物大灭绝和宇宙间超新星爆发新的知识背景下，必须从灾变和均变之争中找出新的理论和方法的增长点，以渐进灭绝观和间断平衡论来解释均变或灾变不能说明的最新的科学事实和现象。均变论和灾变论各自以其特殊的分析对象、时间跨度和研究方法为特征，不可能穷尽过去、现在和将来所有的地球内外及其地质事件发生、发展和演化的机理。"即使给出有关知识特性的一些基础性的真理，也不可能建立任何世界性的统一观点，甚至其主张在时间、空间中的重复传播，也不能担保其能保持始终不变"[16]。因此，均变论和灾变论作为说明地质（地球）事件的两种思想方法，在具体场合中发挥其独特的作用，具有局部的合理性。不同地质时期和地质环境，由于进化的时间跨度和进化速率不同，进化方式有别，可能在说明某一类地质现象时，以渐变为主，渐变论比灾变论更有说服力；而在另一些场合，以突变为主，均变论则处于次要地位。澄江动物群、埃迪卡拉动物群和七次生物大绝灭，表明地球演变的基本规律是辩证的。只有从历史的观点看待地球现象和地质事件，兼顾均变论和灾变论，在具体的、局部的场景中把握和分析，才能比较全面和科学地说明地球上地质事件演化和发展的历史。

参考文献

［1］沃尔特·阿尔瓦雷斯：《霸王龙和陨石坑》，马星恒、车宝印译，上海科技教育出版社，2001，第76页。

［2］莱伊尔：《地质学原理》，徐韦曼译，北京大学出版社，2008，第11页。

［3］孙荣圭：《地质科学史纲》，北京大学出版社，1984，第54页。

［4］沃尔特·阿尔瓦雷斯：《霸王龙和陨石坑》，马星恒、车宝印译，上海科技教育出版社，2001，第54~55页。

［5］吴汝康：《达尔文时代以来生物学界最大的论战——系统渐变论与间断均

衡论》，《人类学学报》1899 年第 3 期。

[6] 沃尔特·阿尔瓦雷斯：《霸王龙和陨石坑》，马星恒、车宝印译，上海科技教育出版社，2001，第 153 页。

[7] 王士平：《新灾变论再受关注》，《科技文萃》2000 年第 5 期。

[8] 殷鸿福：《关于新灾变论的争论现状》，《地质科技情报》1986 年第 1 期，第 42 页。

[9] 殷鸿福：《关于新灾变论的争论现状》，《地质科技情报》1986 年第 1 期，第 45 页。

[10] 沃尔特·阿尔瓦雷斯：《霸王龙和陨石坑》，马星恒、车宝印译，上海科技教育出版社，2001，第 55~56 页。

[11] 沃尔特·阿尔瓦雷斯：《霸王龙和陨石坑》，马星恒、车宝印译，上海科技教育出版社，2001，第 143 页。

[12] 殷鸿福：《"间断平衡论"风靡欧美》，《地球科学》1983 年第 2 期，第 1~2 页。

[13] 沃尔特·阿尔瓦雷斯：《霸王龙和陨石坑》，马星恒、车宝印译，上海科技教育出版社，2001，第 87 页。

[14] 费耶阿本德：《反对方法》，周昌忠译，上海译文出版社，1992，第 12 页。

[15] Joseph Rouse, *Knowledge and Power*: *Toward a Political Philosophy of Science* (Cornell University Press, 1989), p. 72.

[16] Steve Fuller, *Philosophy of Science and Its Discontents* (Boulder: Westview press, 1989), p. 4.

新灾变论及其影响

——地学前沿一瞥

余良耘　冯秋丽[*]

内容摘要：本文主要介绍新灾变论产生的历史背景、主要观点以及它对地学产生的巨大影响。全文分为三个部分，第一部分简介了灾变论—均变论—新灾变论的产生、发展过程；第二部分着重讨论了几种比较流行的新灾变假说；第三部分重点介绍了在新灾变论思潮的猛烈冲击下，事件地层学、灾变成矿论、天文地质学等新学科、新理论的兴起与发展状况。

近几十年来，地球科学不断向前发展，其前沿领域出现了很多新学说和新观点。其中，新灾变论（Neocatastrophism）就是一个突出的代表。[1]新灾变论最初为德国著名古生物学家辛德瓦夫于 1954 年所提出。20 世纪 80 年代以来，新灾变论获得了更深入的拓展，研究领域涉及天文学、气象学、古地磁学、古生物学、地层学、沉积学、海洋学、板块学说和矿床学等多个方面，研究成果和发展趋向，对丰富地球科学的主要领域如资源、环境及抗灾等，都有不可或缺的意义。

一　新灾变论产生的历史背景

18 世纪到 19 世纪初，地质学处于早期的发展状态，占统治地位的

* 余良耘，中国地质大学（武汉）教授，研究领域为哲学；冯秋丽，中国地质大学（武汉）科学技术史专业硕士研究生。

是灾变论。1745 年，法国博物学家布丰在研究地球起源的时候率先提出了灾变论。他根据彗星的运行轨道偏心率极大且有时距离太阳很近的特点，设想在原始的太阳形成以后曾有一颗彗星与其相撞，地球就是这一碰撞的产物。布丰关于地球起源的假说本来带有反宗教的性质，因为他把地球产生的原因归因于自然本身而排除上帝的作用；但是被居维叶等人加以曲解，变成了一种保守的、企图与宗教神学相调和的理论。[2] 1812 年，法国生物学家居维叶出版了一部古生物学奠基性的著作《化石骨骼研究》，主张根据化石把已经灭绝的古代生物复制出来。在居维叶看来，岩层与岩层之间有着明显的分界，它们似乎没有任何连续性，不同岩层中保留下来的化石又各不相同，因而这些动物物种之间没有任何联系。居维叶认为地球上的生命（进程）曾多次被可怕的事件所打断；地球曾经经历过相继的革命及各种灾变，而这种灾变大多数是突然发生的。[3]

　　虽然居维叶主张地球表面会不断地发生革命性变化，但这种观点与宗教传说中的大洪水相吻合，反而容易导致对地球演变的保守结论；不断前进的地质科学势必要对其进行挑战，以寻找脚踏实地的发展道路。早在居维叶之前，英国地质学家赫顿就首先提出了古今类比的现实主义思想，他主张应该以现在仍然起作用的地质力量去解释历史上已经发生过的地质变动，承认古今自然规律的统一性。后来莱伊尔在他的巨著《地质学原理》中对这一思想予以详细阐述并形成了均变论。均变论是针对灾变论发展起来的。莱伊尔认为，地球并没有经受过灾变，地球演化历史中古生物的变化、地层的褶皱和断裂等都是缓慢的效应在漫长的地质历史中积累的结果。[4] 19 世纪中叶，生物学家达尔文的《物种起源》问世，提出自然选择原理。他主张在世界上每日每时都在检查着最细微的变异，把坏的排除掉，把好的保留下来加以积累；这种过程非常"细微""安静"和"缓慢"，以至于人们无法觉察。他认为生物演化不能产生大的或是突然的变化，提出"自然界无跃进"的渐变观。他将古生物演化中大部分中间类型的缺失和生物界的突然变化归因于"地质记录的不完全"，极力主张在所有物种和绝灭物种之间的中间的和过渡的连锁数量，一定是难以计数的。[5] 达尔文的生物渐进演化观，进一步冲击了灾变论，使"均变论"在地质学领域中的统治地位长达 100 多年。

新灾变论就是在上述的历史背景下出现的。在现实主义原理和进化论思想占统治地位达一个半世纪之后，地学和其他自然科学的发展积累了许多观测资料，证明在宇宙中和地球上确实存在过突然发生的剧烈变化，有许多现象"均变论"观点是难以解释的。因此，各种灾变假说便应运而生。[6]

20 世纪中叶是一个新学科新理论集中爆发出现的历史时期。在获取大量的新的科学事实和证据的前提下，德国著名古生物学家辛德瓦夫率先提出了新灾变论，他把地史时期（生物）大绝灭（Mass Extinction）与宇宙间超新星爆发这种"天外横祸"相联系。1980 年，阿尔瓦雷斯等发现了中、新生代界线黏土层中富含铱，于是提出小行星撞击地球导致生物大绝灭的观点，使新灾变论更容易被地学界所接受。

主张新灾变论的学者认为：在宇宙和地球演化中出现过一系列灾变事件，如超新星爆发、外星体撞击地球、地球磁极倒转、大规模火山爆发等，其特点是时间短、能量大、突发性强。其后果可能引起生物大绝灭，还会导致出现灾变成矿等现象。与莱伊尔和达尔文等人的主张相反，灾变论认为灾变普遍存在于事物发展的全过程中，是自然界的一种基本演化现象。由于居维叶等人已经提出过灾变论，故现代灾变假设被称为新灾变论。从某种意义上来讲，新灾变论的出现，也是地质学理论自身发展的一次较大的"旋回"，它好像是向旧理论的回复，但是它是在更高基础上的回复。它站在现代科学技术综合发展的"地基"之上，以新的科学观察和科学证据为条件，抛弃了旧灾变论的神创论的阴影。它在提出的初期，不仅仅看到了地球内部因素导致的灾变，更多强调宇空外在因素对地球的作用。

二　新灾变论发展的主要阶段

人们对灾变现象产生浓厚的兴趣，与地球科学与技术的综合发展有密切的联系。一方面，在传统领域，地层学、古生物学的研究不断深入；另一方面，在高新技术领域，天文观测、宇宙探测获得许多新的证据。人们的研究视野被打开，对灾变假说的信心不断增强。从 20 世纪中叶到现在，新灾变论发展大概可分为两个阶段。第一阶段，1954~1979 年，为提出假说阶段。第二阶段，1980 年至今，是对灾变假说的实证与完善阶段。在第一阶段，为解释灾变的原因，地学家提出了种种假说，可分为地内成因说和地外成因说两类。[7]地内成因说包括下面几个因素。

一是磁场翻转。当磁场倒转时，磁场对地球的屏蔽作用大减，使太阳辐射和宇宙线直射地球。在这段时间，如果因宇宙因素产生巨大辐射冲击（如太阳耀斑、超新星爆发），那么它可能给地球生物带来灾难，导致大绝灭。由于生物体的磁效应，磁极反转期的低磁场会对具有磁性排列能力的生物造成直接影响；地磁场变化也可能引起自然环境变化，如气候变化而危及一些生物。哥腾堡地磁偏移事件与更新世末的哺乳动物大绝灭期很接近，当时全球气候也出现了反常现象。[8]

二是温度变化。温度的剧烈变化对只适应某范围温度的生物的影响或许是灾难性的。全球变冷可使赤道温度下降，使整个温度带消失，从而使适应该带的动物群绝灭。气候变冷事件，往往与一些生物绝灭现象相吻合。全球变暖也会造成同样的后果。温度上升，二氧化碳增多会对生物繁殖造成负面影响；海水升温，还因造成水循环停滞而导致缺氧等事件发生，从而造成某些生物绝灭。

三是海平面剧烈升降。如板块运动或冰川事件会引起海平面大幅度升降，而海平面的剧烈运动又会引发一系列灾难性事件的发生，如缺氧事件、气候变化、生存空间缩小等，从而导致生物大规模的绝灭。

四是火山爆发。大规模的火山爆发喷发的二氧化碳气体会严重地扰乱地球的大气圈、水圈和生物圈的物质循环，恶化生态环境，造成大量生物死亡。二氧化碳还会使大气圈产生温室效应，引起温度灾害性的上升。酸性火山爆发可释放出大量灰尘与有毒物质，还可造成与小行星撞击地球同类型的蔽光、酸雨、致冷和中毒效应，从而导致生物大绝灭。

地外成因说则包括下面几个因素。

一是太阳耀斑爆发。太阳在耀斑特大爆发时会释放出巨大的能量，还能发射出各种频率的电磁波和太阳宇宙线。有些科学家相信，现代太阳耀斑活动与气候灾害（风暴、洪涝、旱灾、低温等）密切相关；并对人类的神经系统有影响，与霍乱、伤寒、黑热病等有关。在地质时代中，太阳超级耀斑可能使地球上古气候、古生物等发生过灾变。

二是超新星爆发。超新星爆发是银河系恒星世界中已知最剧烈的爆发过程之一。它以高速抛射碎片，形成扩散壳，同时还发射宇宙线和电磁辐射。超新星爆发造成大绝灭假说在 20 世纪 70 年代讨论得最热烈。超新星爆发对地球造成的影响可能有二：其一是宇宙线增强，直接危害生物体；其二是宇宙线增强影响大气臭氧层导致气候变化。

三是小行星撞击说。小行星是太阳系的一个重要组成部分。大多数小行星的轨道是在火星与木星之间，形成小行星带。但是，也有一些小行星距太阳更近一些，它们的轨道可穿越地球轨道。10 公里直径的小行星可在地球上形成直径达 200 公里的陨击坑。10 公里的小行星与地球碰撞的概率约 3000 万年一次，也有人认为约 1 亿年一次。小行星撞击地球时产生很大撞击能，在地表形成一个盆状洼地，并把大量物质向四周抛溅，细微的尘埃可达同温层，一部分冲击能转变成热能，使被撞击物质熔化或部分地汽化，这些都会给降落地区和整个地球带来巨大的灾难。

1980 年，美国学者阿尔瓦雷斯等应用中子活化法在意大利、丹麦等地的晚白垩 - 早第三纪界线处黏土层发现铱异常，以此作为小行星撞击地球造成恐龙绝灭的有力证据。对灾变论的研究也进入实证阶段。迄今为止，地学家们做了大量艰苦细致的工作，利用现代技术的方法与手段，获得了许多翔实的资料与记录，除铱及痕量元素异常外，还有微球粒、撞击石英、撞击坑、高温石英及火山尘碎屑物的收集研究等。国际地质对比规划（IGCP）列出了多项专攻地质灾变事件的研究，如地史中的稀罕事件、全球生物事件、白垩纪中事件、东特提斯二叠纪和三叠纪事件，并举行了一系列国际学术讨论会，涉及天文学、气象学、古地磁学、古生物学、地层学、沉积学、海洋学、板块学说和矿床学多方面内容，使新灾变论不断得到深化。

科学家相信，在地史上发生过多次生物绝灭事件，包括元古宙晚期软躯体生物的绝灭、奥陶纪末期的绝灭、晚泥盆世的绝灭、二叠纪末的绝灭、晚三叠世的绝灭和白垩纪末的绝灭等。其中，二叠系和三叠系之间的绝灭规模最大，有人认为海洋生物的一半左右、陆地生物的六成左右绝灭；还有人甚至认为可能有90%的物种绝灭。对于这次绝灭事件持续的时间，有人认为是几百万年，有人认为是一到二百万年，还有人甚至认为只有十万年或者几万年。[9]因此，对二叠系和三叠系的分界标志及分界剖面上的物理、化学、生物等特性的综合研究，就成为国际地学界引人注目的事件。

早在1923年，美籍教授葛利普就注意到中国浙江省长兴县灰岩中的动物化石群，并将其命名为长兴灰岩。1962年中科院南京古生物研究所盛金章等提出了长兴阶，1977年该所成立二叠系－三叠系界线工作组。1978年，由杨遵仪领导的中国地质大学界线组成立。1985年，中国地质大学教师张克信在浙江煤山剖面上发现微小欣德牙形石化石。著名古生物学家殷鸿福于1986年提出以牙形石取代菊石作为二叠系－三叠系界线标准化石，逐步得到国际学者的赞同。1993年，殷鸿福主持召开了国际二叠系－三叠系界线工作组会议，确定了4条层型候选剖面，煤山剖面列为首选剖面。2001年3月，国际地质科学联合会在界线工作组、三叠系分会、国际地层委员会三轮投票后，正式确认长兴煤山D剖面27C之底为这一重要地质年代界线的"金钉子"。二叠系－三叠系界线，同时也是古生界与中生界的界线，它的异乎寻常的意义在于记录了地球历史的一次重大转折，在此期间发生了显生宙以来最深远的变化和最剧烈的绝灭事件。[10]

三 新灾变论对地学的影响及展望

"一石激起千层浪"。新灾变论的理论与实践冲击了地学中统治达一个多世纪之久的渐变论，开辟了地学研究的新思路。昔日占统治地位的、认为地球变化是缓慢而令人无法察觉的渐变论为主张突发的、轰轰烈烈的"革命"性变化的新灾变论所颠覆。它对地球科学发展的影响是多方面的。

第一，丰富了对生物进化过程的理解。达尔文的进化论强调了生物进化过程中缓慢演化的意义，并提出一点一滴的量的积累会造成巨大的物种的差异。达尔文还揭示了这种量变过程的内在机制就是自然选择，适者生存。但是达尔文的理论不能解释这样的现象，即生物在内部因素和外部因素的作用之下所产生的突变。例如寒武纪生命的大爆发，当时几乎所有的无脊椎动物门，绝大部分纲都出现了。达尔文的理论更不能合理解释进化过程中的灾变现象，他认为动物的绝灭要么是数量过多，要么是不适应环境而被逐渐淘汰。但是在灾变过程中可能会出现的情况是，外部环境的灾难变化会使先前适应环境的生物集体绝灭，因而偶发性的因素也必须被纳入对生物进化过程的考虑。同时也要看到，从一个角度看来是偶然的，从另外一个角度看来则是必然的。生物进化过程中旧的物种不断灭亡，新的物种的不断更新是自然发展的必然规律。灾变现象只是这种必然性为自己开辟道路的一种形式。灾变的意义在于它可以促进生态系统的更替，旧的生态系统的结构被打破，新的生态系统的结构被重新建立起来。[11] 因此在生物进化过程中，量变、质变、突变、灾变等都发挥了作用。生物进化不是一个简单的渐进过程，而是一个复杂的、多重反复的过程。首先，量变或渐变是我们通常看到的现象，它的特点在于时间漫长而空间狭窄。但量变积累到一定的程度就会引起质变。注意有两种不同的质变，一种是由单纯的量变所引起的质变，如水滴石穿便是；另一种是由突然性的因素所造成的事变，简称突变，它并不是由单纯的量变所形成。突变也有两种形式，一种是向上的进步的突变，例如创新进化事件，从猿到人；另一种是破坏性的突变即灾变。灾变是进化过程正常秩序的打断，是暂时的曲折和倒退，但孕育着新的进化的萌芽。进化的道路包括：量变（渐变）→质变……突变……灾变→新的量变（渐变）等一系列过程。进化的总方向是前进的，但发展具有阶段性，曲折和倒退也是前进道路上的组成部分。

第二，促进了地层学研究的不断深入与发展。由于灾变事件往往具有全球性与典型性的特征，所以它为地层层序的建立及其相互间时间关系的确定，提供了一个天然的试验场。在典型的地质剖面，例如中国长兴煤山剖面，中外地质学家进行了磁性地层学、化学地层学、分子地层学、生物地层学等多方面的研究，取得了大量的成果。在事件地层学的研究方面，通过大量的证据、综合的方法，追溯绝灭事件产生的背景和原因，还原地史上曾经有过的真实画面，是一件扣人心弦的体验。但这里更需要排除先入之见，坚持实事求是的科学态度。灾变可能是瞬间的、由陨石撞击等地外原因造成的，也可能是较长期的、多相的、由火山爆发等地内原因造成的。[10]当然，还有可能是地内与地外诸多因素都发挥了作用，导致海退、缺氧、高温、海进、低温等难以预测的灾难现象的出现。事件地层学用突变的，甚至是灾变性的特殊事件去划分、对比地层，丰富了地层的划分类型，也使地层的对比研究更有说服力。地质界线有两类。一类是"平静界线"，即界线处没发生突变或灾变性事件；另一类是在界线处发生过剧烈的突变事件，称"突变界线"。现有资料表明，几乎所有重要的年代地层界线上或多或少发生过某种等级的灾变性事件。在许多界线上往往是多种事件并存，如界线上可能会有撞击、火山爆发、全球森林大火、古气候突变、海平面上升和生物大灭绝等多种灾变事件的复合出现。由于各种事件的相互联系和相互影响，要区分原发事件和终极事件。原发事件可导致新事件的产生。地学家认为，进行事件学研究必须抓住生物事件和岩石事件这两条线索，探讨导致这些事件产生的原发事件，如板块运动、天体碰撞等。事件地层学用突发性灾变事件划分对比地层，大大提高了地层对比研究的精度，使重大地质事件清晰明白、易于辨认，有强大的生命力，也是地球科学发展的新领域。

第三，灾变观还被运用来探讨某些矿产的成因，指导找矿。灾变成矿论认为，灾变过程为有机矿产准备了一定的物质基础。如成油、成煤与生物界的大发展和大绝灭直接相关。[12]灾变是矿质来源的一个选择。如果一个富含某些元素的大陨石撞击地面，有可能直接形成具有工业价值的矿床。加拿大肖得贝里铜镍矿床最突出的特征是外形呈椭圆形"浴缸"状，属高温贫铜类型，关于它的产生，有人提出，巨大陨石的坠落可能导致肖得贝里构造及矿床的形成。灾变为成矿创造了构造条件，有人提出"轰击→构造→成矿"的模式，认为地外星体撞击地球时可以撞穿岩石圈层，破坏古大陆和古大洋并使之解体，使岩浆沿破裂上升，地幔塑性物质开始流动，由此可以促进板块构造的发生和运动，并控制着不同构造－成矿带的分布和差异。另外，中国地质学家研究了燕山期成矿大爆发，认为中国有 33 个超大型内生矿床，其中有 17 个形成于中国东部燕山期。这种集中成矿的现象源于岩石圈 – 软流圈系统的大灾变，即大量新的、热地幔物质和热的下地壳物质去取代、加热和注入冷的岩石圈和地壳，富集有用的元素会被岩浆 – 流体子系统析出，并在某些地段堆积成矿。这是典型的岩浆 – 构造 – 成矿事件。它说明了深部环境的骤变对成矿的意义。[13]

第四，灾变观还启迪了天文地质学的形成。天文地质学是应用天文学的研究方法、观测资料和研究成果，来探讨和解释地球上的各种地质现象的成因和演化规律的学科。地球系统的存在，不能脱离与太阳系甚至银河系的相互联系与相互作用。各种天文因素对地球地质发展都有影响，诸如银河系运动、超新星爆发、太阳活动、太阳系天体（行星、小行星、彗星、陨石）、月球、地球旋转等。宇宙的各种物理场（引力、电磁波、宇宙线等）对岩石圈、大气圈、水圈和生物圈也存在影响。万有引力把天地之间的引力和地球上物体之间的引力联系起来。在漫长的地质时期，引力常数可能是不"常"的。地球经常受到太阳风的影响，银河系的恒星风对地球亦可能产生作用，这些都对地球造成深远影响。1982 年，在国际上召开过大规模国际学术会议，其论文集刊于《大的小行星和彗星对地球撞击的地质解释》。在我国，徐道一是较早把天文地质学引进中国的研究者之一，他牵头编著的《天文地质学概论》对中国天文地质界有深远的影响。[14] 近年来，随着宇航技术和方法的应用，科学家从宇宙空间对地球表面进行观测和分析，并把天文学与地质学两方面的成果进行对比，确定其相似程度，建立其联系的关系式，对两者关系的成因机制进行探讨。今天人类已进入宇航时代，应用天文和宇航研究的成果和资料，能够更完整和系统地解释地质现象的形成机制。可以预见，天文地质学将有力地促进地质学的成长和发展。

第五，新灾变论的理论与实证研究，也有助于地质科学向资源、环境和抗灾的一体化的方向发展。人们已十分明确地认识到，当今人类所面临的自然问题是复杂的，跨越多个学科。在地球系统中，大气、海洋、陆地和生命都有密切联系。岩石与土壤中蕴藏着各种各样的问题，需要我们去解答，例如能源与矿产资源成因、生命演化、气候变化、自然灾害、生态系统结构和功能、营养物质与有毒物质的运动等。地质科学能帮助人们了解物理和生物世界的过程，从而模拟和预测系统内的变化，以面对未来可能发生的挑战。[15]科学家们越来越关注地表过程和气候过程，关注其对生态系统健康和变化的影响。生态系统正受到自然和人为压力的影响，气候变化、海平面上升、荒漠化以及物种绝灭的现象日益凸显。必须加强对发生在地球表面或附近的生命、化学和物理过程的复杂相互作用的研究。科学家还指出，地震、山崩、火山、火灾、强风暴、海岸洪灾等对经济安全、公共安全和环境安全构成重大挑战，灾害易发区人口与基础设施过度扩张会使抗灾能力减弱，一场自然灾害就可能引发巨大的物资损失与人员伤亡。因此，必须开展有针对性的灾害研究，改善并提升灾害的监测、预警和预测能力，将多种灾害、脆弱性、风险和恢复力纳入灾害评估，发展有效的、跨学科的、迅速应对灾害的实际能力。为达到社会的可持续性发展，构建社会与地球系统的和谐运行机制，人们还必须做出持之以恒的努力。

参考文献

［1］殷鸿福、徐道一、吴瑞堂编著《地质演化突变观》，中国地质大学出版社，1988。

［2］关士续编著《科学技术史简编》，黑龙江科学技术出版社，1984，第283页。

［3］乔治·居维叶：《地球理论随笔》，张之沧译，地质出版社，1987。

［4］莱伊尔：《地质学原理》，徐韦曼译，北京大学出版社，2008。

［5］达尔文：《物种起源》，商务印书馆，2005，第98～99、350～352页。

［6］殷鸿福：《关于新灾变论的争论现状》，《地质科技情报》1986年第1期。

［7］穆西南：《古生物学研究的新理论新假说》，科学出版社，1993。

［8］徐钦琦、李毅、张普林、李春田：《超新星爆发与更新世末绝灭事件》，《科学通讯》1985年第2期，第159～160页。

［9］徐桂荣、王永标、龚淑云、袁伟：《生物与环境的协同进化》，中国地质大学出版社，2005，第244～246页。

［10］殷鸿福、鲁立强：《二叠系－三叠系界线全球层型剖面——回顾和展望》，《地学前缘》2006年第13期，第257～267页。

［11］杜远生、童金南：《古生物地史学概论》，中国地质大学出版社，1998，第22～23页。

［12］曾庆丰：《灾变成矿论》，《地球科学》1987年第4期，第167～181页。

［13］邓晋福、莫宣学、赵海玲、罗照华、赵国春、戴圣潜：《中国东部燕山期岩石圈－软流圈系统大灾变与成矿环境》，《矿床地质》1999年第4期，第309～314页。

［14］徐道一、杨正宗、张勤文、孙亦因编著《天文地质学概论》，地质出版社，1983。

［15］杨景宁、赵纪东：《面向变化世界的地质学（2010～2020）——执行美国地质调查局的科学战略》，《科学研究动态监测快报·地球科学专辑》2011年第8期。

大地构造学发展中的哲学蕴涵[*]

张明明[**]

内容摘要：大地构造学是一门具有时空尺度大、多层次、多种类、多类型特点的学科，是地质科学中综合性和理论性很强的探索性学科，多以假说形式出现，有丰富的哲学内涵。本文立足于大地构造学说在西方与中国的发展历程，分析大地构造学说中包含的哲学规律，归纳大地构造学说研究中所采用的科学方法，以及大地构造学更迭中体现的科学发展模式，较为全面地揭示大地构造学的哲学蕴涵。这不仅有助于丰富与发展地质学家对大地构造的认识，而且有助于提高人类认识自然、适应自然与利用自然的能力，还能为深入开展地球科学实践提供科学思想方法的指导；同时还将有助于科学哲学自身内容的丰富及发挥在科学研究活动中的指导应用。

大地构造学的特点，如恩格斯在《反杜林论》中指出的那样："地质学是研究那些不但是我们没有经历过，而且任何人都没有经历过的过程"。许多理论、假说都是在由片面认识到全面认识的过程中经过讨论发展起来的。

---

* 本文由笔者硕士学位论文选编而成。

** 张明明，中国地质大学（武汉）科学技术史专业硕士研究生。

一 大地构造学发展中体现的辩证法规律

首先，普遍联系是唯物辩证法的第一个总特征。恩格斯指出，"当我们深思熟虑地考察自然界或人类历史或我们自己的精神活动的时候，首先呈现在我们眼前的，是一幅由种种联系和相互作用无穷无尽地交织起来的画面。"[1]辩证法正是对这幅普遍联系画面的逻辑反映，在这一意义上，可以把辩证法规定为"关于普遍联系的科学"。大地构造学的地质科学理论和地质实践的发展充分说明了联系的普遍性。

联系是客观的。联系的客观性指联系是事物本身所固有的，是不以人的意志为转移的。由于地质营力而产生的地震、火山喷发和泥石流等，无论人们多么憎恶这些地质灾害，它们都会发生，甚至无法预测。人为事物是人类实践的产物，尽管它们体现出"人化"的特点，但它们的联系仍然是不以人的意志为转移的。这是因为，人为事物的联系是经过实践这一客观物质活动才得以形成的，并且只有反映了客观的联系才具有真实性。例如中国《诗经》中"高岸为谷，深谷为陵"的记载。

联系的普遍性包含两重含义。一是指世界上一切事物、现象和过程都不能孤立地存在，都与周围的其他事物、现象和过程联系着，整个世界是相互联系的统一整体。二是指任何事物、现象、过程内部各个部分、要素、环节也是相互联系、相互作用着的。当代大地构造学的发展充分说明了联系的普遍性。过去，由于探测手段的限制，对海洋底部了解不多，所以大地构造研究主要限于大陆，有关假说也多以考虑大陆为主。近30年来，海底钻探技术、海洋地球物理以及卫星遥测和遥感技术等的发展，大大丰富了对海底构造和大陆整体构造及线性构造的认识。随着科学技术和研究手段的进步，地质学家们对大地构造学的研究由陆地走向海洋，所以现代大地构造学力图全面联系大陆和海洋，从而形成全球构造这样一个更加全面的整体性研究。

联系的普遍性根源于世界的物质统一性。一切事物和现象无不是运动着的物质的具体形态、属性和表现，它们有着统一的本质联系。这种统一联系通过事物之间具体的相互作用、相互转化等形式表现出来。人们对地球上海陆变迁的一些自然现象的感悟早在公元前就有了，但在中世纪及其以前的数千年里，学者们对地质现象的认识以及大地构造学思想一直停留在感知阶段。要进一步了解联系的普遍性，还必须把握"中介"这个哲学范畴。列宁说："每个事物（现象、过程等等）是和其他的每个事物联系着的。"[2] 人类对地球的认识也有中介。例如，古代希腊神话中，地球是由一个名叫阿特拉斯的神扛着，阿特拉斯动一下，地球也动一下。其实，阿特拉斯神并不存在，但是地球经常在动，且山脉和海洋的形成的确都是由地球内部的运动造成的。用现在的科学术语说，即由地球内部的作用力或机制造成的。通过地球内部强大的作用机制这一中介，人类对地质现象的认识从非生命界到生命界及人类社会乃至无限的宇宙，形成一个由无穷无尽的层次、中间环节的相互连接交织而成的普遍联系之网，每一个个别事物的存在、运动和变化都被包括在这张普遍联系之网中，都是普遍联系的具体表现。

其次，事物的永恒发展特征。发展是事物由低级到高级，由简单到复杂，由无序到有序的上升运动。大地构造学揭示的地球的发展就是这样一个历史。从原始地球到自然演化的地球，从无机界到有机界，从生命的起源到人类社会的产生，表明地球的演化过程是从简单到复杂、从低级到高级、不断分化的辩证发展过程。例如，早期的地球在圈层分化的过程中，伴随着温度的降低和物质的分化，出现了化合物和化学的运动形式，出现了物质聚积状态的分化；出现了地壳、地幔和地核，出现了地球表面的气圈、水圈和岩石圈，出现了更为复杂的气象的、地质的、海洋的、生物的运动形式。

发展凝结着事物运动、变化的成果，反映着事物新陈代谢的规律。发展的实质是新事物的产生和旧事物的灭亡。大地构造学自身理论的发展也遵循这样的规律。近代地球科学的火成论与水成论、灾变论与渐变论、收缩论与膨胀论、固定论及活动论、垂直运动与水平运动、板块整体运动与板块内部复杂构造等诸多矛盾与斗争，以及固体地球观与流体地球观的争论等都在地球科学观的发展过程中发挥过重要的作用。

例如，活动论与固定论的争论，地质学认识海洋和大陆变化时有两种不同观点：固定论认为过去大陆是固定的，海洋是永恒的，即使有运动也是垂直升降运动；活动论则认为大陆、海洋是活动的，支持地壳运动的主要方式是水平运动。然而促使地质学不断向前发展的正是这两个大地构造学派的争论，并且这一争论贯穿于地质学发展的整个过程。

最后，对立统一规律的体现。对立统一规律又称矛盾规律，矛盾是指事物内部或事物之间的对立和统一关系，大地构造学的发展充分体现了对立统一关系。

灾变论和渐变论是从地壳发展中生物的演化来探索地壳的演变规律。18 世纪末，法国生物学家居维叶提出"灾变论"，认为地壳的运动、海陆的变迁，都会给生物带来灾难，使地球上的所有生物灭绝，日后又以新的、特殊的"全能创造力"将生物复苏，高级与低级、新与旧之间无演化关系。居维叶将灾变观点引入古生物化石研究和地球史研究，同时布丰通过地球的激变事例提示地质过程古今不一致，这是一个内涵深刻、意义非凡的重要地学贡献。

渐变论，其学说主要代表者有两个，一个是创建火成论的赫顿，另一个是继承和发展了赫顿学说的莱伊尔。赫顿是渐变论的倡导者。他在同水成论做斗争时，逐渐意识到地球的自然变化是非常缓慢的，过往经来始终如此。赫顿则认为现在是认识过去的钥匙，现在陆地上的群山峻岭，都是被海水带进的泥沙堆积而成的。随着时间的推移，这个观点得到了地层学及古生物地质学的支持。渐变论是地质学中地层对比，并以地层的对比发展地质学的立足点，对地学发展早期古生物学的发展起到了带头作用，正是在研究古生物的过程中，学者开始揭示生物的演化规律，这有力地促进了进化论的形成和发展。

二　大地构造学发展中体现的实践观与真理观

（一）从哲学角度看地学问题，要把实践的观点放在第一位

首先，人类认识的源泉是实践，从大陆漂移学说的兴衰到板块构造学说的创立的过程，充分体现了实践是科学理论发展的动力和来源。例如，倘若没有自新航路开通以来的大量航海实践活动以及所得到的许多地理、地质学家们测绘活动的经验材料，魏格纳就无法获取大西洋两岸海岸线轮廓相似的证据，从而大陆漂移学说的提出也就是不可能的。假如没有采矿、修路等实践活动发现的关于两岸岩石相似性的材料，同样

不能得到相关证据。魏格纳在提出大陆漂移说理论的前后，都进行过许多实地考察，最后还死于对格林兰岛考察的途中。这意味着大陆漂移说的诞生，一方面是来自当时的社会实践活动，另一方面与魏格纳个人的实践活动密不可分。

20世纪30年代，大陆漂移说由于并不能回答漂移动力的问题而暂时沉寂了，但是20世纪50年代在出现地磁测定岩石年限分析技术等后，大陆漂移说获得重生。然而，深海钻探技术、声呐技术、深潜技术等的应用，给人们提供了一个打开海洋奥秘大门的方法，并且探索到了许多新的海洋之谜，这一切都来自人类开发海洋的实践活动。人们能够建立起海底扩张说，是根据实践提供的一些材料，进而引申出板块构造说，使大陆漂移理论得到了丰富和发展。可见，实践活动为科学理论的发展不断提供技术手段和新的经验材料，是科学理论发展的推动力。

其次，从大陆漂移学说的兴衰到板块构造学说创建的过程，比其他科学理论的发展更能显示实践是检验科学理论的唯一标准。魏格纳的大陆漂移学说，受到科学实验的实践检验，发现错误地认识了大陆漂移的动力源，由此这个学说沉默了许多年。随后，又由于古地磁和岩石年限的测定等实践，实验证明大陆漂移说中"活动论"这一基本思想的正确性。因此，经过实践的检验否定了大陆漂移理论中错误的成分，肯定了正确的部分。

再次，人们创造科学理论的目的是用它来指导实践，以更为有效地改变客观世界。海底扩张和板块构造理论，解释了很多重要的科学事实，并开始有实际的应用。科学的理论指导实践，同时也将使自身不断得到检验，板块构造学说就是在实践中不断丰富与发展的。

水成论与火成论之争，是人类地质学在其发展初期所出现的最早也是规模最大的一次理论思维对立。两个学派的经验教训可供我们学习借鉴。除了事实本身对水成学派不利之外，从认识论角度看，导致魏尔纳学说必然衰落和赫顿学说必然兴起的另一个重要原因，是它们各自差异很大的实践的基础和理论视野。我国已故著名地质学家孙荣圭先生曾指出："魏尔纳的基本研究对象是描述矿物学，属于静态地质学的范畴，他的实践使他的哲学概括带有静止、片面的特征"，其学说"是魏尔纳在青少年时代根据少量事实而困于萨克逊一代概括的产物，当学说一旦形成，就不再根据实践的发展作根本性的修改，从而使它与实践的矛盾日趋尖锐，最后导致学说的衰落"。"相比之下，赫顿的基本研究对象是地质作用，属于动态地质学范畴，他的实践促使他的哲学概括带有运动和联系的特征"，其学说是"赫顿人过中年根据大量的事实概括的产物，并在比较广泛的学术交流的基础上，不断修正，致使他的基本论点影响地质学达一个世纪之久"。[3]

（二）地学真理的不断发展

地学中不同理论争论的过程，是地学研究者的理论知识增长的过程。地学真理的探索是一个发展的过程，既是绝对的，又是相对的，在大地构造学发展中，经历了从最初的论战水－火之争到灾变－渐变之争，再到固定－活动之争，不断由相对真理走向绝对真理，接近绝对真理。板块学说肯定也不是地学的终极理论，只是在认识地球科学中的一个认识阶段。板块的理论在当时较好地阐述了地内动力对地壳运动和岩石圈演化的影响，在全球范围内为认识复杂的地质构造、地层剖面、古生物演化等提供了可信对比研究理论，对全球板块活动与地震、火山活动的关系有合理的理论解，等等。然而，以后当板块学说理论在进一步解释地球科学问题遭遇瓶颈时，就必然会产生新的理论对其进行修正或取代，人类的认识理论就是一个不断否定，从否定中提升的过程，这符合辩证唯物主义和历史唯物主义的科学发展观。

（三）大地构造学理论构建中方法论的运用

第一，地质观察实验方法。观察是认识主体在一定的理论指导下，有目的有计划地通过自己的感官或者借助科学仪器，感知自然状态下的认识对象，获取科学事实的一种经验方法。观察方法的主要特点之一是不干预观察对象，也就是在观察对象完全处于自然状态、在自然发生时进行观察。地学研究对象的特性决定了地学方法特别重视地质事实证据，尤其是野外直接观察到的地质事实。

从不同角度可以划分出许多不同类型的观察。根据观察时是否使用工具，可将观察分为直接观察和间接观察。直接观察是不借助工具、凭借认识主体的感官直接进行的观察，其优点是直接、简单易行、较少被客观条件限制。在地球科学形成的过程中，第一次大的争论是"水成论"与"火成论"争论，其核心是岩石成因问题。以魏尔纳为首的水成论者主张地球一切岩石都是在水中沉积形成的，这是由魏尔纳通过野外实地观察得出的结论。

人们无法直接观察极高速和极低速的事物变化，必须借助仪器来强化人类器官的功能，这就是间接观察。20 世纪初，由于显微镜的诞生，地质学家对岩石学的研究结果发现了硅酸岩浆中矿物结晶顺序，发现岩浆的存在，此时火成论占上风。20 世纪 50 年代，原水成论支持者们在野外地质工作时，发现花岗岩的成因是沉积岩或者变质岩转化。在火成论观点一边倒的时候，提出了"花岗岩化"的学说，20 世纪 50 ~ 60 年代，该学说曾一度风靡地质学界，被视为花岗岩成因水成论的又一翻版。

观察者听命于自然界，而实验者则质问自然界，并迫使自然界袒露它的奥秘。20 世纪 60 ~ 70 年代，由于实验岩石学的进步，火成论又一次复苏。实验是根据科学研究的目标，在已有的理论指导下，运用科学仪器和设备，人为地变革、模拟和控制所研究的客观对象并进行观察，从而获取客观对象性质的一种经验方法。

第二，地质假说方法。科学假说是形成科学理论的桥梁。现代地学发展的事实是，导致重大变革乃至划时代进步的科学问题，总要通过构造假说才能解决。收缩假说的出现最早可以追溯到法国哲学家笛卡尔的学说，以及德国哲学家莱布尼茨的《原始地球》和《地球形成理论》。1829 年法国学者博蒙根据康德－拉普拉斯太阳系起源假说提出地球收缩假说，并在《山脉成因体系》（1852 年）中做了系统论证。

假说还对科学研究起着定向作用，这是由它本身具有的推测性质决定的。假说的最大特点就是它对可能现象和事实的假定性。修斯在《地球的面貌》一书中试图用收缩假说来解释地球上所有褶皱山脉的形成、分布和演化的历史。他认为地壳有两大类，即刚性地块和柔性地块，当地球冷缩时引起地壳倾斜挤压，刚性地块很少形变，柔性地块受刚性地块的挤压而褶皱成山脉。收缩假说是地质学家为了解释地槽和山脉的成因而推测出来的，具有一定的定向性。但是收缩假说在全面解释造山带的几何特征中，缺乏对大地构造整体运动的认识，对许多复杂构造现象诸如大裂谷的拉伸、大面积的升降、构造运动的周期性等，都不能做出令人信服的科学解释。

20世纪20年代，在地球起源理论中出现了相互对立的学说，如地球膨胀说，使盛行一时的收缩理论受到了挑战。

多个假说之间的竞争是科学认识重要的内在动力。在这些假说中，有些最终被证实是错误的，但是即便如此，也不要低估它们的价值。正是这些错误假说提供的错误思路和挑剔性的竞争，为科学性的假说提供了思维参照系，从反面为它们指明了解决途径，因此，假说即使是错误的，一般也要给予积极评价。

第三，地质系统科学方法。系统的思想在古代自然哲学家那里是十分具体和明确的。德谟克里特著述过《宇宙大系统》，亚里士多德提出了"整体大于它的各部分总和"。贝塔朗菲在1937年首次提出了"一般系统论"理论。一般系统论有三个基本原则，这三个原则可以在当代大地构造学中体现出来。

（1）系统的观点，即有机整体性原则，以"整体性原则"作为基本出发点。当代，从整体上研究地质科学的科学家们越来越意识到必须将地质学作为一个由相互作用的各种组件或子系统，主要是地核、地幔、土壤和岩石圈、大气圈、水圈、生物圈（包括背景 - 转变 - 系统结构）组成的统一的系统，即地质系统来研究。只有这样，才有助于深化地质研究，才能回答和解释人类面临的一系列紧迫环境问题与相关地质系统行为。这种理念的转变，标志着从传统地质科学转变到地质系统科学，执行这个转换具有双重背景：一方面是地质科学所有分支必要性的发展；另一方面，近几十年来，人类提高了认识地质的能力，空间技术的运用开阔了人类的视野并促进了地质事业的发展。

（2）动态观点，即一切事物都在不停地运动。从系统的角度、动态的角度和人类社会发展的角度等方面看地质系统的演化，是相当复杂的。地质系统的复杂性与其演化特性密切相关，因为各种地质过程在地球的非线性相互作用和它们相互之间在时间和空间的多尺度连续覆盖，触发一个整体、复杂性的结构和动态行为的自我组织过程的地质系统。例如，对于改变地球的自然地理环境，气候变化一直是一个重要的因素，不仅在地质历史时期出现了多次的大规模冰川和冷暖交替现象，而且大范围交替的气候变化，大规模的温度变化和冷暖交替及重叠小尺度、小范围的气候变化，影响了地貌和生物进化。

（3）等级观念，即事物具有组织等级和层次，有不同的组织能力。科学的重要内容是：定量研究的破点是地质系统力学；结合地质系统的物质组成、资源和环境等。地质系统科学在所有的时空尺度上研究地质系统的成因和历史，研究在该系统中发生的动力学过程演化形式，研究地质变化及地质各圈层之间的相互作用，提高了人类认识和预测地质系统变化的能力。在政治多元化、经济全球化的背景下，可以用地质系统科学的研究思路，开展自然科学与社会科学的大跨度学科交叉研究和地质系统科学应用示范研究。地质上发生的各类自然灾害诸如地裂缝、滑坡、泥石流、地面沉降、地下水污染等都与地质系统中各子系统相互作用的结果有关。灾害科学的研究使地质系统具有了更加丰富的内容，它使地质研究在无生命的组成部分体现出整体与部分、结构与功能、系统与环境等多方面的联系和作用。此外，还要结合其他一些原则，如有序性、目的性、同型性、中心化原理等，这样就构成了系统论。如今的地球和地质科学，需要用一种新的思维方式和新的研究方法，构建地质系统研究相关学科，希望它们的发现能够面对和解决复杂地质系统和全球地质问题。

参考文献

[1]《马克思恩格斯全集》第 25 卷，人民出版社，2001，第 386 页。

[2]《列宁选集》第 2 卷，人民出版社，1972，第 607 页。

[3] 孙荣圭：《地质科学史纲》，北京大学出版社，1984。

史前生物大灭绝溯因及其在地球
科学中的意义 *

郭雨昕**

内容摘要：追溯地球生命史、探索生命史中经历的多次巨大变迁，无不以史前发生的五次生物大灭绝为重点。尽管不论是物种上还是形式上这几次大灭绝都有各自不同的特征，但它们对科学思想的影响都是巨大的。发生在 6500 万年前的恐龙灭绝，是一次最吸引科学家和研究学者眼球的灭绝事件。这些生物灭绝事件，开启了理性思想之门，诱发了科学家的想象力，为科学哲学提供了丰富的史学研究材料和广阔的认识空间。

围绕着生物大灭绝的成因，地质学家们做出了种种猜测和假说。从宗教意义上的创世论，如上帝屡次毁灭和再造世界、《旧约全书》中的大洪水、婆罗门教记载的水灾等，到气候变化导致的物种灭绝；从早期古生物学家居维叶通过对脊椎动物化石的研究，奠定了古生物学和新生代地层学的基础，并提出了灾变说，到莱伊尔的出现。其间西方的科学和哲学在 19 世纪以前的发展史中，因宗教一直伴随而被称为"圣经地质学"，神学色彩一直笼罩在科学的上空，直到莱伊尔"将今论古"的

* 本文由笔者硕士学位论文选编而成。
** 郭雨昕，中国地质大学（武汉）科学技术史专业硕士研究生。

渐变论及达尔文物种起源的有力证据，以及科学新事实、新证据引发的新灾变论。各种假说、观点纷呈，在地质学史上一直进行着激烈的争论。生物大灭绝及其相关的问题是当今人类必须思考的重大的和前沿的科学与哲学问题之一，其原因假说纷呈，有"火山喷发说""小行星撞击说""气候变迁说""海退说"等。这些假说被不断涌现的新事实、新证据检验、质疑、证实或推翻，从而使地球科学的科学认识不断得到修正、完善和发展，一步一步由假说走向科学。

一　生物大灭绝理论及其对地球科学发展的意义

人类追溯生物大灭绝的原因，主要在以下几方面对地球科学的发展有利。

（1）追溯生物大灭绝的原因，有利于我们认识生物灭绝与气候变化、大气污染的关系，在地球的古代历史中，主要因为火山爆发产生大气污染。地球的火山爆发与地壳内部运动关系十分密切。关注生物大灭绝不得不研究构造运动，这对促进地球科学的分支科学——构造地质学的研究有很大的实际意义。

（2）追溯生物大灭绝的原因，有利于我们认识地球古地理的变迁（如大陆的分解与结合、海洋的裂解与关闭）、动物与植物的演变、沉积物与生物的保存，这对促进地球科学的分支科学——沉积岩石学、岩相古地理学的研究也有很大的作用。

（3）对重大生物大灭绝事件（如 PT 事件、K-T 事件）的研究，有利于推动地球科学的分支学科——地层学和古生物地史学的发展。

（4）生物大灭绝，可形成有关的有机矿产，如磷矿、煤矿、石油和天然气，这对地球科学中的分支科学——矿产资源学有现实的找矿意义[1]。

此外，地球面临人口爆炸、资源短缺、环境恶化、灾害频发等难题，对生物大灭绝的研究，有利于我们认识生物灭绝的原因，还可以推动地球科学的其他分支科学，如环境地质学、灾害地质学、生态学、理论古生物学等的发展，有利于推动地球科学走向更为完善的系统科学时代。

二　哲学科学方法论的认识论原则

生物灭绝和生物大灭绝及对其灭绝原因的追寻不仅是地球科学中探讨的热门话题，而且各自假说理论之间的争论还蕴含了丰富的哲学道理，蕴含着辩证唯物史观的质变和量变相互作用的认识论原则。任何事物发展的过程中包含质变与量变这两种状态，都是质与量的统一。

地球生命发展史中生物的演化也遵循这样的规律。莱伊尔的均变论、达尔文的进化论都体现了质变与量变的统一。生物的灭绝是因为物种或基因经过很长时间的量的增减和次序的变动，保持着相对稳定不显著的变化，这里也体现了生物演化过程的连续性。当物种和基因的量变达到一定程度时会发生一种质的变化。这种质的变化，使生物由一种状态向另一种状态发生质的飞跃，是一种显著的变化。地球上的生物起源于单细胞，在漫长的地质年代中随着基因遗传和变异产生了不同的生物。距今 3.5 亿年的泥盆纪晚期出现了原始爬行类，这是脊椎动物演化史的重要革命。两栖动物的进化就是质变与量变最突出的代表。两栖动物最早的形态是鱼，生存环境的逐渐变化使得鱼的呼吸器官由鳃变成由三支支气管组成的肺部呼吸系统，这使得两栖动物可以在水中生活，也可以在陆地爬行。当然这样的新物种的产生是一个渐进的过程，但非常能体现出质变与量变的辩证关系：量变是质变的前提；质变是量变的必然结果；量变和质变相互渗透。

地球生命史也有例外。史前五次生物大灭绝，就打破了这一常规。科学家们从这几次灭绝事件中并没有找到客观的量变事实、证据，而是突然发生了质的飞跃。二叠纪 - 三叠纪、白垩纪 - 第三纪的地层没有彰显大灭绝事件的过程，而是直接给出了结果。难道说这违背了唯物辩证法中认识的客观规律吗？科学认识方法告诉我们，事物的变化和发展随时会有新情况、新问题出现。史前五次生物大灭绝提出的新问题正是值得我们进行思考的，我们要以事物辩证发展的周期来看待这个特殊的问题："肯定—否定—否定之否定"，对生物大灭绝认识的曲折性和前进性以及指导科学家们探索生物大灭绝的过程和原因有重要作用[2]。

地球生命史的发展一直神秘莫测，科学家们对其研究也不是一帆风顺的。唯物辩证自然观要求科学家们洞察地球科学发展中的各种可能性，面对困难和疑惑要知难而上，要有一颗追求真理的信心和决心。

三　地球科学的发展历程：从假说到科学

地球科学是研究地球内部和外部圈层整体的科学，它涉及地质科学、数学地质、地球物理学、地球化学和物理化学等学科。地球科学与经典的物理学、化学不同，物理、化学现象是可通过实验再现的，并且其理论可以经过重复实验证实或证伪的，如物理学中的自由落体，可以数次地重现，因而对其相关现象的理论描述能够在实验室里或通过科学实践加以验证。而地球科学的一些现象，特别是远古地质时代的一些地质事件，往往是不可回溯的，具有历史的偶然性，往往不能再现，如地质历史时期的海陆变迁、五次生物大灭绝等都是不能历史地再现或重塑的。科学家们很难准确地重建白垩纪时代恐龙生存的环境。[3]

地球科学具有历史性和偶然性。由于地质历史时期出现的各种地质现象不能重现，因而对各种地质现象的说明和理论充满了各种猜测和假说，如恐龙的灭绝至少有10种以上的假说，这些假说的提出者为了证明自己假说的正确性，往往千方百计地想尽各种办法去寻找证据或事实，论证其猜想或推测，这激发了新的观点，从而推动科学理论的向前发展。地球科学的客体、主体、时空维，通常以粒度和幅度来表达，是地球科学派别林立，但永远以假说形式存在的原因。从这个意义上来说，地球科学是一门充满假说和猜测，并通过寻找证据和发现，不断走向科学的一门学科[4]。

科学家们相信真理隐藏在科学证据之中，所以任何假说都需要充分的证据严格地去论证它，且能经得起实践的检验。迄今为止，均变论和灾变论两种理论都缺乏足够的证据，也经不起严格的推敲。认识论告诉我们，要认识一个事物必须认识它的起因、历程、结果，即按照事物的一般发展规律来认识。对恐龙灭绝事件的认识难度提高是因为我们不知恐龙如何而来，如何繁衍强大，如何走向衰亡，我们知道的只有它们消失在地球上这一结果，解决不了恐龙如何强大、如何走向衰亡这些问题，我们就永远不可能知道恐龙灭绝的真正原因。[5]

　　均变论的核心观点认为生物进化是一个循序渐进的过程，是经过几百年或是几千年甚至上亿年的演变形成的，是一个量的积累，量变达到了一定程度，最终会导致质变。物种斗争说认为恐龙灭绝就是一种典型的物种斗争，在白垩纪晚期，地球上的小型哺乳动物已经繁衍起来，恐龙蛋被它们当作美食。根据食物链的观点：白垩纪末期哺乳动物处于进化的初级阶段，天敌较少，生存和发展的空间很大，再加上食物充足，它们繁衍迅速。它们吃了恐龙蛋导致恐龙蛋的孵化率迅速降低，最终恐龙灭绝了。还有一种进化劣势说认为：中生代早期恐龙繁衍昌盛，缺乏必要天敌，再加上大部分恐龙体型巨大，进食量大。三叠纪末的那场大火，使素食恐龙的食物裸子植物大量减少，再加上到了恐龙时代末期，气候急剧变化导致食物稀缺，物种竞争等多重因素交织，最终使得恐龙退出了进化的大舞台，从地球上消失了。

　　以上这两种假说明显没有客观的证据可以佐证，并存在两大疑惑。(1) 食肉型的小型哺乳动物的数量真的达到了可以使得恐龙种群灭绝的程度吗？(2) 按照进化劣势说，体型小巧食量不大，且行动迅速的恐龙为什么也灭绝了？对于恐龙在地球上消失，它们是在进化过程中严重变异了，还是全部都死亡了？科学家们对恐龙化石和现代生存在地球上的生物进行了基因对比，但无从找到与之基因相似的动物。它们的消失真的是量变的程度达到了质变后的结果吗？这些均变论的假说都破绽重重，不足以给出客观依据。

　　灾变论的观点是质变来得让恐龙们措手不及，就像寒武纪生命大爆发那样地球上海洋无脊椎动物突然繁盛起来。而恐龙灭绝的假说如火山喷发说、造山运动说、气候变迁说、酸雨说、食物中毒说等，从灾变的角度来看，的确让人们更容易接受，但是我们把这些假说细细地推敲一下不难发现它们还是存在很多破绽。就拿气候变迁说来分析一下：恐龙生活后期出现大冰川期，气候寒冷，植被无法生长，恐龙不能忍受寒冷，食物不充足便这样随着进入冰川时期灭绝了。在这里又引发了几个问题。(1) 资料显示，侏罗纪末的大灭绝后气温慢慢回升，到了白垩纪气候变得温暖湿润，而且气候带的冷暖特征更为明显。(2) 冰川时期的出现是在第四纪，白垩纪与第四纪之间还隔着几百万年的第三纪，但是恐龙化石最后出现在白垩纪末期，那么气候变迁说中恐龙生活在大冰川时期如何解释？[6]（3）为什么龟鳖目在二叠纪就被发现正南龟，且龟鳖目并没有在二叠纪末生物大灭绝中消失，而是继续存活下来？又经历了三叠纪大灭绝、白垩纪大灭绝，都没有被搞得种群灭绝，而是一直存活至今？为什么鳄鱼种没有灭绝？难道因为鳄鱼种、龟鳖目是冷血动物，恐龙是温血动物？就目前的科技水平没有科学家能论证出恐龙是冷血动物还是温血动物。再来看看火山爆发说与酸雨说让我们质疑的地方：这两种假说是基于同一个地质事实，火山喷发后伴随着酸雨，然后使得恐龙都灭绝了，难道说那时候发生了全球性的火山喷发与酸雨，从而带来全球毁灭性的灾害？但如何解释有些生物能躲过浩劫幸存下来，独独恐龙惨遭灭绝？

关于恐龙灭绝的假说无论是灾变论的观点还是均变论的思想都无法自圆其说，对真理的探索陷入了停滞阶段。带着这么多的疑惑和不解，学者们和科学家们只能不断探索找出支持他们假说的各种证据。各方在争论中不断完善假说，逐步形成一套具有完整理论体系的假说。[7]

21世纪以来科学已不是单一的分科了，科学活动已经上升到比较高的层次，这意味着科学家要建立、构建、检验科学的假说和理论的科学方法认识论。

"火山喷发说""小行星撞击说""气候变迁说""海侵海退说""地磁倒转说"围绕着史前生物大灭绝，"水成论""火成论"围绕着岩石的形成进行大争论，最开始地质学家们提出了很多猜测和假说。均变论与灾变论广受关注，尤其是新灾变论最为突出，在科学界获得较多的支持。当然关于生物大灭绝的假说，还不止这些。科学家们不断探索研究，努力寻找新的证据以支撑完善其假说。可以看出在地球科学这一充满历史偶然性的科学里，假说是扩展知识的一种主要方式。人们借助于假说，就能更好地发挥理论思维的能动性作用。[8]

莱伊尔提出的"渐变论"不仅指导物理实验还让人们认识如何进行地质观察。然而在现实的实验和实地观察中又出现一些原假说解释不了的新情况、新问题，如莱伊尔间隙问题，从而促使渐变论的修正、补充和发展，逐渐促使假说向科学理论靠近。人类的认识史，就是沿着"假说—理论—新假说—新理论……"方向前行。

而生物大灭绝假说的提出，源于当旧的理论体系的局限显露出来而新的理论体系以及科学理论尚未被证实、确立时，一些具有远见卓识、敏锐过人的科学家站出来，指出旧的理论与新事实的矛盾，扬弃了旧理论的一些过时的观点，大胆进行理论上的变革，提出非常有创见的假说。这不仅引起了对传统地质学认识论的革命性变革，使地质学向新的大科学——地球科学迈进，而且在现实意义上指导人们勇于探索新知。

最后，回顾科学发展的历史，各种不同学术观点、各个不同学派之间的争论充满了整个科学界。然而，科学争论看似让人觉得弥漫着战火硝烟，但实际这一过程正是科学发展、学术繁荣的动力所在。在科学争论中，不同的假说站在不同的立场上去看待客观事物的本质和客观规律，而许多不同的假说之间又存在对立的一面，论战激发科学家们弥补不足的猜想，产生新的观点，同时启发他们更多思考，防止偏见，根据客观事实提高认识的深度，更全面地去探索科学真理。

地质学史上不同的假说之间一直进行着激烈的争论。最具有代表性的是，风靡世界的火成论和水成论的论战被19世纪30年代灾变论与均变论之争取而代之。正是在水火之争中，科学家和学者们通过实践更清楚地认识到了洪水只是生物兴亡、岩石形成的一种因素，火山爆发也直接导致生物灭亡、形成火山岩。新的观点取代了旧思想，这也正好符合科学假说发展的基本规律："假说—理论—新假说—新理论"。"水成论"为"沉积岩石学"的诞生奠定了基础；同样，"火成论"也为"岩浆岩石学"的诞生奠定了基础。

灾变论、均变论、新灾变论、间断平衡论、成种假说、达尔文的进化论，为"理论古生物学"打下了良好的理论基础。之后，气候变迁说、海侵海退说和地磁倒转说这些生物大灭绝的假说，最终分别演变成为"全球变化学"（又称全球气候变化学）、"层序地层学"和"古地磁学"。

地球科学的发展过程中一直伴随着争论，然而这些争论摩擦出来的火花正是推动地质学发展的强大动力。

参考文献

［1］黄汲清:《略论 60 年来中国地质科学的主要成就及今后的努力方向》,《地质评论》1982 年第 6 期。

［2］吴凤鸣:《我国地球科学哲学研究成就与进展》,《自然辩证法研究》2000 年第 6 卷第 10 期, 第 4 ~ 10 页。

［3］余良耘:《地学理论与假说》,《自然辩证法研究》2002 年第 18 卷第 5 期, 第 4 ~ 7 页。

［4］王国强:《论地质学中科学假说的作用》,《合肥工业大学学报》(社会科学版) 1999 年第 13 卷第 4 期, 第 41 ~ 44 页。

［5］魏发辰、刘建生、刘秀平编著《自然辩证法纲要》, 北京交通大学出版社, 2006, 第 146 页。

［6］张存国:《现在地球科学研究方法的特点》,《中国地质大学学报》(社会科学版) 2003 年第 3 卷第 3 期, 第 5 ~ 7 页。

［7］孙玉洁、王哲:《科学假说在科学研究中的作用》,《科教前言》2009 年第 25 期, 第 431 页。

［8］沙世蕤:《科学假说特征和分类的认识论研究》,《济宁师范专科学校学报》2007 年第 28 卷第 1 期, 第 50 ~ 54 页。

环境地质学的发展及其哲学意义探讨[*]

何汉斌[**]

内容摘要： 从工业文明时代开始，环境地质问题就一直困扰着人类社会，环境地质学及环境地质问题已经成为当代全世界关注的热点问题。环境地质问题对人类社会的影响非常大，并且给工业文明社会带来意想不到的损失。环境地质问题的不断复杂化，引发了许多学者专家对环境地质问题的哲学思考。"生态环境地质"或"生态地质"是环境地质学的重要组成内容。所以，环境地质学的探究，目的在于探讨环境地质与人之间的关系，把它们作为一对哲学范畴进行研究的意义十分重大。人类面临着包括环境和资源在内的众多全球性问题，我们应该要求环境地质学的研究从哲学的高度重新审视环境地质与人之间的关系，即人地关系问题；分析人地之间的诸多矛盾，重新确立起地质观和环境观。

一 重新思考马克思、恩格斯环境地质哲学思想

在马克思、恩格斯关于环境地质学的哲学思想中，环境地质和人的关系是核心主题，同样也是马克思恩格斯关于环境地质哲学思想体系的主线。

---

* 本文由笔者硕士学位论文选编而成。

** 何汉斌，中国地质大学（武汉）科学哲学专业硕士研究生。

第一，环境地质及其基本构造。马克思、恩格斯指出，自然环境是人类赖以生存的物质基础。[1]自然和社会是在生活、活动中表现自我的两个重要组成部分，同时，自然环境与社会是辩证统一的。环境地质是社会生存和发展的基础，社会作为自然界长期发展的结晶，是自然界的重要组成部分，是人类与自然界达成本质上的一致的结果，是自然界的真正复活。一旦有人类的出现，自然界和人类社会就彼此相互制约。对于环境地质与人类社会的关系，从环境地质构造这一层次出发，认为环境地质与人类的关系必须是双重的，一方面是自然环境地质与人的关系，另一方面是社会环境地质与人的关系；与此同时，以上两方面的关系既相互制约又相互影响。

第二，马克思、恩格斯从环境地质和人的结合点出发，界定生产劳动是环境地质和人之间的物质交换即人类生活得以实现永恒的自然必然性。[2]由此可见，马克思、恩格斯在考察环境地质与人的关系中，与以前的哲学家不大相同，他们不是孤立地就环境地质或人来考虑，而是站在以社会实践为媒介的生活当中来考察。

第三，马克思、恩格斯从环境地质这个视角出发，认为环境地质与人的关系既是环境地质关于人的制约性又是人类对于环境地质不断表现出能动性的辩证统一关系。人类正确地认识社会规律和特点，并且能动地征服和改造生存环境地质，与此同时，能够科学地预测自身活动将产生长远社会影响和自然影响，并调节和支配这种影响，用来保护环境地质。

第四，环境地质与人类的关系真正实现统一，需要对现在的社会制度和生产方式进行彻底的改革。马克思、恩格斯谈到，在资本主义社会，生产方式一形成，就为人类社会带来了前所未有、无法比拟的生产力，创造出无法估量的社会财富。但是，资本主义社会的生产方式，是以抢夺自然资源和人力资源为代价的，导致劳动的异化、人与人关系的异化以及人的自我异化。马克思、恩格斯认为，资本的私人占有与社会环境、自然环境的对抗性质有关，指出由于生产大规模的社会化和已经形成了的世界市场，资本主义环境下的生产方式带来了生态失衡、环境污染、资源浪费，比以往社会形态带来的危害更广泛、更严重，并逐步演变成灾难性、全球性的生态环境地质危机。[3]

二　对人类中心论价值观的反思和批判

通常情况下人们所拥有的某些特殊品质，如心灵、灵魂、理想、理性等被看作人类优于其他动物的品质，而且是获得道德关怀的重要依据。从本质上讲，"有资格获得道德关怀"与"具有某些生物学特性"之间并无必然联系[4]，这种自我评价是人类自己的一厢情愿。如果获得道德关怀的依据是种族特点的话，那么我们就可以说，其他物种都可以是唯一获得道德关怀的物种。站在传统的人类中心主义的理论上只能看到人的创造性、积极性、主动性、能动性的一面，从而会无所顾忌地扩大人自身的实践活动与理论，而摒弃了环境地质与人关系中人对环境地质的始终如一的依赖性。[5]人所固有的是自然属性，人类是环境地质长期进化发展的结晶和产物，人类对环境地质的依赖是人生存和发展的根本，但是人类又试图操控环境地质，甚至要超越环境地质。由于人类中心主义传统思想的影响，环境地质与人的关系日益紧张与对立，逐渐走向环境地质危机，人类的生存与发展危机迫在眉睫。21世纪，蓦然回首，我们沉醉于科学技术高速发展和工业文明的进步之中，惊叹创造了史无前例的物质文明，与此同时，也膨胀了自身的物质欲望。由此可见，人类文明的进程一直被"人类中心主义的价值观"支配着[6]。人们的经济实践活动对环境地质的掠夺和依赖以及"环境地质无价值"的观念引起了人类对环境地质的漠不关心，从实践的角度，人们不得不对人类中心主义进行批判和反思。

非人类中心论在理论上批判着人类中心论，人类中心论在实践上遭遇环境地质危机的挑战和拷问。人类中心主义的传统理论逻辑是毫无保留地控制和征服自然，这种传统观念所造成的直接后果就是当今人类所面临的严重环境地质问题，许多鲜活的案例足以证明这种观念的危害。现代人类中心论虽然提出对环境地质与生态资源的保护，但它的出发点依然是功利性的，为了更好地利用环境地质才提出保护环境地质，所以仍然是一种人类利己主义和自我中心主义。[7]利己主义和自我中心主义对于一个生物物种来说，是维持其生存与繁衍的重要因素。[8]但是，人们与纯粹意义上的物种不同，任何其他生物物种和自然过程，都不会对它造成威胁，坚持利己主义、自我中心主义在这种意义上就十分狭隘了。如果单从人类物种本身出发，对生态系统和其他物种的利害关系进行仔细考虑的可能性不大，这会切断环境地质系统与人复杂网络之间的联系。特别是环境地质与人之间发生激烈冲突的时候，人们就会以其他物种和生态系统受到危害为代价保全自身的利益。实际也充分证明了这一观点，迈入工业文明之后，人类改造环境地质、征服环境地质的能力得到空前的提高，巨大的物质财富被人类在不知不觉中创造出来了。

然而其带来的结果是：人类的各种需求得到了满足，但是，环境地质遭到了破坏，污染淡水，大规模地消耗资源，不可再生资源被社会化大生产吞食掉，大量的污染物和垃圾排向环境地质，环境地质与人和谐统一的关系被逐步打破，人类在不知不觉中陷入环境地质危机。各国政府和人民已把环境地质问题提上议程，针对环境地质问题，各国政府采取了各种措施，包括经济、行政、技术、法律等各种方法和手段。比如，从 1997 年以后，美国环保协会就以二氧化硫排污权交易为代表在一系列项目中开展排污权交易，提倡把环境地质管理作为经济手段引入市场经济，探寻既有利于经济发展又能加强环境地质保护的新措施。亚太环境保护协会，与地方政府通力合作，让当地居民学会使用沼气，从而使当地居民生活质量得以提高，降低对森林的滥砍滥伐，减少对环境地质的破坏。亚太环境保护协会在 2012 年，组织专家学者赶往蒙古民主共和国，根据实地调查，主要针对土地荒漠化、草原退化，并参与救助当地贫困居民，以提高人们的生活水平。非洲国家建立的保护地质环境的各种组织，致力于对环境的监控和立法，以遏制生态环境的日益恶化。世界自然基金会发布的最新《生命行星报告》称：在人类历史上，环境地质问题正以史无前例的速度不断恶化，地球将在 21 世纪中叶发生"环境地质系统崩溃"。该报告指出，自 1970 年以来全球 115 个物种的数量，到现在减少约 35%，地球环境地质资源被消耗的速度远远超过再生的速度，随着人口不断地激增，工业化进程日益加快，现代化建设对资源的渴求，对环境的破坏，远远超过了地球可承载力，其中二氧化氮排放是最大的危害。环境地质资源被快速地消耗，地球环境地质被废弃物的排放严重威胁着。预计 2050 年人类对环境地质资源的需求，将超过地球所能产生的环境地质资源，从而可能会导致环境地质系统崩解的危机[9]。这种令人瞠目结舌的状况，是由传统人类中心论的价值观种下的恶果。

三　可持续发展战略下人与环境地质关系的新思考

从片面发展走向人与自然和谐相处，环境地质哲学观取代人类中心主义世界观，人与自然和谐永续发展，使人类活动从经济至上主义转向生态经济至上主义，工业文明向生态文明转换，科学技术主义向生态科学与技术主义转换，从而使人类社会发展趋势走向人 – 社会 – 自然的可持续发展。[10]

第一，从经济主义至上到生态经济主义至上。经济上主张经济增长与物质增长同步发展，以经济主导一切作为社会进步的唯一标准，使得社会、环境、经济之间彼此相互对立、分离，使得人们以牺牲环境为代价，忽视整体社会利益，为了促进经济快速发展而不惜一切代价地不断加大生产投入力度。[11]因此，经济至上主义就是一种片面的发展观，把经济发展等同于国民经济生产总值的增长，把社会进步等同于经济发展。而生态经济主义是把生态学融入经济学，服从经济生态的发展规律，是一种循环经济和绿色经济，以自然资源的节约为基础，以可再生能源为动力，利用生态科技创新，避免产品在生产制造过程中对环境地质造成破坏，从根本上转换经济增长方式，走经济、社会、环境协同发展的道路。[12]

第二，从科学主义向生态科技主义转换，现代科学技术带动了社会的极大发展，送来了极大的红利，从而使科学技术在人类心中处于主导地位，认为科技进步送来的红利巨大无比，因此在开发和使用科学技术方面毫无顾虑。所以形成了当今极具危害性的"科技第一主义"观点[13]。而生态科技主义是朝着实现生态整体主义和生态世界观的方向发展，把生态环境保护作为科技发展的首要目的，使科技的发展服务于人、自然与社会协同发展。首先，从科技第一主义迈向生态科技主义，这是在转变世界观的指引下对科技开发与研究的改变，在环境地质的哲学思想的引领下转变思维模式，贯彻落实整体论、有机论的方法，推动大科学时代的到来。其次，从科技第一主义向生态科技主义转变，也是基于价值观的视角对科学技术的转变，生态科技创新是人－自然－社会这个有机体发展中必不可少的组成部分，它为人类的永续发展提供了科学的手段和技术的方法，而不单单是为了眼前利益作为武器用于征服自然[14]。

第三，从工业文明走向生态文明，使人类的生存与发展与人－自然－社会这个有机系统完全脱节，不管生态的可持续，而只关注经济上的投入，是一种不健康的人类文明模式；生态文明涵盖环境、生态、自然资源，使其朝着友好、稳定、优美、节约的目标发展，在工业文明的基础上取其精华、去其糟粕，以一种全新的姿态展现在人类文明演进史的面前[15]。对于人们的日常生活来说生态文明是一次巨大的飞跃，在对待资源消耗和环境保护方面要确立生态化的思维模式，从以往以追求过度资源消费为终极目标，过渡到与环境地质和谐永续发展的全新社会生活模式。古往今来人类文明史最惊人的一跃就是生态文明。在文化价值理念上，要求我们对生态系统的价值以及环境地质系统有全面充分的解读，树立与生态环境地质相一致的价值理念成为全人类倡导的文化意识[16]。

四　人类思维方式变革的推进

首先，从主客二分到主客相融。主客二分是随着人类改造环境地质的变化而变化的。在当今环境地质问题日益恶化的境况下，我们不能把人、自然、社会分开来考虑问题，因为这样不符合人类社会的和谐永续发展。培根指明了西方科技发展的去处，笛卡尔给出了方案－身心二元论，为西方主客二分的哲学传统打下了基础。不管是从哲学的高度，还是从科学技术发展的高度，都能清晰地发现改变这种思维模式对西方社会的重要影响。在这种思维方式中，自然与人的这种关系在培根看来，就是要按照自然的规律去改造和辨识自然界，一旦人们牢牢把握了这种规律，知识就是力量，有了知识就能拥有一切。然而，人类又总是局限于环境地质，主体受到主客二分的约束，徘徊于不自由的感觉。所以，主体就要不停地去辨别客体，与客体相抗衡，击败它，如此才能得到很大程度的解放。后来，哲学家们把握着这种思维模式不断地走下去，并且不断地把它发扬壮大，让理性的维度更加绚丽光彩，随之得到进步的是人的主动性。西方的哲学家以为能够遵照特定的规定就能把握整个社会。随着这种思维模式的诞生，一个严重后果就是人们对于环境地质到了无节制地开采利用和改造的地步。人类过高地估计了自己的力量，而没能意识到环境地质对人类的理性思维和主体性的作用与影响。

环境地质的恶化以及科学技术带来不利的影响，迫使科学家和专家学者把关注点转移到环境地质学。转变主客二分的模式思维，是现代文明向人类发出的诉求。哲学家从传统思想向现代思想转变，提出了"天人合一"的环境地质生态思想。他们认为人的实践活动不是征服环境地质，而是为了更好地了解环境地质的发展规律，把握环境地质的脉搏，与环境地质和谐有序相处。

其次，变单向思维为多向度思维以及整体性、有机性思维。随着对环境地质问题的深入了解和探究，人们越来越意识到环境地质问题是一个相互缠绕、错综复杂的问题，这迫使人们不得不改变单向思维，向多向度思维转变。与此同时，环境地质系统是一个复杂多变的系统，其中的各个部分有机地联系在一起。对环境地质问题的探究是一个整体性工程，包含众多的学科方法和策略，英国经济学家指出："人类存在于两个圈子之内——生物圈和技术圈，但它们已经失去了平衡，变成了一对矛盾体。但人类无法离开，因此，这就是我们所面临的历史困境"[17]。

以新技术革命为主流的现代社会中，环境地质与社会之间产生了众多的特征。（1）从宏观陆地到海洋，从地球到宇宙世界，资源和信息在该领域内的交换日益频繁。（2）人与环境地质之间的关系越来越错综复杂，生产资料产生的程序向更严格、更高级层次发展。人类对环境地质的实践活动到了无法阻止的地步，环境地质的反作用也日趋多样性，在社会当中环境地质发展的不稳定性也明显加剧。（3）随着科技的迅猛发展，人的知识素养日益提高，人们改造环境地质所使用的生产工具不断地更新换代，一方面实践能力更突出，另一方面对环境地质的保护意识和治污能力普遍增强和提高，人们能够合理运用科学的发展观改造和利用环境地质，能够用系统论的观点看待环境地质问题，因此，环境地质状况将得到有效的改善[18]。

　　人类社会人口的不断激增，蕴含着环境地质遭受破坏的潜在危机。当前人们面临着各种各样的环境地质问题，无论是环境污染，还是环境破坏，抑或是地质环境恶化，大多是伴随着社会发展和国民经济发展而产生的。国民经济的粗放式发展，环境地质资源不合理的开发利用，人口数量的过快增长，城市化和产业化进程加快，都不可避免地造成环境地质恶化和资源枯竭。所以，环境地质问题不仅是一个合理利用环境地质资源的问题，而且是经济发展问题和社会发展问题。

　　环境地质自身变化的现实和现代化科学发展出现的新理论都加深了人们对客观世界整体性、有机性联系的认识，对有机性、整体性有进一步深入的把握[19]。环境科学、环境地质科学要求有关专家学者站在复杂性、整体性、关联性的角度对环境地质问题进行研究，当人类对其进行探究时，必须将其置于一定的环境地质背景之下，而不能孤立地把对象从环境地质中分离出来，必须要求人们对于对象要有深刻全面的掌握，既要有纵向研究也要有横向研究，还包括纵横交织的研究，与此同时，还需要对非线性相关的环境地质问题进行整体把握。

　　因此，人类应变单向思维为多向度思维以及整体性、有机性思维，这种思维要求人们用整体性、有机性思维模式看待当前的环境地质问题，特别是当代人不能仅仅为了个人利益，以破坏环境地质为代价来换取繁荣和幸福。事实上，人类的目光是非常短浅的，我们往往不愿意越过自己，看看我们的所作所为对子孙后代产生了什么样的影响[20]，我们似乎认为，一味地关心当下的需求和短期环境地质问题才更合情合理。等到环境地质问题在不知不觉中大量产生，并且达到无法解决的地步时，人类将悔之晚矣。所以，人们应该将自己的眼光放长远一点，把多向度思维以及整体性、有机性思维模式作为参考的坐标，如此才能将这些环境地质问题看得更清楚、更透彻，然后对症下药，提出对应的措施和策略，构建和谐美丽中国，实现中华民族永续发展[21]。

参考文献

［1］《马克思恩格斯全集》第 21 卷，人民出版社，2003，第 322 页。

[2]《马克思恩格斯全集》第 23 卷，人民出版社，2000，第 56 页。

[3]《马克思恩格斯全集》第 1 卷，人民出版社，2000，第 92～93 页。

[4] 王正平：《环境哲学》，上海人民出版社，2004。

[5] 唐代兴：《生态理性哲学导论》，北京大学出版社，2005。

[6] 霍尔姆斯·罗尔斯顿：《哲学走向荒野》，刘耳、叶平译，吉林人民出版社，1997。

[7] 汪信砚：《为人类中心主义辩护》，武汉大学出版社，1998。

[8] 戴斯·贾丁斯：《环境伦理学》，林官明、杨爱民译，北京大学出版社，2002。

[9] 塞尔日·莫斯科维奇：《还自然之魅》，庄晨燕等译，三联书店，2005。

[10] 蒙培元：《人与自然》，人民出版社，2004。

[11] 卡尔·雅斯贝斯：《生存哲学》，王玖兴译，上海译文出版社，2005。

[12] 詹姆斯·奥康纳：《自然的再由》，唐正东等译，南京大学出版社，2000。

[13] 李桂花：《科技的人化——对人与科技关系的哲学反思》，吉林人民出版社，2004。

[14] 李文阁：《回归现实生活世界》，中国社会科学出版社，2002。

[15] 袁贵仁：《人的哲学》，工人出版社，1988。

[16] 徐嵩龄：《环境伦理学进展》，社会科学文献出版社，1999。

[17] 刘文、张书义：《环境与我们》，上海科技教育出版社，1995。

[18] 叶平：《生态伦理学》，东北林业大学出版社，1994。

[19] 佘正荣：《生态智慧论》，中国社会科学出版社，1996。

[20] 方磊主编《中国环境与发展》，科学出版社，1992。

[21] 金鉴明、王礼嫱、薛答元编著《自然保护概论》，科技出版社，2000。

殷鸿福对新灾变论的贡献及其意义研究[*]

冯秋丽^{**}

内容摘要： 殷鸿福院士被誉为"地质科学的拓荒者"。他是我国最早评介新灾变论的学者之一，他的《新灾变论》多次被国内外知名期刊论文引用。前科协主席钱学森院士称赞说："地质演化突变观说明了马克思主义哲学的正确性。"本文通过对殷鸿福院士新灾变论理论相关资料的整合，以殷鸿福院士对新灾变论的研究成果为主线，揭示出殷鸿福院士对新灾变论理论和在"金钉子"工程中做出的杰出贡献，深入挖掘新灾变论和"金钉子"工程对地学发展的重大意义。研讨地学发展前沿领域的问题，以帮助人们了解地学发展的特点和趋势。

一 再评价：地学三巨匠及其影响

（一）对居维叶的再评价

居维叶，法国动物学家，比较解剖学和古生物学的奠基人。在演化论的发展历史过程中被称为物种不变论者、灾变论者和神创论者。

在我国科学界，他也被定义为反面人物，殷鸿福院士对居维叶的再评价主要从如下两个方面展开。第一，从历史事实中剖析居维叶的言

---

　* 本文由笔者硕士学位论文选编而成。

　** 冯秋丽，中国地质大学（武汉）科学技术史专业硕士研究生。

行，还原其真实的面目，尽可能多地剔除后人对他猜测和附会的部分。第二，对居维叶本人的学术进行客观的评价，在评价的过程中力图客观公正，重点从科学事实上进行剖析。

居维叶在其著作和相关的论文中，多次对物种的概念进行了论述。居维叶认为，"物种是这样的一个集合体，他们是一代一代的相传下去，或者是来自于相同地祖先，或者是来自为它们自己和与其祖先之间一样相似的个体。""温度，营养的质与量以及其他因素有巨大的影响；因此子代与亲代绝不会完全相同……有机体的这种差异叫做变种""物种有某些固定的自然属性以抵抗不管是自然原因或人类干预所造成的各种不利影响"。[1]

在时间上，他承认生物有序列，但不承认这种秩序是由低级到高级的进步性发展。殷院士认为，居维叶灾变论的形成也是建立在一定的科学事实上的，居维叶进入法国自然博物馆工作，这为灾变论的提出提供了良好的契机。

居维叶认为，地球上的生命曾多次被可怕的事件所打断，"地球表面曾经历过相继的革命及各种灾变""大多数的这种灾变是突然的"。[1]这些灾变包括：地层破裂成碎片并倒转；这种倒转引起强大水流、海水的多次迅速进退，及最后一次的海面普遍下降；灾变引起海水成分及所溶物质的改变，从而造成生物死亡；盆地上升成为陆地，陆地下沉成海底；等等。

对于生物绝灭的原因，殷院士是这样评价居维叶的：居维叶提出生物绝灭并将它与多次灾变事件联系在一起，这是一个创见。在自渐变论统治以来的很长一段时间里，人们讳言灾变。因此，居维叶提出灾变论是功而不是过，但是居维叶把灾变的作用绝对化了，否认了渐变的作用。认为地球上现在进行的地质作用不能导致海退成陆、生物绝灭等，这不符合客观实际，犯了片面性错误。居维叶所提出的灾变因素是比较肤浅和粗糙的，有许多并不是或不一定是灾变造成的，例如海水的进退。这是因为他不知道不整合面及假整合面代表很长的一段时间间隔，而把它简单地看作一种瞬时的地质过程造成的现象。现代一般认为主要灾变是地外成因的，比如超新星爆发、陨石、彗星等，居维叶对这些因素是没有预见到的。但是，也存在这样一种现象，一些非灾变的因素也是能够造成全球性的生物绝灭的，比如：北美晚寒武世三个生物段之间的生物绝灭可能与升温或缺氧事件有关；古、中生代与中、新生代之交的全球性绝灭，有许多人将原因归因于海退、气候变化、盐度变化等。因此居维叶提出的因素不是完全正确的。

关于居维叶宣扬神创论这一点，我们能从一些书籍中得到证实。在居维叶的时代，有不少科学家是忠诚的宗教徒，相信上帝的存在，认为上帝创造了世界。

居维叶所崇拜的人是牛顿和拉普拉斯。他所著《论地球表面的革命》一书的扉页上就写着献给拉普拉斯，并有一段很长的崇敬之词，他写道："我们已经有了哥白尼和开普勒，后者指出了走向牛顿的道路；为什么自然史不可以有朝一日拥有自己的牛顿呢？"但另外在一些非正式场合，他又谈到可以既是科学家又忠实于基督教，并以牛顿、莱布尼茨为例。这些人的共同特点是，他们在科学上是非宗教的，认为科学和宗教是两码事，不应当互相干涉；但又不是反对宗教的，他们在自然科学上的唯物主义从不用于批判基督教教义，而是尽量使之调和。

殷鸿福认为：在人类起源问题上，《论地球表面的革命》中专门有一节，论证没有找到任何在最后一次灾难以前的人类化石或人类遗迹。他以大量的篇幅逐个否定了所有这类说法。他认为，人类是在洪水以后才出现的，但这就明显地反对了《圣经》所说的上帝为了惩罚人类而制造大洪水的说法。于是他在这个结论后附加了许多假设，如人类可能躲在狭小区域而幸免，或其化石埋入深海而找不到了等，其动机可能是为了与《圣经》妥协。

在物种起源问题上，殷鸿福认为，居维叶在公开文章中一再强调，新物种是从别处迁移来的。这当然不能解决真正的起源，于是他提出生命来自生命，它只能代代相传，而不能从无到有地产生。那么最初一对从何而来？居维叶在公开场合总是避开这一点，将这归于在当时是不能解决的问题，但他在一封信中说道："我们设想一个物种是上帝所创造的最早一对的全部后代，就像人类全部是亚当和夏娃的子孙一样。"[2]凡是坚持物种不变论者，不管愿意与否，最终都跳不出这个窠臼。

殷院士认为，物种是既稳定又变异的统一体。物种有共同的起源，居维叶反对物种通过演变，由低到高发展，他反对物种同源和自然起源，这是他的根本错误。但是他坚持物种是具有生殖隔离的稳定实体，而不是无限连续流程中的一个片段，这一观点有其正确的一面。生物界有绝灭现象。演化不仅有渐变也有"革命"和灾变。绝灭和灾变的提出是居维叶对古生物学的一大贡献，但他把"灾变-绝灭"作为演变的唯一机制是不对的。居维叶承认上帝，是其时代和阶级局限性所致。

总体来说，殷院士是这样评价居维叶的："居维叶对演化论是功过兼有，不应全盘否定。在演化论发展史上，他应当有一席之地。"[2]

（二）对莱伊尔的再评价

莱伊尔被誉为"现代地质学之父"，在地质学的发展过程中做出不可磨灭的贡献，莱伊尔以其巨著《地质学原理》（*Principles of Geology*）又名《可以作为地质学例证的地球与它的生物的近代》（*Modern Change of the Earth and its Inhabitants Considered as Illustrative of Geology*）闻名于世。该书一经出版就获得了巨大的成功。

《地质学原理》对当时和后来的地质科学发展都有很大的影响。《地质学原理》被翻译成多种文字出版。莱伊尔因此被称为地质学奠基人。殷鸿福院士认为莱伊尔在这一划时代巨著及其他著作中表达了三个基本的观点，即："将今论古"的现实主义原则、渐变论思想和均变论思想。

莱伊尔在《地质学原理》书名后，加了一个副标题——"用现代进行着的作用解释地史上地表变化的尝试"（An attempt to explain the former changes of the Earth's surface by reference to causes now in operation）。当莱伊尔在牛津大学学习时，地质学主讲人 Buckland 是把居维叶灾变论引向圣经化-上帝创世说的权威鼓吹者，他的主要理论之一是大洪水说。莱伊尔毕业后在欧洲和北美进行了广泛的地质观察，这使他确信这一理论是错误的。他在法国中部的研究证明河谷的形成不是由于洪水，而是由于同现代河流冲刷作用一样的地史过程。在西西里，他观察埃特那火山，发现这一巨大火山是由相继喷发的熔岩流及火山灰组成，而目前正在进行的喷发过程是漫长的地质历史的继续。

　　莱伊尔将以上思想归纳为一句话，就是上述《地质学原理》的副标题，或为"将今论古"原则。由于他运用了广泛的地质学和生物学知识，这一原则获得了当时地质学和古生物学界广泛一致的赞同，对地质学思潮产生了无与伦比的影响，基本上摧垮了当时泛滥的神创论，大大动摇了居维叶灾变论的地位。恩格斯曾高度评价说只是莱伊尔才第一次把理性带进地质学中。[3]

　　殷院士认为，这一原则并不是莱伊尔首创的，在其前辈中，达·芬奇、布丰和罗蒙诺索夫等都发表过类似思想。在他之前的弗莱明对"洪积层"化石的研究，从地质和古生物两方面批判了大洪水说，论证了所谓"洪积"可通过与现代作用相似的长期逐渐的地质作用形成的观点。德国地质学家霍夫于1818年首先提出了现实主义原理这一概念，他运用这一概念解释侵蚀、沉积、火山和地震等现象的论文获得了哥廷根皇家科学学会奖。这说明当时地质学资料的积累已使这一理论成为已熟待摘的果实。

　　莱伊尔的渐变论可归结为一句话，即地史上的地质作用"在能量级别上与现代地质作用从来没有什么不同"，他的渐变论认为，许多变化是由一系列微小而突然的变化形成的，例如埃特那火山可就是由多次爆发构成的；高山可由一系列地震导致的微小上升构成；新生物群可由旧生物群经过一系列小规模的绝灭和新生形成。但是这些变动的力度应当是"合乎理性"的，即必须在人类历史记录的强度范围之内。换言之，他的"将今论古"原则认为古今的地质作用不仅在类型上，而且在强度上应是相同的。他强调漫长的地质时间对生物群演化的意义，微弱的渐变在漫长的地质时间里也会产生巨大的力量，而不是依靠灾变。

　　殷院士认为，莱伊尔的渐变论是对居维叶灾变论的直接批判。渐变论认为，河谷与现在的溪流都是由冲刷作用形成的，而不是"大洪水"冲成的，这就把居维叶的"革命"从根本上推翻了。从这方面说，《地质学原理》改变了地质学的思想方式，对后来的地质学和古生物学有深远影响。在解释山脉成因时，殷院士总结了莱伊尔运用其渐变论的思想，并进行了如下表述。第一，他不承认山脉是由水平挤压所造成的，莱伊尔认为山系走向与地层走向并不总是平行，不存在平行性。第二，他认为山系的形成是由于山区的抬高，抬高的动力源于火山与地震，每次火山活动或地震造成的微小抬升累积起来，造成山系；由于抬高不均，地层会有倾斜。在山系抬升同时其两侧受侵蚀降低并沉积，而形成山脉。换言之，他认为山脉是垂直升降造成的，不承认褶皱[2]。

殷院士指出，渐变论在历史上曾起过进步作用，但它是不完全正确的。除了大量存在的，可以用现代地质作用的性质与强度比拟的地史过程外，还有许多在强度和性质上与现代不同的过程，例如宇宙和太阳系星体对地球的高强度影响、地球本身性质和自然地理状态的巨大变动、生物界的大规模辐射演化和绝灭等。

莱伊尔还提出"自然界的均变性"，他认为地球不仅在空间上，而且在时间（即地质历史）上也是处于平衡状态的，以不变的速度进行循环往复的运动。渐变的侵蚀与沉积相平衡，火山爆发、地壳震荡上升与震荡下降相平衡，生物界中渐变的新生与绝灭相平衡。

莱伊尔认为现在处于地质循环的冬天，以后会再转暖，到那时候"在我们大陆上古代岩层中所保存的那些动物属还会回来。树林中会重新出现禽龙，海洋中出现鱼龙；而翼手龙类又会在树丛中掠过"[4]。他说"我将给你一个配方，使北极生长树木，或者我愿意的话，在赤道生长松柏，热带出现海象，而北极圈出现鳄鱼……就像过去曾有过的那样"。[4]

殷院士认为这是荒谬的，违反由无数事实证明的进化论和生物不可逆性。即使无机界也不是循环往复地变化，只不过它们的方向性较不显著而已。

殷院士还指出，随着脊椎动物的资料积累，莱伊尔不得不接受生物界进步发展的观点。1859年达尔文的《物种起源》出版后，莱伊尔不再坚持生物循环观，但仍然继续维持他关于无机界均变论的思想。于是在生物学领域内，他由物种不变和循环论者转变为进化论者，这反映在他后期修改出版的《地质学原理》一书中。

（三）对达尔文的再评价

达尔文的《物种起源》于1859年问世，这是科学史上光辉的里程碑。进化论为生物科学建立了唯物主义理论基础，达尔文提出的物种演变、共同起源和自然选择等一系列基本理论至今仍闪耀着真理的光辉。

殷鸿福院士对达尔文学说的再评价是针对他的渐进演化观展开的。

达尔文的渐进演化观在其著作中说得很清楚，他写道："由于自然选择完全是靠微小的、连续的、有利的变异的积累而进行的，故它不能产生大的或突然的变化；它只能以极短而慢的步伐进行。"[5]

殷院士认为，在这个理论中，"自然界无跃进"之格言是显而易见的，我们知识的每一次增进都使之显得更为正确。"自然选择只能通过对生物有利的，无限小的遗传变化的保存和积累而起作用，现代地质学已抛弃了像一次洪水能挖掘出一个巨大河谷这类观点，自然选择也是一样，如果它是真正的原理，就应抛弃像连续地创造新的生物或其构造方面发生巨大而突然的变化。我完全承认，自然选择永远以极慢的速度进行……除非发生有利变异，就不会有任何变动，而很明显，变异本身总是一个非常缓慢的过程"。[5]许多学者都指出这是达尔文学说的一个基本观点，例如，著名的遗传学家杜布赞斯基写道："达尔文论证的核心是：物种是由族群通过一系列渐进而形成的"。[2]殷院士指出，莱伊尔写《地质学原理》时，化石记录尚不足以使他认识到生物界由低级到高级的演变。达尔文写《物种起源》时，实际上没有什么化石资料能提供演化的实例。在该书出版以后，1861年发现了始祖马，其后科瓦列夫斯基提出了马的演化，许多人开始注意到生物界演化。这样，当该书再出版时已经形成生物界由低级到高级演化的总图景。但是达尔文理论所要求的，在科、界一级以下的连续过渡化石系列资料，还是极其罕见的。"地质研究虽然为现存和已绝灭的界增加了许多种，并且在少数类群间使原来存在的间距缩小了，但是要靠它提供许多小的过渡类型把各个种联结起来，从而打破种间的明确区别，则没有起什么作用。在可用来反对我的观点的许多反对意见中，这一点可能是最严重和最明显的一个。"[5]

为了解释这一矛盾，达尔文不得不把它归因于生物化石记录的不完整，他写道："我们的难题在于，在每组地层的开始与结束处出现的物种之间，没有发现无数过渡类型。老实说，要不是这一难题紧紧地缠住我的理论，我不会假想：即使是在保存最好的地质剖面中，生命变异的记录也是多么贫乏。"为此他专门写了一章"关于地质记录的不完整性"，并强调："反对地质记录（不完整性）这一观点的人，实际上是直接反对我的理论"。[5]当时确实存在化石记录的不完整性，这在达尔文以后成为渐变论据以避开化石记录所显示的突变现象的遁词。凡是找不到连续过渡现象的场合（这种场合是占大多数的），就将其归咎于化石记录的不完整性。

殷院士认为，达尔文对化石记录贫乏的强调使古生物学在演化理论上百余年来地位受到冷落，因为它被认为只能笼统地证明进化，没有进一步的用处。然而时至今日，古生物资料的积累已显示出它不仅能论证粗线条轮廓，而且能揭示演化的形式与进程，并且只有它为生命科学提供了时间坐标。

二　重新认识演化的形式与过程

殷院士认为，演化的形式应当既有渐变，也有突变，还有灾变（突变的特殊形式）。渐变是演化在平衡中前进，灾变是演化的集中和加速。两者的动力都是内因和外因的对立和统一。内因是根据，就是说演化的本质是渐变加突变，只要生物演化，它就是阶段性和进步性地发展的。任何门类都有新生和绝灭，这就是阶段或突变。外因是条件，它控制演化的方向、速度和阶段。

灾变对于演化是外因，与演化的生物内因无关。它打断演化的正常进程，是造成大规模绝灭的重要原因。但是如果把整个宇宙或地球看作一个整体，则球内或地球的灾变因素对生物圈的作用仍然是物质内部一对矛盾的对立统一过程，这种作用（例如撞击频率、撞击效应……）仍然是有规律的。不应把灾变看成无规律的，不可知的现象。在三种演化形式中，突变对演化起主导作用。演化的本质是进步性和阶段性的统一，突变起主要的作用，"革命是历史的火车头"。[2]渐变是突变的基础，没有渐变的积累，不能谈突变。在演化的稳定期（这在地史上占大部分时间），渐变是主要的。灾变在整个演化中起局部性作用，但在某些时期，例如二叠纪三叠纪之交、白垩纪第三纪之交，它可能起着主要作用，其表现为大规模的生物绝灭。[6]关于演化的过程，殷鸿福认为，古生物教科书中历来只强调由低级到高级、由简单到复杂、由少到多的进步性发展。这是渐变论所导致的。"演化"一词在达尔文与居维叶时代，原含义就是逐渐地展开，它与"革命"相对应，后者原义是突然的转折。目前讲演化，已经将其内涵改变扩大到包括突变与灾变。实际上，生物界中很少有门类是按照逐渐展开过程演化的；大多数呈阶段性的收缩与扩张。因此，演化的过程不仅是进步性发展，还应是阶段性发展。阶段性发展在种一级表现为缓慢长期的种系渐变与迅速的成种相交替；在种以上单位表现为演化的稳定期与剧变期相交替，后者是通过旧种类大量绝灭、新种类爆发式新生辐射适应而显示的；在全球范围，则表现为整个生物界及相应的整个显生宙的阶段性替代（古生代、中生代、新生代）。

三　新灾变论内容的综合与扩展

新灾变论的提出为地学的研究提供了一种全新的视角，受到地学界的广泛关注。殷鸿福院士对当前比较流行的假说从宏观上进行了分类并对争论的焦点问题进行了梳理和归纳。殷院士认为这些假说根据生物大绝灭的原因，大致可被分为两大类。一类是从地球上来寻找灾变的原因，称为地内成因说。地内成因可以分为海平面变化、地磁极性反转、盐度变化、缺氧事件、食物链中断、火山爆发、温度变化和板块运动等方面。如有学者认为在白垩纪时北冰洋是封闭的，海水盐度高，在白垩纪末突然与大洋联通，使大洋中许多生物绝灭，造成灾变[7]，但是这种假说难以解释灾变现象的突然性和全球性，亦难以解释为什么在陆地上恐龙等动物亦会同时突然死亡。另一类假说是从地球以外来寻找灾变原因，称为地外成因说。地外成因主要有诸如超新星爆发、太阳耀斑、大陨石或小行星撞击等。

殷院士认为，新灾变论特别是地外成因灾变事件的研究，近年来发展很快，大大开阔了科学工作者的研究思路。作为一个研究方向，毫无疑问是值得鼓励的。但是新灾变论与生物绝灭不能等同起来，生物绝灭早已为世人所公认，承认生物绝灭的人不一定承认灾变。支持地球事件成因的，大部分主张渐变。或许只有火山爆发说和磁场反转说可以与球外事件一起归属于新灾变论的范畴。目前，对于新灾变论的不同看法，主要来自两方面。一是对地外灾变证据的质疑，二是在哲学上对内、外因关系的质疑。

（一）地外成因说

对于地外灾变，首先是小行星和彗星陨击灾变的证据，从铱异常成因、陨击效应、绝灭效应等方面提出了质疑。

关于铱异常的成因，反对陨击成因说的意见如下。（1）在例如硬底之类的低沉积速度区，正常宇宙尘的长期缓慢堆积可集中于薄的界线层（如黏土）中，造成铱元素异常，而不必需撞击形成。有些地方的二叠系、三叠系、白垩系－第三系界线显示硬底构造。（2）沉积后迁移富集造成铱异常的可能，如黏土岩可能吸附铱及铂族元素，又如某些铱异常产于碳酸盐相地层中，暗示有生物富集的可能性。在晚二叠世的 Kupfef-schiefer 层的干酪根中，铱异常达到白垩纪－第三纪铱异常的 104 倍。（3）在夏威夷 Kilauca 火山喷发尘中已发现铱异常；在海底锰结核中亦有铱异常。有人指出，它们的微量元素谱与星际物质的微量元素谱应当不一样。（4）如果铱异常来自天体撞击，那么发现铱异常的地史时期数应不大于理论计算的天体撞击次数，否则就可能不是撞击造成的。[7]

关于陨击效应，反对者认为陨击应造成以下效应。（1）一定数量的陨击坑。（2）短期的增温效应。（3）毒物：冲击加热产生 NO_2，与大气中水结合为硝酸，形成酸雨；冲击还产生氰化合物，彗星落入海中，如其质量相当于哈雷彗星可使氰化物浓度达 0.1ppm，如局限于 100m 深海水中，则可达 3ppm。（4）热核爆炸反应。（5）尘雾：据估算尘雾大于火山爆发许多倍，可使全球蔽光数月之久，使气候变冷和植物缺少光合作用而死亡。以上都是理论推算，反对意见有：（1）没有见到那么多的陨击坑及陨击遗留物（支持者则答辩说，由于大多落于海中，在陨击时可引起重力流，使坑消失；但反对者又指出界线附近未见浊流）；（2）没有找到酸雨（应使很厚的碳酸盐层溶解）、蔽光、致冷等效应的证据。

关于绝灭效应：这是争论最大的领域。支持者主张上述陨击效应联合导致大规模绝灭。反对意见中最主要的是陨击与绝灭的同时性问题。以白垩纪－第三纪界线为例，Van Valen 在 1984 年总结陆相生物方面的反对意见如下。（1）在美国蒙大拿州，界线之下约30m处发现不含恐龙的古新世型的陆生Protungulatum动物群，这一动物群与下伏的三角龙动物群及其上的古新世哺乳动物群有连续的演化关系；（2）淡水群落在界线上未受影响；（3）在蒙大拿州及邻区，恐龙化石最高层新层位明显低于界线；（4）1981年Hickey在界线下发现过渡性植物群中的被子植物未受到严重影响，看不到蔽光效应；（5）导致濒于绝灭的是有袋类而非有胎盘类哺乳动物，绝大多数树生多瘤齿哺乳类和鸟类继续生存；（6）在新墨西哥，恐龙化石发现于根据孢粉确定的白垩纪－第三纪界线之上。在海相生物方面的反对者说，白垩纪－第三纪界线生物群记录最好的有两个剖面。一个在丹麦，叫Stevns Klint剖面，那里菊石、双壳类和微体生物等在铱异常界线处突然绝灭，但那里白垩纪最顶部为硬底，约有数万年无沉积，被认为不能证明化石类别确系最后绝灭的。另一个是西班牙Zumaya剖面，那里只有钙质超微生物如石藻是在界线处突然绝灭的；菊石最高纪录距界线12m；迭瓦蛤最高纪录距界线60m；厚壳蛤类亦早在马斯特利希特中期就消亡，在铱异常层形成之前约200万年。

（二）地内成因说

对于地内事件的争论，殷院士整合了国内外学者的反对意见。

关于磁极翻转，反对的意见如下。（1）根据相关测算，由磁屏蔽作用的减弱带来宇宙射线增强的程度很小，造成生物绝灭的概率亦很低。（2）大气与水都有能力吸收辐射，理论上海底生物应该能免遭绝灭的厄运，但是这类生物往往也遭到了灭种之灾。（3）物种自身也具有消除一部分辐射诱变的能力，应该可以逃过灭种的厄运。

关于海平面的下降，反对的意见是：森诺曼期、普林斯巴期和泥盆纪发生的生物绝灭事件都不是在重大的海平面下降之后发生的；渐新世与更新世的全球性海退对海洋底栖生物分异度的影响几乎可以忽略不计，所以海退不一定总是会导致生物大绝灭。

关于火山爆发，反对的意见是：（1）许多研究都表明，大规模物种的群体性死亡时间往往和火山爆发的时间不相吻合；（2）由此带来的灾难有可能仅仅是局域性的，并非会波及全世界；（3）有研究结果显

示，许多对有毒气体耐受力相对较弱的物种并没有完全死亡，仅仅只是
部分绝灭。

参考文献

［1］乔治·居维叶：《地球理论随笔》，张之沧译，地质出版社，1987。

［2］殷鸿福、徐道一、吴瑞堂编著《地质演化突变观》，中国地质大学出版
　　社，1988。

［3］恩格斯：《自然辩证法》，载《马克思恩格斯全集》第 20 卷，人民出版
　　社，1971，第 367 页。

［4］莱伊尔：《地质学原理》，徐韦曼译，北京大学出版社，2008。

［5］达尔文：《物种起源》，周建人等译，商务出版社，1997。

［6］殷鸿福：《古生物演化的新思潮及其对地质学的影响》，《地质论评》1986
　　年第 1 期，第 73 ~ 79 页。

［7］穆西南：《古生物学研究的新理论新假说》，科学出版社，1993。

第 二 篇

地学科学史及其源流

晚清社会变迁与近代地质学在中国的
传播特征

刘爱玲　李　强[*]

内容摘要： 本文基于晚清半殖民地半封建的社会背景，从政治、经济、教育等社会因素入手，分析了近代地质学在中国的传播历程。认为近代地质学在中国的传播与当时的社会条件有紧密联系，具有明显的被动次生特征。

中外史学界对晚清的时间界定，大致是从 1840 年鸦片战争到 1911 年辛亥革命这段时间。晚清是我国从封建社会向半殖民地半封建社会转型的时期。近代地质学正是在这一历史转折过程中随着西方科学的传入逐步引进和发展起来的。那么，是哪些社会条件对近代地质学在中国的传播产生了巨大的推动作用？近代地质学在中国的传播特征是什么？本文基于晚清社会的政治、经济、军事、文化教育等因素对这些问题进行探讨。

一　政治上被动的门户开放导致西方近代地质学输入中国

19 世纪上半期，主要资本主义国家如英、法、美等国，相继完成工业革命，进一步向世界各地寻找和开拓殖民地市场。此时中国自给自

---

* 刘爱玲，中国地质大学（武汉）教授，研究领域为科学技术史和科学社会学；李强，中国地质大学（武汉）科学技术史专业硕士研究生。

足的自然经济对大工业品不仅无所需求，而且有着本能的顽强的抵抗力。[1]西方列强为了突破和扩大中国门户，制造各种借口，发动了一系列侵略中国的殖民战争。晚清政府在战争失败后，被迫与列强签订一系列的不平等条约，导致被动地开放门户。1858年6月26日签订的《中英天津条约》第九条款规定：英国人可以从议定口岸前往内地各处游历通商。1858年6月27日签订的《中法天津条约》中规定：法国人可往内地传教。这些条款为西方列强的入侵和外国传教士在华传播近代科学知识打开了方便之门。

西方传教士利用在中国办刊、译书等方式，宣传西方科学文化，他们客观上充当了中西文化交流的使者，也成为近代地质学在中国的传播主体。

（一）西方传教士创办报刊传播近代地质学知识

最先在华传播近代地质学知识的刊物几乎都是由外国人创办的。1853年9月，由英国传教士麦都思等人主编的《遐迩贯珍》（1853~1856年，月刊）在香港创办，其主要内容是时事政治、宗教礼仪和科技文化知识。它所涉及的地质学知识主要有地层、地质构造、古生物演化和矿物等。如一篇题为"盘石方位载物论"的文章，就介绍了不同时代的地质发展，阐述地质构造的复杂变动、古生物的不断演化，以及古生物与地质研究的密切关系。1857年1月，由英国传教士伟烈亚力主编的综合性杂志《六合丛谈》（1857~1858年，月刊）在上海出版。该刊对地质知识介绍颇多，在总共出版的15期中，有9期载有关于地理地质学的文章。其中较为著名的有《地球形势大率论》《察地略记》《地震火山论》《洲岛论》《水陆分界论》等。此外，美国传教士丁韪良于1872年在北京创办的《中西闻见录》（1872~1890年，月刊，后迁上海），分期连载了英国地质学家包尔腾所著的《地学指略》一书，对地质学知识做了较为全面的概括介绍。其他的传教士所办报刊，如《中外新报》（1858~1874年，半月刊改为月刊，宁波）、《益闻录》（1879~1936年，半月刊改周刊，上海，后更名为《圣教杂志》）、《教会新报》（1868~1874年，周刊，上海；从1874年9月更名为《万国公报》，1883年停刊；1889年2月复刊，并改周刊为月刊）等，都直接或间接地介绍了一些地质学知识。[2]

（二） 西方传教士创建书馆翻译地质学书籍

西方传教士创办的书馆很多由于时间久远而不得考证，我们以对中国近代地质学影响较大的墨海书馆为例，来论证西方传教士创办书馆对中国近代地质学传播的作用。墨海书馆是由英国传教士麦都思于1844年在上海创办的印刷所。在传播宗教的同时，墨海书馆翻译了大量的近代科技书籍。该馆1853~1854年印行的《地理全志》，是最早向中国人介绍有关地质学知识的书籍。该书由英国传教士慕维廉所著，是第一部用中文写成的地理地质学著作。它分为上、下两编，共15卷。上编5卷，主要论述世界各大洲的自然地理和人文地理；下编10卷，主要讲地质，标题分别是地质论、地势论、水论、气论、光论、草木总论、生物总论、人类总论、地文论、地史论。其内容与现代的以矿物为中心的普通地质学相近。

二 经济需求是推动近代地质学传播的重要动力

（一） 经济需求刺激外国资本兴办近代矿业企业

被动的门户开放，在经济上导致西方列强纷纷来华开办航运业、开发矿山、修筑铁路、设立工厂等。由于这些实业的兴办，急需就近解决矿产资源，遂引起对地质及矿产资源的调查与勘探。最早在中国进行地质调查与勘测的仍是外国人，他们的勘察活动虽行扩张之实，但是客观上也起了传播近代地质学知识的作用。

首先，西方列强开办航运业急需就地解决燃料，这促进了矿产资源的调查与勘探。第二次鸦片战争后，西方列强为便利在中国进行商品倾销和原料掠夺，先后在港、沪等地开办了一些轮船公司，比较大的有：美国的旗昌轮船公司（1861年设立）、英国的太古洋行（1867年设立）和怡和洋行（1877年设立，1881年开始长江航运）。这些轮船公司需要消耗大量的煤炭，起初这些煤炭绝大部分来自英国、澳大利亚和日本。外煤运费高昂，1872年，上海市场的英国煤每吨售11两白银，澳大利亚煤为8两白银，日本煤质量差，每吨售价也要5.5两白银。美国驻华公使蒲安臣在1864年就指出："中国沿海的（外国）轮船每年消耗煤炭达 40 万吨，费款 400 万两。"[3]由此可见，外国资本家多么希望能在中国找到廉价的煤矿资源。其次，各国列强来华开办工业企业，对地质矿产资源需求加剧。1895 年清政府被迫与日本签订《马关条约》，该条约明文规定允许日本在我国通商口岸任意从事工业制造，实际上也扩大到矿产开发。根据"片面最惠国待遇"条款①，各国列强也取得了在华设厂权，据此他们纷纷在中国开办近代工业。我们对 1895~1913 年外资和中外合办企业及创办资本规模进行比较（结果见表 1），发现非矿业企业数占企业总数的 76.5%，这些非矿业企业对工业燃料和原料的巨大需求，使得采矿业有超额利润，吸引外资大量投入采矿业中。因此，矿业企业虽然只占企业总数的 23.5%，但其创办资本占资本总额的 48.44%。雄厚外资的大量投入，促进了晚清近代矿业企业的兴起，大大刺激了对地质矿产资源的调查与勘探。

表 1　1895~1913 年外资和中外合办企业及创办资本规模

单位：个，%，1000 中国元

行业	企业数			创办资本		
	外资 (1)	合办 (2)	(1) + (2) 占比	外资 (1)	合办 (2)	(1) + (2) 占比
采矿	10	22	23.50	18533	31436	48.44
工程和造船	7	0	5.15	2895	0	2.81
电力和自来水	16	3	13.97	10772	742	11.16
纺织	12	4	11.76	10325	2190	12.13
食品	34	5	28.68	15126	2022	16.62
其他	17	6	16.91	6608	2504	8.83
合计	96	40	100.00	64259	38894	100.00

资料来源：汪敬虞《中国近代工业史资料：第二辑　1895~1914 年》，科学出版社，1957，第 2~13 页。转引自费正清、刘广京《剑桥中国晚清史》下，中国社会科学出版社，1993，第 42 页。

---

① 国际条约中，缔约国甲方给予乙方享受甲方给予任何第三国现行或将来的条约权利的同等待遇，叫"最惠国待遇"。如果缔约国双方处于对等地位，相互均沾对方给予第三国的一切权益，这属双方互享的最惠国待遇。如果是仅缔约国一方得以均沾对方给予第三国的一切条约权益，但并不给予对方对等利益，那么这就是片面的最惠国待遇。

（二）国外学者的地质考察为近代地质学知识的传播奠定了实践基础

晚清时期来华考察的国外地质学家数以百计，影响较大的代表人物及其活动见表2。特别是，德国人李希霍芬两次来华考察，回国后著《中国》一书并附地质图集，该书于1877年开始在德国分卷出版，一时震动海外。书中描述中国矿产资源丰富，尤其是煤的蕴藏量为世界之冠，仅山西一省之煤可供全球用千年有余等，引起西方列强垂涎觊觎。尽管这些西方地质学家的调查并不十分精确，然而中国矿业资源十分丰富已确定无疑。这些地质调查为列强和清廷洋务派筹议开办近代矿业企业提供了理论支持，逐渐得到中国官府和学界的认同，客观上也促进了地质学知识的传播。

表2　国外学者来华进行地质考察情况

姓名	国籍	考察区域	活动时间	主要著作
庞培勒 （R. Pumpelly）	美	广东、江西、湖南、湖北、浙江、江苏、安徽、河南、山东、河北、山西、陕西等地	1862～1865年	《中国、蒙古及日本的地质地理》
维里士 （B. Willis）	美	山东、东北南部、河北、山西、陕西、四川、湖北等地区	1903～1904年	《中国地质研究》
勃朗 （J. C. Brown）	英	云南	1907～1910年	地质报告
李希霍芬 （F. von Richthofen）	德	上海、广州等地	1860年	—
李希霍芬 （F. von Richthofen）	德	除广西、西藏、云南外，足迹几乎遍及全中国	1868～1872年	《中国》四卷
洛川 （L. Loczy）	奥地利	长江下游、甘肃、四川、云南等	1877～1880年	地质报告
奥勃鲁契夫 （В. А. Обручев）	俄	东北、西北、青海等	1880年，1892～1894年，1905～1906年	《从恰克图到伊宁》
德普拉 （J. Deprat）	法	云南	1909～1911年	《云南东部地质研究》
勒克莱尔 （M. A. Leclere）	法	云南	1898年	—

续表

姓名	国籍	考察区域	活动时间	主要著作
兰登诺 （H. Lantenois）	法	云南	1903 年	—
小藤文次郎 （Koto）	日	东北	1910 年	《中国及其附近地质概要》
斯文海定 （Sven Hedin）	瑞典	新疆、西藏、蒙古	1885～1930 年 （6 次）	《中国科学考察报告》35 卷，《中亚考察报告》《西藏南部》

资料来源：唐锡仁、杨文衡主编《中国科学技术史·地学卷》，科学出版社，2000，第482～485 页。

三　军事上的发奋图强是中国近代地质学传播的催化剂

（一）发展军事工业的需要，促使洋务派致力于建立本国的矿业工业基地

以天朝大国自居的清政府在鸦片战争中的惨败，引起了国人的反思。林则徐最先深刻地认识到中国失败的真正原因"是技不熟也"。魏源在《海国图志》中提出"师夷长技以制夷"，主张向西方学习科学技术。因此，兴办军事工业并围绕军事工业开办其他企业，建立新式武器装备的陆海军，是 19 世纪 60 年代洋务运动的主要内容。洋务派代表们倡导"借法自强"，积极兴办军火、造船企业。据不完全统计，1861～1890 年，洋务派们共建立起规模不等的近代军用企业 21 个。规模较大的有：1865 年创立的江南制造局，用于制造兵轮、枪炮、水雷、子弹、火药；1866 年创建的福州船政局，专门修造轮船；1865 年建立的金陵制造局和 1867 年建立的天津机器局侧重制造枪炮、子弹、火药。为了解决军用企业所需原料、燃料及军工产品的运输问题，洋务派又相继创办了一系列相关民用企业，如轮船招商局（1872 年）、上海织布局（1879年）、湖北织布官局（1890 年）和汉阳铁厂（1891 年）等。[4] 这些近代军事工业和民用企业的动力是蒸汽，原料是钢铁，因此对煤和钢铁等原料的需求甚巨。由于当时煤矿和金属矿都是以手工开采为主，产量很小，不能保证国内供应，要依靠进口（相关情况见表 3）。国外的原料和燃料价格既高又难以保证供应，一旦中外关系紧张，国外原料和燃料

断绝，这些企业就要停工坐困，轮船也寸步难行。建立本国矿业基地已成当务之急。

表 3 晚清矿业原料进口情况

年份	进口总额（海关两）	煤进口额占进口总额比例（%）	金属和矿物进口额之和占进口总额比例（%）
1870	63693000	0.09	5.8
1880	72293000	1.2	5.5
1890	127093000	1.6	5.7
1900	211070000	3.1	4.7
1910	462965000	1.8	4.3

资料来源：杨端六、侯厚培《六十五年来中国国际贸易统计》，国立北平图书馆，1931，表五、表九；费正清《剑桥晚清史》下，中国社会科学出版社，1993，第 62 页；王询、于秋华《中国近现代经济史》，东北财经大学出版社，2004，第 68~69 页。

从 1875 年到 1894 年，洋务派相继建立了 45 个近代矿业企业，完成了煤矿、铜矿、金矿、银矿、铅矿、铁矿 6 个矿业基地的建设。煤矿基地有 17 个，分别是：磁洲煤矿（直隶，1875 年），基隆煤矿（台湾，1876 年），广济煤矿、兴国煤矿（湖北，1876 年），开平煤矿（直隶，1876 年），池州煤矿（安徽，1877 年），峄县煤矿（山东，1879 年），荆门煤矿（湖北，1879 年），富川县煤矿、贺县煤矿（广西，1880 年），贾汪煤矿（江苏，1882 年），金州骆马山煤矿（奉天，1882 年），临城煤矿（直隶，1883 年），西山煤矿（北京，1884 年），淄川煤矿（山东，1884 年），大冶王三石煤矿、江夏马鞍山煤矿（湖北，1891 年）。铜矿基地有 9 个，分别是：平泉铜矿（热河，1881 年），顺德铜矿（直隶，1882 年），鹤峰铜矿、施宜铜矿（湖北，1882 年），池州铜矿（安徽，1883 年），长乐铜矿（湖北，1883 年），琼州大艳山铜矿、石碌铜矿（广东，1887 年），东川铜矿（云南，1887 年）。金矿基地有 6 个，分别是：建平金矿（热河，1882 年），平度金矿（山东，1885 年），漠河金矿（黑龙江，1889 年），宁海金矿（山东，1890 年），招远金矿（山东，1891 年），三姓金矿（吉林，1894 年）。银矿基地有 5 个，分别是：天宝山银矿（吉林，1880 年），承德三山银矿（热河，1882 年），香山天华银矿（广东，1888 年），土槽子、遍山线银矿（热河，1887 年），贵县天平寨银矿（广西，1889 年）。铅矿基地有 4 个，分别是：登州铅矿（山东，1883 年），石竹山铅矿（福建，1885 年），淄川铅矿（山东，1887 年），土槽子、遍山线铅矿（热河，建立时间不可考）。铁矿基地有 4 个，分别是：利国铁矿（江苏，1882 年），贵池铁矿（安徽，1883 年），大冶铁矿（湖北，1890 年），清溪铁矿（贵州，建立时间不可考）。[5,6]

军事工业和矿业企业的兴起客观上提出了发展地质事业、开展地质学研究、培养地质人才的需要。

（二）晚清近代矿业企业技术落后、依赖外国的状况急需本土地质学人才

晚清矿业企业技术落后，完全依赖外国。矿井设备要从国外购买，矿师、工匠要从国外聘请，稍具规模的矿业企业，生产技术管理权都操于外国矿师手中。自 1875 年洋务派试办新式矿业企业起，至 1895 年为止，20 年间，居然没有一个掌握近代开采技术的中国矿师主持近代矿业企业。开平、基隆煤矿，到了 19 世纪 90 年代，仍然靠外国矿师管理生产。至于中国自己制造矿用机器设备，那就更谈不上了。[7]为了培养本土人才，洋务派设立了一些翻译馆，聘请外国人讲课、翻译科技著作。但由于缺乏人才，技术难以消化、吸收，与当时国外开办的矿业企业相比，差距甚远。中国近代矿业企业技术落后、依赖外国的状况鞭策晚清一些有志之士致力于开创中国的地质教育事业。

四　文化和教育上的整合是近代地质学知识传播的助推器

清政府借鉴西方的文化教育模式，对我国的教育内容、专业设置、学制制度和教学方式等进行了不同程度的改革，客观上推动了近代地质学的传播与发展。尤其值得强调的是，这一过程的实现上官方意志起了重要作用。地学人才的培养、地质教育的兴办和学制改革均发端于政府指令并得到政府权力部门中洋务派的支持。洋务派以强制方式规定人才培养制度和教育制度，通过以下途径传播地质学知识，培养本土地质学人才。

（一）派遣留学生

洋务派在近代派遣留学生去西方接受先进科学技术教育有两次高潮。

第一次是 1872～1875 年，派遣 10～16 岁共 120 名幼童分四批留学美国，其中有 8 人学习矿务，除邝荣光外，其名不得考。第二次是 1877～1892 年，派遣 81 名成人留学西欧各国，学习专业技术。其中也有 8 人学习矿务，他们分别是林庆升、林日章、张金生、池贞铨、罗臻禄、王桂芳、吴学镗、任照。[8]

（二）引进外国学者和工程师

洋务派创办的江南制造局翻译馆，聘请外国学者开展译书工作。江南制造局翻译馆总共翻译地质学类书籍 17 本，其中 12 本由外国人口译。以傅兰雅为最，共口译 9 本；玛高温为次，共口译 2 本；最次为林乐知，口译 1 本。外国人口译占口译总数的 70% 还多。[9]以上数据足以证明洋务派在翻译地质学著作方面对外国学者的倚重。

洋务派大量聘请外国矿业工程师，负责开采矿业事宜。如张之洞任湖广总督时，聘请马克思（德）任铁厂总矿师，赖伦（德）任萍乡煤矿总矿师，任用贺伯生（英）、白乃富（比）、巴庚生（英）、毕盎希习瓜兹（德）、戈阿士（德）为铁厂矿师，任用彭脱（国籍不可考）为萍乡煤矿工程师。[10]唐廷枢早在 1876 年筹措开平煤矿之初，就聘请英国矿师马立师为顾问到开平一带勘察。1878 年 6 月，在乔屯一带钻探时，又聘请英籍矿师巴尔等做技术指导。在开凿矿井、建矿过程中用高薪聘请白内特、莫尔卫斯、金达等外籍工程技术人员。[11]

（三）自主兴办地质教育

从 19 世纪 60 年代到 90 年代，以奕欣（任总理衙门大臣）为代表的中央洋务派采取了一系列措施兴办包括地质学知识的西学。首先，建立外国语学堂，如 1862 年清政府官办的第一所新式学堂——京师同文馆和 1863 年在上海开设的广方言馆，为洋务交涉培养了翻译人才。其次，将许多近代自然科学知识列入授课内容，其中包括近代地质学知识。如京师同文馆于 1888 年开设格致馆，学员在 8 年的学习中，第三年安排有"各国地图"课；第八年安排有"地理、金石（地质、矿物知识）"课。对于年龄较大，只学习 5 年的学生，也在第五年安排有"地理金石"课的专门学习。[12]最后，开设地质学专业方向。1869 年广方言馆与江南机器制造局合并后，学生分为上下两班。下班学生主要学习数学、几何等普通基础科学知识，考试后升入上班的学生，则分有 7 个专业方向，每名学生专攻 1 个专业方向。其中涉及地质科学的有 2 个专业方向：（1）辨察地产，分炼各金，以备制造之材料；（2）外国语言文字、风俗国政。这里的第（1）方向，专讲有关地质矿产知识，第（2）方向中包括世界地理地质知识的介绍。

以曾国藩、李鸿章等为代表的地方洋务派仿照中央洋务派也兴办了一些新式学堂，开办了近代地质学方面的课程。明确地提出开设地质学课程的地方洋务学堂有：湖北自强学堂、福州船政学堂、福州电报学堂、江南水师学堂、湖北矿务局工程学堂、浙江武备学堂、四川武备学堂。[13]

这一时期，洋务派还组织翻译、出版了大量地质学著作。洋务学堂使用的地质学教材多以晚清地质译著为主。根据艾素珍研究员考证，1871～1911 年出版了 65 部译著，分为矿物学、地貌学和普通地质学三类[14]，以矿物学译著为主，有 48 种，占译著总数的 74%。这充分体现了清政府引进西方科技是为了富国强兵，由于"五金矿藏往往与强兵富国之事大有相关"[15]，所以作为矿业基础的矿物学译著得到格外的重视。而同期西方地质学在矿物学、岩石学、矿床学、古生物学、地层学、普通地质学和构造地质学等众多学科均有许多杰出的著作问世[16]，晚清的地质学译著对此缺乏系统的介绍，西方众多划时代巨著无一部被译为中文用作洋务学堂教材。因此，洋务学堂的地质学教育水平不高，仅"相当于中等专业学校水平"[17]。地质教育扩大了地质学在中国的影响，为晚清地质学教育体系的形成奠定了基础。

（四）学制改革促进近代地质学教育在中国的初步系统化

1902 年之前，虽然晚清拥有为数不少的新式洋务学堂，但没有地质学的专门学堂，且各学堂地质教育缺乏系统性，教学中缺少实习环节。从地质人才培养的数量和质量上看都不能满足社会的需要。1902 年起，清廷进行学制改革，相继颁布三大学堂章程（1902 年《钦定学堂章程》、1903 年《奏定学堂章程》和 1906 年《学部订定优级师范选科简章》），使中国有了一套从小学堂、中学堂到大学堂的完备学制，地质教育从此进入系统教育的新时期。从教学层次上看，中、小学堂实行地质学普及教育，大学堂开设采矿冶金门和地质学门进行专业地质教育。不同层次的地质学课程被列为小、中和大学的课程（见表4），从教学方式上看更加科学。

表4 晚清学堂开设的地质学科目

学堂层次		开设地质学科目	开设地质学实验、实习科目
高等小学堂		舆地（介绍本省、本国各境地理地质情况）	
中等学堂		博物（一部分介绍矿物学）、化学（一部分介绍矿物化学）	
大学堂	采矿冶金门	矿物学、地质学、采矿学、冶金学、测量及矿山测量、矿物及岩石识别、试金术、矿床学、采矿计划、冶金计划、铸铁计划、冶金制器学	矿山测量实习、试金学习、实事学习、冶金实验
	地质学门	地质学、矿物学、岩石学、古生物学、晶象学、矿床学、地质学及矿学研究	岩石学实验、化学实验、矿物实验、古生物学实验、晶象学实验、地质学实验

资料来源：朱有瓛主编《中国近代学制史料》第二辑（上册），华东师范大学出版社，1987，第166、395～400、795、810～811页。

在大、中学堂均采用与地质学特点相符合的实验教学。如当时南开中学"从日本购回理化仪器多种，其后历年添置，令学生人人亲手从事实验……美国哈佛大学校长伊利奥博士（Dr. Elliot）来校参观，见中学有此设施，深为赞许。"[18]晚清大学堂的采矿冶金门和地质学门的课程设置更加合理，将当时先进的结构物理学、分析化学、测量数学研究方法应用于地学教学，还将实验、实习、考察作为培养学生素质的一个重要方面，这与当时西方地质教育非常相近，为民国初年各大学地质学课程设置提供了借鉴。

晚清的学制改革，对地质学最重大的意义在于，地质学以法定的形式被系统地列入大、中学堂的教学科目中，甚至一些小学也开设了基础地质课。同时对地质实验、实习、考察都做了一些原则性的规定。学制改革同时也为晚清地质教育实践指明了方向。

（五）晚清学制改革大大促进了地质教育实践的开展

按照新的学制，各级学堂积极开展地质教育实践。据教育学家陈翊林统计：1909 年，全国有 2039 所高等小学堂的 112551 名学生，接受近代地理地质学相关课程的入门教育；全国有 460 所中学堂对 40468 名学生进行近代地质学的普及教育；到 1911 年为止，晚清有北洋大学堂开设采矿冶金门和京师大学堂开设地质学门进行近代地质学高等教育，有14 人完成学业，并且获得文凭。[17、19]

在近代地质教育实践中，我国学者在借鉴国外教材的同时，也结合中国实际自编教材用于教学实践。如我国近代著名地学教育家张相文（1866 ~ 1933 年），早在 1899 ~ 1903 年就已在上海南洋公学教授地理地质学，在于 1907 ~ 1912 年主持天津北洋女子高等学校时，继续从事地理地质学教学，同时编著了中国第一批地理地质学教科书，如 1909 年上海文明书局出版的《最新地质学教科书》（共 4 册）。[20] 教学实践标志着中国近代地质教育的发端与试行，也加速了地质学在晚清的传播。

五　地质学学术建制的初步形成，为地质学的中西学术交流提供了平台

学术建制是学科发展的组织条件和制度保障。它的外在表现是：职业科学家的形成，专业科学社团的产生，专业科研机构的创建，科学交流会议的召开，科学出版物的创办，以及科学教育的专门化和职业化等。

地质学在中国的不断被引进与传播，促进了地质学学术建制的形成。1909 年中国地学会的成立标志着中国地质学家共同体雏形的形成，也标志着地质学学术组织和学术会议制度的初步建立；1910 年中国地学会的会刊《地学杂志》的发行，标志着地质学专业期刊的创办，至此中国地质学学术建制初步形成，为促进地质学的学术交流和长期稳定发展奠定了基础。

中国地学会是我国第一个有组织、有计划的学术团体，它于 1909 年 9 月 28 日在天津成立（1912 年迁至北京）。由当时任天津北洋女子高等学校校长的张相文与志同道合的白毓昆等发起。张相文被推选为第一任会长。中国地学会会章规定："本会以联合同志，研究本国地学为宗旨，旁及世界各国，不涉及范围之外之事。"所以，它是一个地学（包括地质学、地理学）的专业学术团体和研究机构。学会定期组织学

术演讲、介绍地学领域国外学者的研究情况、组织地学考察、从事地学研究。如中国地学会创立之初，张相文组织国学大师章炳麟、地理学家白眉初、地质学家邝荣光、水利学家武同举、历史学家陈垣，以及教育界知名人士张伯苓、蔡元培等成立一支我国最早的研究队伍，这些学界名流写的有关地学的文章，扩大了地学在晚清社会的影响。1909 年 12 月，中国地学会组织举办了第一次学术演讲会，会上邀请美国学者德瑞克博士做了《论地质之构成与地表之变动》的学术演讲。中西学术交流，有力地推动了晚清处于萌芽状态的近代地质学的传播。

《地学杂志》是我国第一种地学学术刊物，也是晚清时期唯一的地学刊物，它的发行扩大了地质学知识受众的数量。1909 年中国地学会成立大会做出创办学会会刊《地学杂志》的决定，为会员提供一个发表地学研究成果的园地。会上推选白毓昆为编辑部长，具体负责会刊事宜。1910 年 2 月，会刊《地学杂志》第一期很快问世，此后，每年出 10 至12 期。至 1912 年清王朝灭亡，《地学杂志》共刊行 18 期（包括合刊）。《地学杂志》初设"论丛""杂俎""说郛""邮筒""本会纪事"五个栏目，其中前三者为主要栏目。"论丛"刊登学者的学术论文；"杂俎"栏分内外编，内编发表国内地理、地质方面的文章，外编谈及国外的地理、地质情况；"说郛"涉及政治地理、经济地理、城市地理、边疆地理、文化地理等众多研究领域；"邮筒"栏为问题征答；"本会纪事"栏刊出学会重要活动，通报给会员。可见，《地学杂志》内容广泛，注重介绍地学动态，传播地学理论，它为地理学界、地质学界的学者提供了相互交流的平台，也为民国时期建立专业性的地质学会积累了宝贵经验。《地学杂志》出版后，深受国内外人士的欢迎，销路日畅，旧刊杂志有时还要再版。如 1910 年出版的第 1 期，同年 6 月又再次印刷。《地学杂志》以其优质的办刊质量，扩大了地质学知识受众的数量，对地质学知识的普及起了巨大的推动作用。

结　语

近代地质学在中国的兴起和传播与西方地质学的传播有显著的差异：西方地质学的生长是主动原生型，它是伴随着科技的巨大进步和资本主义经济及思想文化的强势自发形成的，走的是一条自下而上的以科学家为主体进行科学自主创新的学科发展道路。从科学传播的层次来看，是沿着地质学界内部的传播→对公众的传播→对非科学建制的传播的路径扩散的。这种模式使西方地质学传播之初很少受地学界以外因素的影响，学科自主性很强。推动地质学传播和建制化的动力机制主要是学术权威系统，该系统以非强制的方式，注重学术自由和学术民主，通过展现学术魅力和社会功能吸引人才，扩大社会影响。

中国近代地质学传播属于被动次生型，它是在相当落后的科技、半封建半殖民地经济和政治的基础上，由于西方列强入侵引发的、由政府权力部门发起的一种自上而下的学习模仿型学科发展道路。从科学传播的层次来看，近代地质学在中国的传播途径可以概括为：外国地质学界对中国非科学建制的传播→中国非科学建制对公众的传播→中国地质学界内部的传播。地质学在"西学"的名义下，逐渐得到中国官府、民众和学界的认同。这种模式表明：（1）近代地质学在中国的兴起和传播，一开始就受到政治、经济等社会因素的较大影响。政治上被动的门户开放，为地质学的输入和引进创造了条件；近代工业的兴起提高了矿业在国民经济中的地位，这种经济上的需要对地质学研究领域的确定、地质教育规模的扩大均具有导向作用；文化和教育上的整合，为中国近代地质学传播提供了必要的文化氛围，奠定了现实基础；学科初步建制化有力地促进了地质学的学术交流，为近代地质学在中国的传播提供了组织保障。（2）推动地质学传播和建制化的机制主要是社会权力系统。与西方地质学传播过程不同，这种传播是在缺乏充分认知认同和社会广泛理解的情形下以强制的方式进行的，主要通过政府指令，得惠于政府权力部门的重要人物（如总理衙门大臣奕欣）的支持。尤其是在地学人才培养和学制改革决策中社会权力系统起了主导作用，为地质学的普及和传播提供了政策支持。这种社会权力系统主导型的学科发展模式也是落后国家向西方学习先进科技的典型方式，对于今天的学科建设，也有一定的借鉴意义。

总之，在中国，近代地质学的传播是地质学与政治、经济、军事、文化等发生互动关系的动态过程，是在社会系统中展开的，同社会的关系更加紧密。正如西方科学建构论认为的那样：知识不仅是一个表象（如一个文本、一种思想或一张图表），而且是一种互动模式。这种模式包含被表象的对象或现象，也包含着政治、经济等情境下的建制化安排——只有在这些情境中，表象才能被理解，才能与其他表象和实践有意义地联系起来。[21]

参考文献

［1］吴于廑、齐世荣主编《世界史：近代史编》（下卷），高等教育出版社，2001，第184页。

［2］周其厚：《论晚清西方地质学的输入及影响》，《齐鲁学刊》2003年第2期，第21～22页。

［3］张国辉：《洋务运动与中国近代企业》，中国社会科学出版社，1979，第181～182页。

［4］李时岳、胡滨：《从闭关到开放》，人民出版社，1988，第25页。

［5］《中国矿床发现史·综合卷》，地质出版社，2001，第41页。

［6］纪辛：《矿业史话》，社会科学文献出版社，2000，第15、27～49页。

［7］《中国近代煤矿史》，煤炭工业出版社，1990，第44页。

［8］李喜所：《近代中国的留学生》，人民出版社，1987，第65、84～93页。

［9］王扬宗：《江南制造局翻译书新考》，《中国科技史料》1995年第2期，第8～9页。

［10］吴剑杰：《论张之洞湖广任内的外才引进》，《武汉大学学报》（人文科学版）2003年第2期，第186页。

［11］阎永增：《唐廷枢与开平煤矿事略》，《唐山师专学报》1999年第4期，第20页。

［12］卢嘉锡、唐锡仁、杨文衡主编《中国科学技术史·地学卷》，科学出版社，2000，第486页。

［13］朱有瓛主编《中国近代学制史料》第二辑（上册），华东师范大学出版社，1987，第483～550页。

［14］艾素珍：《清代出版的地质学译著及特点》，《中国科技史料》1998年第1期，第23页。

［15］华蘅芳：《金石识别·序》，江南制造局，1871。

［16］吴凤鸣编著《世界地质学史》，吉林教育出版社，1996，第237～273页。

［17］张以诚：《大厦百年自夯基——漫话我国自办地质教育的兴起和发展》，《国土资源》2003年第5期，第48页。

［18］张伯苓：《张伯苓教育言论选集》，南开大学出版社，1984，第244～245页。

［19］朱有瓛主编《中国近代学制史料》第二辑（上册），华东师范大学出版

社，1987，第 273、490、988~989 页。

[20] 中国科学技术协会编《中国科学技术专家传略·地学卷》3，中国科学技术出版社，2004，第 13 页。

[21] 约瑟夫·劳斯：《知识与权力——走向科学的政治哲学》，盛晓明等译，北京大学出版社，2004，中文版序言，第 2 页。

近现代中国地质科学知识增长的特征

——基于 1936~2006 年的文献统计

刘爱玲　史艳艳[*]

内容摘要：本文对近现代中国地质科学知识增长的过程进行了阶段性划分，揭示了该学科知识增长的两大特征：近现代中国地质科学知识增长呈线性增长和指数增长的交替发展态势；分支学科不断衍生、交叉融合，由单一化向多元化发展，学科结构体系经历了由传统到现代的转变。

科学知识是如何增长的？其增长有什么数量特征，质的飞跃，发展趋势如何？这是科学史学家和科学哲学家们长期探讨的问题。在中国近现代科学发展的历程中，地质科学是发展最快、最早实现建制化、在国际上最早享有盛誉的先行学科，是最合适的研究切入点。笔者对该学科在 70 余年中的科学知识增长状况做整体研究，以期揭示地质科学知识增长的特点及其趋势。

一　数据来源和数据分析

科技期刊文献数量是一种衡量科学知识增长的指标。科技期刊文献是科学知识的载体，大部分科学研究成果首先是在学术期刊上发表的。

---

* 刘爱玲，中国地质大学（武汉）教授，研究领域为科学技术史和科学社会学；史艳艳，中国地质大学（武汉）科学技术史专业硕士研究生。

科技期刊具有信息量大、出版周期短、定期连续出版等特点，传播的科技信息是经科学家同行评议、严格把关的，因此，具有科学性、可靠性、规范性和权威性。科学技术期刊文献数量可以用来衡量一门学科发展和知识增长的状况。

科技文献目录和文献网上检索引擎是文献工作者对科技期刊论文进行加工、提炼和压缩后得到的二次文献。与一次文献相比，二次文献虽然有些疏漏和偏差，但是如果我们所要研究的问题是基于海量数据的统计和分析的话，这种由二次文献所引起的相对微小的误差基本上是可以忽略不计的。所以科技文献目录和文献网上搜索引擎能够成为我们研究的数据检索来源。

本文研究就是以 1936～1981 年已编辑出版的 5 部中国地质文献目录［1～5］和 1985～2006 年的中国地质文献数据库（简称 GDS）作为数据来源。5 部中国地质文献目录共收录文献 89738 条，GDS 共收录文献 20 余万条。另外，1982～1984 年这三年的数据没有二次数据源，考虑到从 1936 年至 2006 年是 71 年的较长时间跨度，缺少三年的数据，应该不会对整体的分析和结论产生重大影响，所以这三年的数据保留空缺（如具体分析中需要连续的数据，可采取相应的方法对其进行估算）。以上 5 部中国地质文献目录和 GDS 一起构成了相对完整的近现代中国地质文献数据检索来源。

根据近现代中国地质文献数据检索来源，对 1936～2006 年的中国地质期刊文献原有分类进行检索，选取地质年代学、球外地质学、海洋地质学、结晶学与矿物学、地球化学等 18 个分支学科作为变量，每个变量所对应的值都代表了该分支学科在对应年份发表的期刊论文数量。从 1936 年至 2006 年均包含这 18 个变量的数据，每一年所包含的全部数据被称为一个样本，共有 68 个样本（1982～1984 年的数据缺失）。图 1 是所有统计数据的直观表现。表 1 是 68 年间中国地质科学期刊论文刊载的阶段百分比状况。

对统计数据进行分析，我们可以发现一个特点：1936～2006 年中国地质科学期刊文献数量的增长速度呈阶段性跳跃式增长。1936～1951

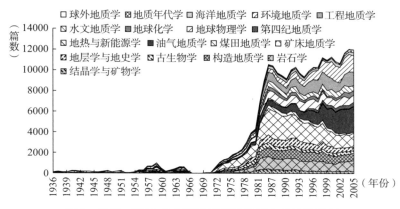

图 1　1936～2006 年中国地质科学期刊文献统计数量

年每年的文献刊载量都在 250 篇以内，年与年之间的数量差距不大，文献数量增长比较平缓；1952～1965 年的文献刊载量有两个明显的增长高峰区，年刊载数量也是上个阶段刊载量的 2～3 倍；1966～1971 年的数据量过小，在阶段划分中不予考虑；1972～1981 年的年刊载量不断攀升，1981 年的数量更是 1972 年的数量的 7 倍多；1985 年的刊载量一跃增加到 1981 年的 2 倍多，1985～1998 年文献刊载量增长呈收敛震荡趋势，总的趋势是在 9500 篇上下起伏；1999 年有一个明显的增长后，至 2006 年呈发散震荡增长，总的趋势是在 11000 篇上下起伏。

　　根据由数据统计自身表现出来的明显的数量特征，我们可以把 1936～2006 年的地质期刊文献数量的增长分为五个阶段：1936～1951 年为中国地质科学知识增长的起步期，1952～1965 年为中国地质科学知识增长的成长期（1966～1971 年由于“文革”的影响，论文数目太少故不予考虑），1972～1981 年为中国地质科学知识增长的复兴期，1985～1998 年为中国地质科学知识增长的蓬勃发展期，1999～2006 年为中国地质科学知识增长的持续繁荣期。本文基于这五个阶段进行具体的分析，期望通过数据自身表现出来的特性，探讨中国地质科学知识增长的特征。

表1 1936～2006年中国地质科学期刊论文统计阶段百分比

单位：%

分支学科／年份	结晶学与矿物学	岩石学	构造地质学	古生物学	地层学与地史学	矿床地质学	煤田地质学	油气地质学	地热与新能源学	第四纪地质学	地球物理学	地球化学	水文地质学	工程地质学	环境地质学	海洋地质学	地质年代学	球外地质学	合计
1936～1951	2.33	4.63	2.23	14.68	8.52	44.36	12.87	3.31	0.00	2.02	2.51	0.10	1.46	0.73	0.00	0.24	0.00	0.00	99.99
1952～1965	5.87	7.10	7.05	17.85	10.93	16.90	2.56	3.35	0.13	2.04	2.91	3.62	11.93	6.44	0.00	1.18	0.00	0.13	99.99
1972～1981	3.78	9.68	4.78	8.60	9.17	31.18	3.28	3.13	0.95	0.23	8.33	2.04	8.23	3.38	0.58	1.99	0.00	0.66	99.99
1985～1998	3.19	10.87	8.49	3.60	6.96	22.53	2.67	7.55	0.56	0.48	7.69	3.06	4.88	8.38	5.41	2.44	0.91	0.33	100.00
1999～2006	1.71	8.10	6.47	2.37	4.49	11.96	1.93	18.58	0.51	2.66	6.66	2.59	5.04	10.26	12.98	2.30	1.22	0.17	100.00

二　近现代中国地质科学知识增长的特征

近现代中国地质科学知识增长经历了五个发展阶段，知识总量的绝对值得到了极大的增长，分支学科不断衍生，学科结构体系经历了从传统到现代的转型。

（一）中国地质科学知识呈线性增长和指数增长的交替发展态势

近现代中国地质科学知识增长速度上的特征，是通过不同阶段的发展表现出来的。

第一，在 1936~1951 年，也就是在中国地质科学知识增长的起步期，地质科学期刊文献累计达 2874 篇，年均发表 179.6 篇，中国地质科学知识呈线性增长态势。对 1936~1951 年各年累计发表的地质科学期刊文献数量进行回归分析，可以得到线性增长的回归结果。数学模型为 $Y = b_0 + b_1 X$，其中，Y 代表每年累计发表的文献数量，b_0 是常数项，b_1 是回归系数，X 代表时间。回归结果为 $Y = -38.95 + 179.899X$，Rsq 值为 0.998，通过检验。图 2 是回归曲线图，横轴代表时间序列（1936~1951 年），纵轴代表每年累计文献的总数，实线（Observed）代表每年累计文献总数的观察值，虚线（Linear）代表回归分析后拟合的线性增长曲线。

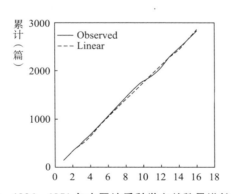

图 2　1936~1951 年中国地质科学文献数量增长趋势

第二，在 1952~1998 年，地质科学期刊文献累计达 163615 篇，年均发表 3719 篇，是 1936~1951 年的 20 倍多，中国地质科学知识呈指数增长态势。

由于 1982～1984 年统计数据缺失，会影响回归结果的准确性。本文采取插值的方法对这三年的数据进行估算，并且将该数据增加到统计数据中。我们默认 1982～1984 年属于中国近现代地质科学知识增长的复兴期。对复兴期中的统计数据进行回归分析，可以得到该段时间内文献的数量增长模型为 $Y = 8370 \times e^{0.127 \times t}$，Rsq 值 = 0.996，结果通过检验。再根据该模型对这三年的数据进行估算，可分别得到结果，并将该结果插入统计数据中。

对 1952～1998 年累计发表的地质期刊文献数量做回归分析，可以得到指数增长的回归结果。数学模型为 $Y = b_0 \times e^{b1 \times t}$，$Y$ 代表每年累计的文献数量，t 代表时间，b_0 是常数项，b_1 是回归系数。回归结果为 $Y = 520.765 \times e^{0.1322 \times t}$，Rsq 值为 0.923，通过检验。图 3 是回归曲线图，横轴代表时间序列（1952～1998 年），纵轴代表每年累计文献的总数，实线（Observed）代表每年累计文献总数的观察值，虚线（Exponential）代表回归分析后拟合的指数增长曲线。

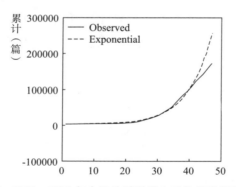

图 3 1952～1998 年中国地质科学文献数量增长趋势

第三，在 1999～2006 年，中国地质科学知识呈线性增长态势。对 1999～2006 年累计发表的地质期刊文献数量进行回归分析，可以得到线性增长的回归结果。数学模型为 $Y = b_0 + b_1 X$，其中，Y 代表每年累计发表的文献数量，b_0 是常数项，b_1 是回归系数，X 代表时间。回归结果为 $Y = -575.86 + 11323.9X$，Rsq 值为 1，通过检验。图 4 是回归曲线图，横轴代表时间序列（1999～2006 年），纵轴代表每年累计文献的总数，实线（Observed）代表每年累计文献总数的观察值，虚线（Linear）代表回归分析后拟合的线性增长曲线。

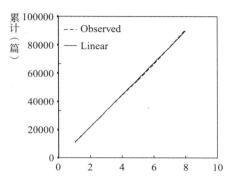

图 4　1999～2006 年中国地质科学文献数量增长趋势

从上面的阶段性分析结果中我们可以发现，近现代中国地质科学知识增长呈现一幅线性增长和指数增长交替发展的图景。我们将这种阶段性交替发展的图景整体表现出来，如图 5 所示。在中国传统地质科学体系的构建早期（图 5 中阶段 1）和现代地质科学体系的构建时期（图 5 中阶段 3），地质科学知识都是以一定速度持续稳定增长。而在传统地质科学体系完善、成熟和蓬勃发展时期（图 5 中阶段 2），地质科学知识增长则呈现周期性地以某一速度增长。

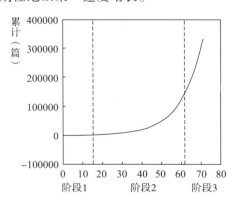

图 5　近现代中国地质科学知识增长趋势

科学社会学家普赖斯曾研究提出科学知识增长的"S 曲线"，即科学知识增长的逻辑曲线形式。他认为科学知识增长经历了四个阶段。（1）初期阶段：绝对数量增长不大，但增长速度稳步提高。（2）指数增长阶段：增长速度达到一个常数，一个领域的出版物在一定时期内就翻一番。（3）线性增长阶段：增长速度下降，但每年的增长仍然保持一个近似的常数。（4）衰落阶段：又称饱和期，增长速度和绝对增长都降低，直至为零。

根据普赖斯提出的知识增长的四个阶段，我们对比分析图 5 中的三个阶段，可以发现中国地质科学知识增长实际上交替经历着普赖斯所说的"初期阶段"和"指数增长阶段"，即初期阶段（1936～1951 年）—指数增长阶段（1952～1998 年）—初期阶段（1999～2006 年），并没有走向增长速度不断下降的线性增长阶段和增长速度降低至零的衰落阶段。从近现代中国地质科学知识增长的速度上看，图 5 中，阶段 1 的增长速度＜阶段 2 的增长速度＜阶段 3 的增长速度，也就是说，中国地质科学知识增长的速度是一直增加的，并没有降低甚至是停滞。而且中国地质科学知识增长的总量是不断增大的，增长的绝对值并没有变小。所以，图 5 中的三个阶段只可能是"初期阶段"和"指数增长阶段"的交替发生。

由此，我们可以得出推论：在未来一段时间内，中国地质科学知识将继续维持高速增长。

（二）中国地质科学分支学科由单一化向多元化发展，学科结构体系经历了由传统地质科学向现代地质科学的转变

分支学科不断衍生、交叉融合，由非均衡的相对单一化向多元化发展，是中国地质科学知识增长的又一个显著特征。综观近现代中国地质科学的发展，分支学科的发展经历了一个不断分化深入和交叉融合的过程，具体表现为传统地质科学体系的形成—传统地质科学体系的完善与壮大—现代地质科学新体系的形成这样一个过程，在这一发展过程中分支学科数目不断增加。

在 1936～1951 年，也就是中国地质科学知识增长的起步期，传统地质科学体系逐渐形成，其突出特点是：以固体矿产资源开发为主，学科结构单一。古生物学、地层学与地史学和矿床地质学占据绝对优势，被称为早期传统三大核心学科，它们在统计的文献中占据 67.56% 的份额，而矿床地质学更是一枝独秀，占据了 44.36% 的份额。地热与新能源学、环境地质学、地质年代学和球外地质学领域是空白，地球化学和海洋地质学领域也几乎是空白（见表1）。该时期发表的地质科学期刊文献涉及 14 个学科。

到 20 世纪 70 年代以前，中国地质科学分支学科结构趋向多元化，主要体现在传统核心学科不断完善和扩张，形成了以古生物学、地层学与地史学、矿床地质学、结晶与矿物学、岩石学和构造地质学为主导的传统六大核心学科，它们在统计的文献中占据了 65.70% 的份额。在传统地质科学体系下，这六大学科的文献在知识结构中占有极高的比例，在 1996 年以前，这六大学科的期刊文献都超过了当时文献总量的 50%。该时期另一个特点是，水文地质学和工程地质学异军突起，文献量较上一期呈数倍增长，体现了技术进步对传统地质科学发展的贡献。至 20 世纪 60 年代末，发表的地质科学期刊文献涉及 16 个学科（见表1），除环境地质学和地质年代学外，其余 16 个分支学科文献量均有增长。

20 世纪 70 年代至 80 年代，环境地质学研究开始兴起，地质科学分支学科进一步增加，地质科学期刊文献涉及 17 个学科，只有地质年代学领域还是空白（见表1）。除六大核心学科外，地球物理学和地球化学等分支学科在地学研究中的地位显著提高，文献数量也呈逐年稳步增长或稳定发展的态势。

从 20 世纪 80 年代中期始至 2006 年，分支学科增加至 18 个，发表的地质科学期刊文献涉及 18 个学科。尤其是在 1999 年以后，地球物理学、地球化学、工程地质学、水文地质学、环境地质学等学科的期刊文献数量，已经赶上甚至超过传统六大核心学科的文献数量（见表1），形成了以地球物理学、岩石学和地球化学为知识基础，以环境地质学、油气地质学、工程地质学为主导学科，以海洋地质学为竞争领域，以一系列高新技术为支撑的现代地质科学体系。

通过对近现代中国地质科学知识增长的整体研究，我们发现，20 世纪是中国传统地质学蓬勃发展的时期，20 世纪末到 21 世纪初，随着科技的进步和社会需求的变化，多元化的现代地质科学体系逐步形成，中国地质科学经历了从传统固体地球科学向现代系统地球科学的转型。集中表现在地质科学研究的对象从固体物质扩展到气体和流体物质，从侧重于对单个对象的研究发展到侧重于对地质系统的研究；研究结果从注重于对地质现象的精确描述发展到对地质过程的探究和成因的深入解释；地质科学思维方式从单一的、静止的、孤立的科学观发展到联系的、运动的、系统的科学观。这种研究取向和思维方式的变化，对于我们理解整个科学发展的脉络，并循此路径构建新的科技文化提供了有根基的参照。

参考文献

［1］计荣森：《中国地质文献目录》，经济部中央地质调查所印行，1941。

［2］赵志新：《中国地质文献目录》，地质出版社，1956。

［3］全国地质图书馆：《中国地质文献目录》，地质矿产部全国地质图书馆，1961。

［4］赵志新：《中国地质文献目录》，中华人民共和国地质部全国地质图书馆，1962。

［5］潘文坤：《中国地质文献目录》，地质矿产部全国地质图书馆，1986。

近现代中国地质科学学科兴趣
中心的转移

——基于 1936～2006 年的文献统计

刘爱玲　史艳艳　陶柯霏[*]

内容摘要： 本文对近现代中国地质科学发展不同阶段的学科兴趣中心转移现象进行了深入分析，揭示出中国地质科学学科体系的构建及其变迁的趋势：学科体系经历了由传统到现代的转变，总趋势上与世界地质科学学科体系的发展具有趋同性。

科学知识是如何增长的？其增长有无内在逻辑可循？在科学于文化与制度上确立起来后，是什么因素影响着科学的发展速度和方向？这是科学史学家和科学哲学家们长期探讨的问题。笔者对中国近现代史上发展最快、在国际上最早享有盛誉的先行学科——地质科学在 70 余年中的学科兴趣中心转移状况做整体研究，以期更清楚地了解地质科学学科体系的构建和变迁，且为揭示科学知识增长的内在逻辑和增长动力起到窥斑见豹的作用。

----

[*] 刘爱玲，中国地质大学（武汉）教授，研究领域为科学技术史和科学社会学；史艳艳，中国地质大学（武汉）科学技术史专业硕士研究生；陶柯霏，中国地质大学（武汉）科学技术史专业硕士研究生。

一 不同时期中国地质科学论文产出率状况

如果某一分支学科在某一时期内的成果数在整个学科成果总数中所占的比例明显地超过其他学科的成果数所占的比例，则称该分支学科为学科的兴趣中心。

那么，中国地质科学在 70 余年的发展历程中，某一分支学科是否保有一种不受挑战的首要地位，或者是否存在学科兴趣中心的不断转移呢？

著名科学社会学家默顿认为，对科学所表现出的兴趣的程度与科学论文产出率之间存在互动关系。按照这一思路，本文采用定量分析方法测量地质学学科兴趣中心的转移现象，其分析单位是科学论文。用分支学科领域在某一时期论文的百分比（即论文产出率）表示不同分支学科的"兴趣指标"。

具体做法是：我们以 1936～1981 年已编辑出版的 5 部中国地质文献目录和 1985～2006 年的中国地质文献数据库中收录的近 30 万条科学文献作为数据来源。运用整群抽样的方法，选取矿床地质学、煤田地质学、古生物学、结晶学与矿物学、地球化学等 18 个分支学科领域，每一篇论文都可以作为一个单位被划入其主要涉及的分支学科。从 1936 年至 2006 年（除 1982～1985 年）均包含这 18 个分支学科的数据，每一年所包含的全部数据被称为一个样本，共有 68 个样本。

经过数据统计，按照其自身表现出来的明显的数量特征[1]，我们把1936～2006 年的地质期刊文献的增长分为五个阶段：1936～1951 年为中国地质科学的起步期，1952～1965 年为中国地质科学的成长期（1966～1971 年由于"文革"的影响，论文数目太少故不予考虑），1972～1981年为中国地质科学的复兴期，1985～1998 年为中国地质科学的蓬勃发展期，1999～2006 年为中国地质科学的持续繁荣期。表 1 是中国地质科学在各阶段的论文产出率，以此表示不同阶段诸分支学科兴趣增长状况。

表1　1936~2006年中国地质科学各阶段的诸分支学科兴趣指标

单位：%

兴趣领域论文产出率年份	结晶学与矿物学	岩石学	构造地质学	古生物学	地层学与地史学	矿床地质学	煤田地质学	油气地质学	地热与新能源学	第四纪地质学	地球物理学	地球化学	水文地质学	工程地质学	环境地质学	海洋地质学	地质年代学	球外地质学	合计
1936~1951	2.33	4.63	2.23	14.68	8.52	44.36	12.87	3.31	0.00	2.02	2.51	0.10	1.46	0.73	0.00	0.24	0.00	0.00	99.99
1952~1965	5.87	7.10	7.05	17.85	10.93	16.90	2.56	3.35	0.13	2.04	2.91	3.62	11.93	6.44	0.00	1.18	0.00	0.13	99.99
1972~1981	3.78	9.68	4.78	8.60	9.17	31.18	3.28	3.13	0.95	0.23	8.33	2.04	8.23	3.38	0.58	1.99	0.00	0.66	99.99
1985~1998	3.19	10.87	8.49	3.60	6.96	22.53	2.67	7.55	0.56	0.48	7.69	3.06	4.88	8.38	5.41	2.44	0.91	0.33	100.00
1999~2006	1.71	8.10	6.47	2.37	4.49	11.96	1.93	18.58	0.51	2.66	6.66	2.59	5.04	10.26	12.98	2.30	1.22	0.17	100.00

　　本文基于这五个阶段进行具体的分析，期望通过数据自身表现出来的特性，探讨中国地质科学学科兴趣中心的转移及其特点。

二　中国地质科学在不同发展阶段的学科兴趣中心

（一）矿床地质学是近现代中国地质科学起步期的学科兴趣中心

　　自 1912 年中国近代地质科学肇始，地质科学家在机构创立发展、人才培养和学术研究方面，进行了卓有成效的工作。一时间地质学成为中国科学界的带头学科，此时期地质学科技期刊文献也开始逐渐累积起来。根据统计，1936～1951 年地质科学期刊文献累积达 2874 篇，年均发表 179.6 篇，涉及的分支学科有 11 门至 14 门。图 1 所示是以论文百分比表示的起步期各学科兴趣增长状况。

　　1936～1951 年，矿床地质学是中国地质科学的学科兴趣中心。矿床地质学论文产出率在地质科学学科体系中占有很高的比例，阶段比例为 44.36%（见表 1），最高时 1941 年达到 62.13%，最低时 1936 年达到 34.04%（见图 1）。

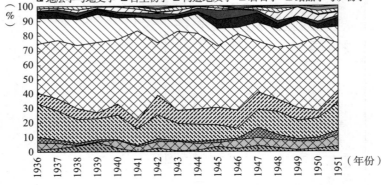

图 1　起步期中国地质科学各学科期刊文献的发展状况

　　这一时期的突出特点是，以固体矿产资源开发为主，学科结构单一。以古生物学、地层学与地史学和矿床地质学为核心的早期传统型地质学学科体系已经形成，它们在统计的文献中占据了 67.56% 的份额

（见表1），最高时在1941年达到79.15%，最低时在1947年时达到58.76%（见图1）。其他学科在学科体系的构成中则处于次要地位。

这一时期内，应用型学科①具有较高的科学吸引力，在中国地质科学学科体系中占较高比例，其论文产出率为62.73%。矿床地质学、煤田地质学、油气地质学和地热与新能源学这些资源型学科是主要构成部分，其论文产出率是60.54%。其他应用型学科占有比例较低。基础研究型学科②在这一时期占有比例是37.27%。除古生物学和地层学与地史学比例较高以外，其他学科在学科体系中占有比例较低。从整体看，应用型学科的平均比例是10.46%，而基础研究型学科的平均比例只有3.11%。

（二）古生物学和矿床地质学是近现代中国地质科学成长期的学科兴趣中心

新中国成立后，中国地质科学一方面组织已有的技术力量，集中为恢复国民经济服务，另一方面学习苏联的学科发展模式，促进科学研究迅速发展。根据统计，1952~1965年地质科学期刊文献累积达5945篇，年均发表424.6篇，是上一时期的两倍多，涉及12门至17门分支学科。图2所示是以论文百分比表示的成长期各学科兴趣增长状况。

这一时期，古生物学和矿床地质学是中国地质科学的学科兴趣中心。相较于上一时期，古生物学发展十分引人注目，其论文产出率在学科体系中所占比例最高时在1962年达到32.68%（见图2），在7个年份中超过了20%，阶段比例为17.85%（见表1）。而上一个时期的学科兴趣中心矿床地质学，在此期间它的比例低于古生物学，但是明显高于其他学科，阶段比例为16.90%。因此，我们可以认为古生物学和矿床地质学是近现代中国地质科学成长期的学科兴趣中心。

这一时期内，学科体系不断完善。结晶学与矿物学、岩石学、构造

---

① 应用型学科包括：矿床地质学、煤田地质学、油气地质学、地热与新能源学、工程地质学和水文地质学。

② 基础研究型学科包括：结晶学与矿物学、岩石学、构造地质学、古生物学、地层学与地史学、地球物理学、地球化学、第四纪地质学、海洋地质学、环境地质学、地质年代学和球外地质学。

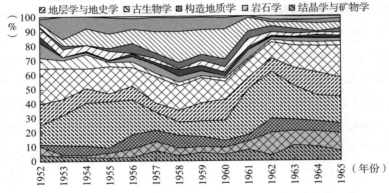

图2　成长期中国地质科学各学科期刊文献的发展状况

地质学、古生物学、地层学与地史学和矿床地质学是中国地质科学学科体系的主要构架，形成了以这六大学科为核心的完整的传统地质学学科体系。它们在地质学学科体系中所占的比例较高，阶段比例为65.70%。相较于上一个时期，这六大学科中除矿床地质学的比例有大幅下降以外，其他五大学科的比例都有所上升。

这一时期内，基础研究型学科的科学吸引力大幅提升，在中国地质科学学科体系中占较高比例，其论文产出率由上一时期的37.27%猛增至58.69%。其中结晶学与矿物学、岩石学、构造地质学和地球化学的论文产出率的增长较上一时期更是超过了3%。而应用型学科在中国地质科学学科体系中的比例大幅下降，阶段比例是41.31%，是上个时期的2/3左右。然而就整体而言，基础研究型学科的平均比例仍然低于应用型学科的平均比例，前者为5.87%，后者为6.89%。

（三）　矿床地质学是近现代中国地质科学复兴期的学科兴趣中心

中国地质科学从十年动乱的后半期开始逐渐恢复，这是中国地质科学家坚持科学的自立性的结果。根据统计，1972~1981年地质科学期刊文献累积达21776篇，年均发表2178篇，是上一时期的5倍多，涉及15门至17门分支学科。图3所示是以论文百分比表示的复兴期各学科兴趣增长状况。

　　很明显，这一时期，矿床地质学又一次成为中国地质科学的学科兴趣中心。在此期间，矿床地质学在中国地质科学学科体系中占据较高比例，其论文产出率最高时在 1972 年达到 49.41%，之后产出率便明显地逐年下降，最低时在 1981 年降至 24.89%（见图 3）。

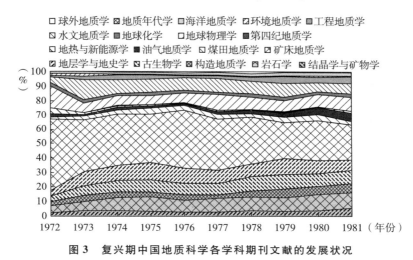

□ 球外地质学　⊠ 地质年代学　▦ 海洋地质学　▨ 环境地质学　▩ 工程地质学
◩ 水文地质学　▥ 地球化学　▧ 地球物理学　■ 第四纪地质学
◪ 地热与新能源学　■ 油气地质学　▱ 煤田地质学　▨ 矿床地质学
▨ 地层学与地史学　□ 古生物学　▨ 构造地质学　▨ 岩石学　▨ 结晶学与矿物学

图 3　复兴期中国地质科学各学科期刊文献的发展状况

　　这一时期内，传统地质学学科在学科体系中所占的比例仍然很高，现代地质学学科在地质科学学科体系中崭露头角。结晶学与矿物学、岩石学、构造地质学、古生物学、地层学与地史学和矿床地质学的论文产出率之和是 67.2%（见表 1），最高时在 1976 年达到 73.79%，最低时在 1981 年达到 63.55%。这说明，这一时期中国地质科学学科体系仍然以传统地质学学科为主要架构。另外，作为现代地质科学支柱学科的地球物理学和环境地质学的科学吸引力逐渐增强。地球物理学的论文产出率大幅提高，最高时在 1972 年达到 14.94%，阶段比例为 8.33%，是上个时期的 2 倍多。环境地质学研究也在本时期开始兴起。但是，现代地质学学科在学科体系中所占的比例还很低，平均比例为 14.09%。这一时期应用型学科和基础研究型学科的吸引力趋于均衡，对应用型学科的研究兴趣阶段比例是 50.15%，对基础型学科的研究兴趣阶段比例是 49.85%。此外，应用型学科的平均比例仍高于基础型学科的平均比例，前者是 8.36%，后者是 4.53%。基础研究力量仍显薄弱。

（四）矿床地质学是近现代中国地质科学蓬勃发展期的学科兴趣中心

随着十年动乱的结束和改革开放的到来，中国地质科学迎来了科学的春天，科研成果丰硕，各分支学科全面发展。据统计，1985～1998年中国地质科学期刊文献累积达135446篇，年均发表9675篇，是上一时期的4倍多，涉及18门分支学科。图4所示是以论文百分比表示的蓬勃发展期各学科兴趣增长状况。1985～1998年，矿床地质学仍然是中国地质科学的学科兴趣中心。其论文产出率在学科体系中所占的阶段比例为22.53%（见表1），最高时在1989年达到26.57%，最低时1997年为16.61%，明显地高于其他学科。所以，可以认为矿床地质学是该时期的学科兴趣中心，虽然其论文产出率在学科体系中的比例不断下降。

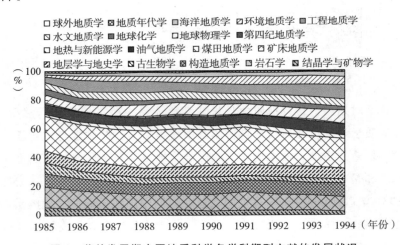

图4　蓬勃发展期中国地质科学各学科期刊文献的发展状况

这一时期内，中国地质科学学科体系趋向多元化发展。一方面，完整的传统地质学学科是中国地质科学学科体系的主要构架。其六大核心学科——结晶学与矿物学、岩石学、构造地质学、古生物学、地层学与地史学和矿床地质学的论文产出率在学科体系中的比例较高，阶段比例为55.64%（见表1），但明显低于上一个时期且不断下降。另一方面，现代地质学学科持续发展。代表现代地质学科的地球物理学、地球化学、环境地质学和油气地质学的论文产出率在学科体系中所占的比例不断上升，阶段比例为 23.71% 。尤其是环境地质学和油气地质学显示出一种几乎连续的增长，其论文产出率分别是上一时期的近十倍和两倍多。

这一时期应用型学科和基础研究型学科的吸引力趋于稳定，对应用型学科的研究兴趣阶段比例是 46.56% ，对基础型学科的研究兴趣阶段比例是 53.44% 。另外，应用型学科的平均比例仍然高于基础型学科的平均比例，前者是 7.76% ，后者是 4.45% 。

（五）油气地质学和环境地质学是近现代中国地质科学持续繁荣期的学科兴趣中心

进入 21 世纪后，中国地质科学在新时期呈现欣欣向荣、多元发展的局面。1999～2006 年地质科学期刊文献累积达 90879 篇，年均发表 11360 篇，涉及 18 门分支学科。图 5 所示是以论文百分比表示的持续繁荣期各学科兴趣增长状况。

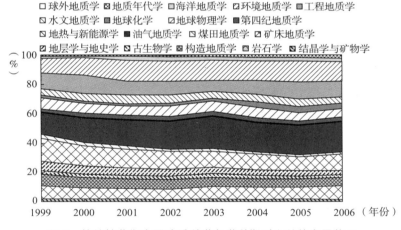

图 5　持续繁荣期中国地质科学各学科期刊文献的发展状况

这一时期最显著的变化是：油气地质学和环境地质学取代矿床地质学成为中国地质科学的学科兴趣中心。矿床地质学的学科吸引力延续了上两个时期下降的趋势，且大幅下降。而油气地质学和环境地质学的学科吸引力不断上升，其论文产出率较上一个时期成倍地增长，在所有学科中位居第一和第二。因此，我们可以认为油气地质学和环境地质学是中国地质科学持续繁荣期的学科兴趣中心。

这一时期内，现代地质学逐渐取代传统地质学成为中国地质科学学科体系的主要构架。代表现代地质学的地球物理学、地球化学、环境地质学和油气地质学这四大核心学科的比例持续上升，阶段比例为40.81%（见表1）。代表传统地质科学的六大核心学科的比例持续大幅下降，阶段比例由上一时期的55.63%降至35.10%（见表1）。至2001年现代四大核心学科的比例首次超过传统六大学科。

这一时期应用型学科和基础研究型学科的吸引力与上时期类似，继续维持稳定。基础型学科在学科体系中的阶段比例为51.72%，应用研究型学科的阶段比例为48.28%。另外，应用型学科的平均比例仍然高于基础型学科的平均比例，前者是8.05%，后者是4.31%。

三　结论

（一）近现代中国地质科学从资源型地质科学体系转变为资源和环境并重型地质科学体系

经过上述统计分析我们可以看到，近现代中国地质科学在五个阶段的发展历程中存在多多少少连续地得到维持的高度兴趣，依次经历了矿床地质学—古生物学和矿床地质学—矿床地质学—油气地质学和环境地质学三次学科兴趣中心的转移。

矿床地质学在20世纪中是最受关注的学科领域。古生物学曾一度成为中国地质科学的学科兴趣中心，但矿床地质学持续地吸引了大量研究者的研究兴趣，在前四个阶段内保持了兴趣中心的地位，直到20世纪末才明显出现了衰落。自20世纪80年代始，环境地质学和油气地质学一直保持着一种大致稳定的科学吸引力，论文产出率持续增长，进入21世纪后成为新的学科兴趣中心。

把这些学科进一步分为两大类便可看出其大致趋势。一类属于资源型学科，包括矿床地质学、油气地质学、煤田地质学和地热与新能源学。另一类属于环境型学科，包括环境地质学。综合统计资料我们可以看到：对资源型学科的兴趣直到20世纪末一直比对环境型学科的兴趣高一些，可以说，在20世纪中，以研究地球固体物质为主要对象的应用资源型学科占据着学科兴趣中心的地位。此后兴趣明显地转向了后一类学科，预示着其兴趣在地质系统而不只集中于固体物质的"资源环境并重型"时代的到来。进入 21 世纪，中国地质科学实现了从资源型学科体系向资源和环境并重型学科体系的转变。

（二）近现代中国地质科学学科体系的发展与世界地质科学学科体系的发展具有趋同性

对比已有研究[2]，我们发现中国地质科学学科体系的发展与世界地质科学学科体系的发展具有趋同性。表 2 列出了世界百年地质科学学科体系的发展变化情况，和 1936~2006 年中国地质科学学科体系发展变化情况。

表 2　中外地质科学发展情况对比

国别 \ 排序年份		第一位	第二位	第三位	第四位	第五位	第六位	第七位	第八位
世界地质科学分支学科结构	1900	矿床学	古生物学	地层学	第四纪地质学	地貌学	岩石学	矿物学	煤田地质学
	1950	古学物学	矿床学	地层学	岩石学	矿物学	构造地质学	地貌学	第四纪地质学
	1980	矿床学	岩石学	地球物理学	地层学	工程地质学	古生物学	水文地质学	地球化学
	2000	地球物理学	环境地质学	岩石学	地球化学	油气地质学	第四纪地质学	地层学	水文地质学
中国地质科学分支学科结构	1936	矿床学	古生物学	煤田地质学	地层学与地史学	岩石学	构造地质学	油气地质学	结晶学与矿物学
	1950	古生物学	矿床学	煤田地质学	岩石学	地层学与地史学	地球物理学	油气地质学	构造地质学
	1980	矿床学	岩石学	地层学与地史学	古生物学	地球物理学	水文地质学	构造地质学	油气地质学
	2000	油气地质学	矿床学	工程地质学	环境地质学	岩石学	地球物理学	构造地质学	地层学与地史学
	2006	油气地质学	环境地质学	矿床地质学	工程地质学	岩石学	构造地质学	地球物理学	水文地质学

参考表 2 和相关史料可知，从莱伊尔时代诞生到 20 世纪末，世界地质科学学科体系经历了三次重大的构建。第一次是从莱伊尔时代到

20 世纪初，地质科学形成了以古生物学、地层学和矿床学为核心的传统地质科学体系。第二次是从 20 世纪初到 20 世纪 40 年代，地质科学构建了以古生物学、矿床学、地层学、岩石学、矿物学和构造地质学六大学科为核心学科的完整的传统地质科学体系。从 20 世纪 80 年代到 20 世纪末，传统地质学科核心地位逐渐被现代地质学科取代，包括地球物理学、环境地质学、地球化学、油气地质学和水文地质学等学科，世界地质科学学科体系经历了第三次重构，形成了以地球物理学、环境地质学、岩石学和地球化学为核心的新型的现代地质科学体系。

相比之下，中国地质科学学科体系同样经历了从传统到现代的转型。中国地质科学起步时就紧跟世界地质科学学科体系的发展，构建了传统地质科学体系，到 20 世纪 50 年代已经发展构建了完整的传统地质科学体系，用短短四五十年的时间走过了西方近百年才走完的路程。随后的 50 年中，传统地质科学体系不断地完善和发展，知识总量得到了极大的增长且增长速度也空前提高。从 80 年代末始，学科体系逐渐发生转变。进入 21 世纪后，才由传统地质科学体系转变到现代地质科学体系。

这表明，中国地质科学学科体系的发展与世界地质科学学科体系的发展趋势具有趋同性。这种趋同性表现为"趋同存异"，在学科体系发展的总趋势趋同的过程中，学科体系发展的过程存在差异。中国地质科学体系由资源型体系转变到资源与环境并重型体系，而世界地质科学体系是由资源型体系转变到环境型体系。

（三）社会需求在决定科学关注焦点转移中具有导向作用和促进作用，是促进中国地质科学知识增长的主要因素

将学科兴趣中心的转移与应用型学科论文产出率比例进行比较可以发现，学科兴趣中心一直在应用型学科中转移，从最早的矿床地质学到最近的油气地质学，并且应用型学科在中国地质科学学科体系中的比例高于基础研究型学科。这十分明显地说明了学科兴趣转移的根源主要是受科学之外的变迁因素的影响，社会需求、实际利益在决定科学关注焦点转移中具有重要作用。

　　具体而言，工业化和城市化对推动中国地质科学的发展具有导向作用和促进作用。

　　工业化对矿产资源和能源的需求激发了科学家的研究兴趣和社会责任，相应地也就促进了应用资源型学科知识迅猛增长。从 20 世纪初起，工业化就一直是中国人追逐并努力实现的梦想。从洋务运动发展民族工业到民国时期资本主义的发展，中国人获得找矿、开发矿产资源的知识和能力是社会对地质学的主要诉求。从新中国成立后，以国民经济发展第一个五年计划为标志开始的新中国工业化进程，直到目前的现代化建设，我国对矿产资源和能源的需求不断增加。工业化促使资源型学科研究不断深化，知识迅猛增长，在学科发展上就表现为应用资源型学科一直处于学科兴趣中心。

　　城市化是工业革命的伴生现象。城市化过程中存在的许多问题需要地质学提供解决方案。比如说，城市区域地质环境的承载能力和承载瓶颈问题，城市主要的动力学格局，地质环境自然营力与人类活动的相互作用、时间效应问题，一个有效的城市地质环境评价与开发体系的结构又是什么，等等。[3] 这些问题的解决，大大促进了工程地质学的发展。表 1 显示的工程地质学论文产出率从 20 世纪 80 年代以来持续增长就是明证。

　　进入 21 世纪后，走新型工业化道路和可持续发展道路成为中国的必然选择，也对中国地质科学提出了新的挑战和发展契机。中国地质科学一方面要满足我国新时代工业化进程中经济持续增长的资源能源需求，另一方面要满足人类社会可持续发展对环境改善和优化的需要，这就使得中国地质科学体系是"资源"和"环境"并重型体系，必然是以资源型或能源型学科和环境型学科为兴趣中心。这也是我国地质科学学科体系发展变化与世界地质科学学科体系发展存在些许差异之原因所在。可见，社会需求决定了学科发展的方向，是促进中国地质科学知识增长的主要因素。

参考文献

[1] 刘爱玲、史艳艳：《现代中国地质科学知识增长的特征》，《自然辩证法通

讯》2009 年第 2 期，第 47 页图 1。

［2］董树文等：《20 世纪世界地质科学学科体系的发展与演变》，《地质论评》
2005 年第 51 卷第 3 期，第 276 页。

［3］黄鼎成：《城市发展与城镇化》，《工程地质学报》2006 年第 16 卷第 6 期，
第 725 页。

中国近代学术建制的典范[*]

——中央地质调查所

郑济飞[**]

内容摘要：民国初年，近代科学在中国尚处草创之期，步履艰难，成绩有限。在所获不多的成果中，被科学界公认"得到较快较好发展的学科，是地质学、生物学和考古学"，尤其是地质学，其成就已"在世界地质学史上占有一定的地位"。作为民国时期中国地质学的学术中心，中央地质调查所堪称这一时期最成功的官办科学机构，甚至有科学家认为它"是独一无二的"。系统考辨民国时期中央地质调查所学术建制形成和发展的状况与规律，总结它在学术建制中的成功经验与不足，对于改革和完善我国的科技体制、推进和发展我国的科学技术与现代化建设事业，无疑具有积极和重要的现实意义。

在西方地学科技与地学体制的启发和"中体西用"说的影响下，地质学工作模式和演替速度出现根本性变化。在中国科学的近代化进程中，地质学是发展较快、成果较多的一门学科，原因与中央地质调查所较早地完成了学术建制有着密切的关系。作为国立机构的中央地质调查所，在发展过程中对如何开展研究，建立一种使自身良性发展的体制进

---

　* 本文由笔者硕士学位论文选编而成。

** 郑济飞，中国地质大学（武汉）科学哲学专业硕士研究生。

行了积极的思考、探索和实践，最终成为一个目标明确、组织健全、管理有序、人员精良的研究机构，可以说它既是中国近代科学机构的典范，也中国地质学学术建制的缩影和代表。

一　形成颇具规模的科学家群体

中央地质调查所在当时中国地质学界享有显赫的学术地位。作为最有声望的研究机构之一，它可以比那些不知名的机构获得更多的社会资源，从而为研究活动提供了便利的条件。无论是在声望上还是在规模上，中央地质调查所在中国的地质学界，乃至中国学术界都占有一席之地。因此，中央地质调查所汇集了当时全国地质学界半数以上的精英人才，堪称中国地质学界高层次的科研机构和人才培养的重要基地。

（一）精选人才

由于工作不断扩展、所址变迁及所处环境不同，各时期人员来源具有不同的特点。由于人才的缺乏，调查所成立的头三年只有所长丁文江一个人从事地质调查工作。1912年，章鸿钊提议办起了地质研究所专科学校。所以中央地质调查所最初的工作人员来源于地质研究所，原招学生30名，其中14人被派到了地质调查所工作，他们中包括叶良辅、谢家荣、周暂衡、王竹泉等。他们在地质科学中发挥了骨干作用，后来不少人成为地质科学各个分支领域的专家，他们也是中国自己培养的第一批地质人才。由于社会需求和建所规模的扩大，招收新人就实行严格的考试制度。每年通过考试招收两三名地质人员。几十年来除个别的人是通过特别推荐入所以外，几乎没有其他例外，即使是北大地质系第一批的毕业生，如著名古生物学家孙云铸，也毫不例外的是通过考试进所的[1]。

在早期除事务员外，其他大部分人员来自地质研究所。后来由于地质教育机构的兴办，在后期，所内人员主要来自国内各大学，其中以北京大学地质系毕业生最多。北京大学地质系毕业生有189人，占到总数的71%。因此在当时堪称它是地质教育摇篮，是中国近代培养地质人才的基地。其次还有中山大学、清华大学和南京中央大学等的地质系，后来重庆大学、西北大学、台湾大学、山东大学也为中国培养了大批地质学人才。

（二）精养人才

1. 课程设置

在课程设置上，中央地质调查所既注意培养学生精深的专业知识和技术，也要求学生有较扎实的知识基础。为了造就合格的地质人才，中央地质调查所的三位开创者在创所之前就高瞻远瞩，他们不仅举办地质研究所培训班，还重视培养学生的野外工作能力。这可以从早期的专业课程开设和后来的课程改革中看出。第一学期主修国文、数理化等普通课程。第二学年侧重于专业基础课。第三学年注重应用课程。1915年章鸿钊、翁文灏、丁文江三人共同议定，对中央地质调查所课程进行了重大调整。一是废除甲乙分科，减少了某些纯理论性课程，增加采矿、冶金等实用性科学课程。二是延长校外实习时间并由所长及各教员亲自带队进行实习指导和基础理论辅导，同时在规定时间内上交实习报告章程。中央地质调查所把野外实习作为地质学训练的重要一环。

2. 教学方法

在教师授课方面，首先，章、丁、翁三人是中央地质调查所主要的授课老师，学生们听他们的课，都会觉得乐趣很大、收获颇多。他们上课的时候拿的不是巨册大书，而是大量相关的课外标本和挂图，对学生们以后的地质研究有相当的启发。另外，中央地质调查所开创的注重野外考察的传统被高校地质系传承了下来，北京大学地质系把原来一学期一次的野外实习改为一学期至少四次，短则一天，长则三天。这种教学方法对学生们产生了很大的影响。

不仅老师授课灵活生动，培养的方式也是多种多样。入所后首先要度过约5年的严格学徒生涯，主要目标是通过跟班学习，掌握野外工作的基本功。中央地质调查所的一项主要优势就是每个研究室都有一位或多位的权威专家，他们总是毫无保留地主动地把知识传授给年轻一代。不仅是在工作中言传身教，而且带领年轻地质人员到野外通过工作起到实习的作用。例如在北碚时代，黄汲清曾带领一批入所不久的年轻人，到天府煤矿学习如何绘画剖面；在威远地区，带领一批年轻人，练习如何测绘地质图。在室内老一代指导新一代如何写论文，并且亲自一句一句地进行修改，就像老师修改小学生的作文一样的认真。[2]

为了使青年学者更快了解世界地质科学的最新进展，对于那些有前途的科学苗子，无论是老师还是学生，中央地质调查所都会千方百计地送他们出国深造。

成立之初，中央地质调查所的5位教师，都是从国外留学回来的，他们所培养的22位学生中，后来陆续出国留学者有6位，占到27.2%。他们6人中，有5人去了美国，另有一人周赞衡留学于瑞典。由此可见，中央地质调查所不仅一直把留学经历作为宝贵的学习经历，而且重视学术交流。

近代地质科学家中有72%的学者有留学经历，说明留学是中央地质调查所培养地学人才的主要方式。且在后来的地学发展中，留学归来的地质科学家在中国地质科学发展过程中占据着重要的地位，发挥了不可取代的作用。留学于美国的地质科学家占总人数的41%，其次是英国，德国居第三。

（三）　中央地质调查所出现的职业科学家

今天，虽然科学早已走上了正规发展的道路，中国地质科学也已汇入世界地质科学之中，但那些地质科学的播火者们付出的艰辛努力，却是我们永远无法忘记的。1949年以前从事地质工作的学者约有几百人，而其中半数以上的学者在中央地质调查所工作过。1948年中央研究院评选出的院士中，地质学领域的学者共有6名，分别为朱家骅、李四光、翁立灏、黄汲清、杨钟健、谢家荣。其中的4人当时正在或曾在地质调查所工作过的，黄汲清曾担任地质调查所所长，当时任研究室主任；杨钟健是调查所技正；翁文灏是调查所的三位开创者之一，当时在资源委员会任主任委员、矿产测勘处任处长；谢家荣是进入调查所工作的首批研究人员。[3]

1955年中国科学院首次选举学部委员。在地学部的24名委员中，有17人在地质调查所工作过，占总数的70%以上。1957年普选的3名地学部委员中，又有1名在地质调查所工作过的学者当选。1980年选举的学部委员中，地学部有64名学部委员，其中23名在地质调查所工作过，占总数的近36%。1991年选举的35名地学部的学部委员中，仍有 4 名委员在地质调查所工作过。[4]

二　营造成果产出和学术交流的平台

科学交流体系在科学事业中占有举足轻重的地位，它是科学工作者与同行进行探讨和切磋、促进学术发展和科学共同体形成的有效途径。毫无疑问，作为后来者的中国科学机构必须主动加入国内国际科学交流网络，参与知识的创造和分配，否则只会是闭门造车，自绝于人。基于这样的背景，中央地质调查所在学术交流体系建设上投入了很多精力，取得了显著的成效。

从民国初年开始，以留美归国科学家丁文江（1887～1936 年）为代表的地质科学界人士呼吁以新的科学精神改造民族精神，并致力于中国科学事业的建设，除办地质科学刊物外，还举行科学演讲，兴办地质图书馆及博物馆，创建地质研究机构，设立科学奖励项目，这些为科研人员和地学的发展营造了成果产出和学术交流的平台。而中央地质调查所以他特殊的创立背景和学术建制使地质学这一学科在他的怀抱中逐渐成长壮大。地质学的发展离不开中央地质调查所这块良土，而中央地质调查所的发展壮大更离不开其他科研机构和学会的支持。

（一）开展学术交流，提升国际地位

加强学术交流是科学保持生命力的重要保障。20 世纪 30 年代中央地质调查所学术研究工作全面展开，研究内容和研究领域都有了较大扩展。当然，首屈一指的还数中国地质学会，它是在中央地质调查所领导下的以开展学术交流为目的的学会。正如丁文江在成立大会上说："中国地质工作者长期以来，感到迄今尚未得到交流思想、彼此议论的切磋之益，因而需要组织这么一个学会。"[5]地质学会的宗旨是：交流学术思想，发展地质科学。

中国地质学会在中央地质调查所的指导下，每年都举办各种类型的学术会议，涉及地质科学的各个分支学科。它们一直将学术属性视为该会最本质的社会职能，在开展学术交流、组织学术会议、普及地质科学知识、编辑出版科技刊物和培养推荐人才等方面做出了重要贡献，形成了系统的学术交流网络，与各部门、各行业的地质工作者有着最广泛的

联系。中国地质学会的建立，克服了以往地质科学研究缺乏联系和交流，以致阻碍科学事业发展的弊端。

国际地质大会（International Geological Congress）创立于 1878 年，是一个历史悠久，规模很大，深受国际地质学界重视的世界性学术机构，以发展理论地质学和应用地质学、增进各国地质学家之间学术合作和交流为目的。它的活动反映了不同时期国际地质科学的发展水平和动向。每届大会的地质旅行和野外地质考察，还能使参与者充分了解各东道国的地质科学发展概貌、特征及矿产资源的分布情况等。以留学生为主体的中国地质科学家从 1922 年开始参加国际地质大会，以原创性的科研成果获得了国际地质学界的高度评价。

除国际地质大会外，中国近代留学归国地质学家还经常参加其他一些国际学术会议。其中尤以翁文灏的成就最为突出，1920 年，在我国甘肃地区发生地震灾害时，他实地调查后写成名为"地震与构造关系"的论文，于 1922 年比利时首都布鲁塞尔的万国大会上宣读，引起国际同行的极大兴趣。1926 年，翁文灏又出席在日本东京召开的第三届泛太平洋学术会议，宣读了论文《中国东部的地壳运动》[6]：此后他又多次参加国际会议，他的学术成就受到国际学术界的充分肯定，引起国际上的广泛注意，成为中国近代地质科学家的杰出代表，为中国地质科学乃至整个科学争得了国际声誉。

中央地质调查所定期举行的学术会议和所员参加的国际会议使它逐渐成为一个开放型的学术研究机构，人才的流动极为频繁。既有来自名牌大学的地学研究人才，也有立志为地质科学进步奋斗终身的爱国人士，更有热心帮助的海外学者，这种开放性的学术氛围活跃了学术研究，促进了学术交流，使学术研究更具有生命力。中央地质调查所利用它精心构建的学术交流体系获取、传递学术信息，使自身很快跻身于国际地质学界，把住了世界科学的脉搏，进而可以跨越国境进行大规模联络，以此掌握外国学者研究的最新动态，参与专业对话，有助于中国科学迈向国际化。这些新的交流网络、新的社会环境、新的技术条件和新的科学环境和理念为地学研究学者开展国际交流提供了良好的平台，更促使科学研究的模式发生根本性的转折。

（二） 出版学术刊物，发展地质事业

科学期刊是研究机构向外展示研究成果的重要媒介，科学成果通过期刊公之于世，为科学界所了解，成为全世界的知识财富。近代科学先驱对科学期刊的功能很早就有透彻的认识。为了便于学术交流，早期的一些地质学文章多是用英、德、法等文字发表的。中央地质调查所创办的《地质汇报》《地质专报》《中国古生物志》等刊物是我国创办最早、历时最长的地质期刊，我国早期许多重要的地质勘察和研究成果均在这几种刊物上发表，它所记载的大量地质科学史料，为中国的地质事业打下了一定的基础。

近代以来，中国共出版地质刊物 23 种。其中由中央地质调查所创办的达 11 种，占总数的近一半。可见，中央地质调查所在地质刊物的创办和学术交流中扮演着十分重要的角色。中国地质学会在 1922 年成立之始，就在留学归国地质学家的主导下，创办了外文的《中国地质学会志》和《地质论评》。

这些刊物的公开发行，为中国近代地质科学各分支学科基础理论和基本地质问题的研究提供了方便。中国地质学会一直将刊行科学杂志，推动科学研究，作为重要工作来抓。中国近代留学生的诸多重要学术成果正是通过这两种刊物而产生影响的。章鸿钊的两篇著名学术论文——《中国中生代晚期以后地壳运动之动向与动期之检讨，并震旦方向之新认识》和《中国中生代初期之地壳运动与震旦运动之异点》就登载于《地质论评》上。[7]大量科学论文的发表，无疑对中国地质科学的发展起到了重要的推动作用。

三 构建严格的组织与管理体制

（一） 严格的组织制度

为了充分保证研究机构正常运转和工作任务的顺利完成，中央地质调查所的组织制度一直处在不断地调整之中。1928 年地质调查所第一次系统地正式公布了《农矿部直辖地质调查所组织章程》。该章程规定废除以研究工作为标准的分科制度，转而按研究室划分。每个研究室设主任一人或二人，负责研究计划及管理。其他的职员按研究性质进行分

门管理。而各个研究室的设备可通用，各部分的工作也要通力合作。为了综合地质调查及研究工作，还另设地质主任一人。[8]同时在该年还设立了所务会议制度，规定参会人员包括农矿部特派员、所长、所内各室主任、中央研究院地质研究所所长。1928 年组织章程的最大特点是：中央地质调查所在内部机构上取消"股"的设置，按照科学工作分工，设立各研究室、图书馆和陈列馆。当时有古生物学研究室、矿物岩石研究室、地性探矿研究室及试验室、图书馆和陈列馆。另外一个特点是地质调查所与中央研究院合办。所长的任命及所内组织机构的变更、所务会议须由中央研究院院长同意。1930 年 12 月农矿、工商两部合并为实业部，地质调查所也随之更名为实业部地质调查所。进入 30 年代以后由于研究工作的展开，该所研究纲领又多次修改。1932 年 7 月 18 日颁布了《实业部直辖地质调查所组织条例》，这次修改明确赋予了中央地质调查所五大工作任务并调整了组织机构，这一次调整使组织目标和研究任务更加明确。

中央地质调查所严格的组织制度体现在以下几方面。一是分工由模糊到具体，根据学科性质划分机构。从第一次公布的章程与以前公布的章程相比中看出，增设了两个非研究性的部门来负责日常事务的处理，这样就保证了研究部门和人员有足够的精力从事学术研究。二是行政管理更加民主化。在后面几次公布的章程中，设立了所务会议制度。这样保证了行政管理的民主化和公开化，有效地防止了个人专权。三是较强的社会适应性。在章程中明确规定研究人员的科研成果要与社会需要相联系。所以在抗战后，根据经济需要调整了章程。

（二）学术化的管理制度

1928 年章程的修改中一个重要的特点就是所务会议制度成立，并在此基础上成立了管理机构——中央地质调查所委员会。研究方向选定、人员录用、薪金发放以及出国进修，主要由所长决定。它给了中央地质调查所一个宽松研究环境和灵活生动的学术氛围。

中央地质调查所的几任所长均品德高尚，学术宏通，他们对研究工作兢兢业业，不遗余力，颇为时彦推崇。丁文江、章鸿钊以身作则，所员自然"翕然从风，取为资楷"。他们除了具有作为优秀研究者所有的素质外，还有出色的组织管理才能和长远的战略眼光，通权变达的办事技巧，而且善于把握学科的发展方向，注重培养人才和调动人的积极性，对有成就的学者，利用自身的社会地位和活动能力，在条件许可的情况下尽量给他们创造便利的工作条件，支持年轻人做开创性工作。所长、各部主任并不像官方领导者那样以官员身份自居，而经常以师傅对待晚辈、对待缺乏经验的学徒的姿态存在。况且，当时中国正处于内忧外患的境地，这激发了他们加紧研究本土资源的民族使命感和自尊心。所以，中央地质调查所在内部管理上更多地体现出科学精神、民族精神和以人为本的理念，使得在程式化的管理制度之外多了一种专心攻研的研究精神与学风，营造出适宜的学术环境，不仅仅有学问上的传授和切磋，更有道德上的磨砺。

四　重视强化学术的社会效应

科学机构的日常运转和工作开展必须有稳定充足的经费，这不仅包括维持日常运转和研究的费用，还应包括对研究人员的专项资助费用。这两方面在中央地质调查所均有体现。

（一）经费资助

科学研究是科学家经常需要得到个人、组织或国家的补助才能进行的工作。在内忧外患的时代背景下，政府拨给中央地质调查所的研究经费十分有限，而且不能经常按时足额发放，使科学研究根本得不到保障。为此，中央地质调查所一是不得不寻求与其他机关的合作，二是不得不合理有效地分配有限的经费。

政府拨款主要用于发放薪金和维持日常工作，用于研究的很少。早期能达到30%左右，到了20年代研究费用仅占10%左右。地质学研究需要的经费十分庞大。30年代中期，政府拨款仍然十分有限。每月给拥有110多名员工的地质调查所的经费只有6000元，不足它所需经费的1/4。[9] 由此可见，政府拨给地质调查所的经费只能用于维持地质调查所的基本运转。而此时中央地质调查所不得不寻求政府之外的拨款。

为什么中央地质调查所在创业过程中，在国内能得到社会上那么多的支援呢？据李春昱的分析，一方面主要是依靠丁文江和翁文灏两人在社会上的地位和影响，另一方面则是因为中央地质调查所人员本身的努力工作，对社会做出了卓越的贡献，赢得了良好的信誉。

在解决研究经费的困难中，中华教育文化基金会发挥了重要的作用。从 20 年代到 30 年代，据资料记载，1925～1928 年的补助为每年35000 元，1929～1931 年每年捐赠了 5 万元。基金会对中央调查所的资助一度占到该所经费的一半以上。主要用于添置研究仪器设备、增聘国外专家、开展野外调查等，少部分经费还用于支付研究人员的薪金。"年来得各方捐款之帮助，研究设备渐有扩展。十七年以北票等矿公司之捐助，添建办公室及古生物研究室。十八年得罗氏基金之协款，增设新生代化石研究室、研究脊椎动物化石，以补原有古生物研究室之不足。十九年受中华教育文化基金董事会之委托，办理全国土壤调查，并设土壤研究室。又接受金绍基先生之捐助建筑沁园燃料研究室，以研究煤质及其他关系矿物。有接受林行规先生之捐助，在北平西山建设地震研究室。"[10]

中央地质调查所也从国外获得了不少的资助。如《中国古生物志》就是由安特生向瑞典有关人士申请的赞助资助出版的。当时瑞典火柴大王克罗伊格捐赠了 5 万瑞士克朗。安特生本人还从自己的薪金中捐赠出10 万瑞士克朗，供出版《中国古生物志》之用。[11]

（二）奖励资助

中央地质调查所领导下的中国地质学会是在丁文江、翁文灏、谢家荣等在内的中央地质调查所核心人员的精心筹备下组建的。为了减少所内开支，筹集民间经费，学会的一项重要建设就是筹集基金和设立科学奖金。先后设立的科学奖金有：（1）葛利普奖章（1925 人）；（2）纪念赵亚曾先生研究补助金（1930 人）；（3）丁文江纪念奖金（1936 人）；（4）学生奖学金（1940 人）；（5）许德佑纪念奖金（1945）；（6）陈康奖学金（1945 人）；（7）马以思奖学金（1945 人）。其中葛利普奖章由中国地质学会第四任会长王宠佑捐赠 600 元而创设。该项科学奖是授给对中国地质学或古生物学有重要研究或有特大贡献的人。这项科学奖每两年授一次，授予金质"葛氏奖章"。此奖设立时，葛利普还健在（55 岁），时人立奖，科学史上不多见，足见葛氏确是学有专长且享誉当代的地质、古生物学家。此奖是当时地质学界的最高学术奖，章鸿剑、丁文江、翁文灏、李四光、杨钟健、朱家骅，葛利普（美国）、步达生（D. Black，1884~1934 年，加拿大）、德日进（法国）等获得过此奖。

当然除了科学奖金还有学生奖学金。学生奖学金，是 1940 年由翁文灏建议而由地质学会设立的，它规定："为奖励学生努力研究工作，提高兴趣，更求精进起见，设学生奖学金"。奖学金分甲、乙、丙三种，授予在校四年级地质系学生。1941 年开始颁发，但由于种种原因，该奖学金只颁发了 5 次，池际尚、郝李星学等人获得过此奖。

上述科学奖与奖学金，对于团结科学队伍、鼓励地质研究，都起到了很好的作用，被证明是发展地质学的有效方式。至今也值得我们提倡。值得一提的是，这些纪念性科学奖虽有仿效国外的成分但也结合了中国的实际，奖缅怀故人与奖励科学结合起来，可以激发地质学人的科学事业心与向上进取的精神。这些奖的设立与授予，印有老一辈地质学家与学子艰苦奋斗的足迹。

五　中央地质调查所学术建制的成功启示

（一）积极回应国家与社会的需求，是完善学术建制的重要动力

随着中国近代新式工业的建立和发展，社会对科学的认识水平日渐提高，对矿产资源的客观需求也日益迫切。反对帝国主义对华资源掠夺、保护民族利益的愿望，促使社会呼唤和关注相关科学的发展。这些都在客观上为地质学在中国的发展提供了机遇和前提。

首先，中央地质调查所及其前身是在艰苦的政治与社会环境下建立的。旧中国政治体制频繁更迭的时代特征决定了中央地质调查所隶属关系的不断变化。虽然在短短 10 年的时间里，中央地质调查所的隶属关系变化了四次，但每一次隶属机构的变化都体现了积极回应国家与社会的需求。其次，无论外界环境如何变化，它的工作内容都主要是从学术角度考虑的，随着研究不断深入，不同时期的工作重心有所调整，但始终未偏离地质调查这一工作重心。最后，学术主持人充当学术方向和科学资源分配的裁决者，他们往往根据学术发展和社会需要有选择地发展

某些领域，从而决定科学机构的发展方向。此外，学术共同体对其工作内容的评议也会在一定程度上影响它的工作方向。

现代科学技术的发展与国家政治经济利益越来越密切相连。特别是20世纪30~40年代中国所处的国际环境，使国家安全与发展对科学技术的依赖明显增强。关注社会需求与关心民族的命运、国家的安全具有更明显而密切的联系。21世纪地质科学要拓宽自己的研究领域，扩展自己的服务功能，从过去以解决矿产资源、能源、气象预报等重大问题为服务目标扩展到为全方位保护和优化人类生存环境、保障人类社会的持续发展而服务，在实践过程中使有关科学得到迅速发展，更加完善和系统。

（二）良好的科学精神，是完善学术建制的根本条件

良好的科学精神不仅是完善学术建制的根本条件，而且是科学发展的动力。章鸿钊、丁文江、翁文灏三人在中央地质调查所初创时就牢固树立并始终坚持"唯精唯确、实事求是"的科学精神和科学标准，这为它以后的发展奠定了坚实基础。在1916年，三人就认真为中央地质调查所的工作定下了"坚贞自守，力求上进，期为前途之先驱"和科学研究"期符科学之标准，而免为空疏之浮文"的工作标准'。[12]凭借中国人的聪明智慧和艰苦努力，几十年来，中央地质调查所取得了一批可观的成绩。为了奠定中国地质学在国际上的地位，维护中国地质调查所的学术声誉，所长丁文江身先士卒，一再推迟公开发表论文和报告。翁文灏也特别强调："研究惟以求真，宣传不宜失实，而况中国学术研究发韧方始，信用未立，更宜惟精惟确，实事求是，始足与世界学者相见，而确立中国科学之基础。即发表文字，亦必须参考精详，记载确实，研究精神固须注意，著作形式亦宜讲求。"[13]黄汲清强调野外的素描和记录，要求必须野外画、现场记，当日事、当日毕，绝不允许事后搞"回忆录"。对室内资料整理或编制图件，不论是一条地质界线，还是表示一小块露头，都要追根到底，认真核实，做到一丝不苟。[14]这种精神代代相传，成为地质人员必须具备的基本品德。

中央地质调查所在短短几十年中，全所上下形成了崇尚科学、热爱科学的学术氛围。在艰苦的环境中他们发扬了不屈不挠、知难不退的精

神，勤于实践、严谨求实的精神，静心研学、戒急戒躁的精神，淡泊名利、苦耐清贫的精神，坚持真理、为真理献身的精神，恪守学术道德、修炼完美人格的精神等。这种良好的科学精神对端正学术风气、反对学术腐败有着十分重要的现实意义。

（三）精选、培养和爱护人才，是完善学术建制的根本保障

积极招揽、培养和爱护人才，保持一支高水平的科研队伍，并为他们创造良好的科学研究环境，一直被中央地质调查所领导人视为最重要的工作之一。在中央地质调查所创建早期，为了充实古生物方面的研究力量，翁文灏就广招贤才，当他得知留学德国的杨钟健在这方面已取得了一定的成绩时，就立即与他取得联系并登门到访。而当杨钟健还没开始上班就大病时，翁文灏对其嘘寒问暖并帮他解决了医药费等问题，同时翁文灏还为他联系了一所大学去兼职以解决家里的经济困难。这一切都让杨钟健深受感动。中央地质调查所培养的著名青年地质学家赵亚曾，谁也想不到这么优秀的人才却因为家里实在困难想离开中央地质调查所。为了留住难得的人才，翁文灏借口自己事忙，将自己在商务印书馆的审稿工作让赵亚曾几个低收入的年轻人来做，以补贴他们的家用，而此时翁文灏自己家里已经穷得揭不开锅。赵亚曾果然不负众望，在所工作的 6 年时间里，发表了 18 部学术著作，在长身贝科动物的内部构造等方面的研究达到国际先进水平，并提出了长身贝科新分类，在国际上有深远影响。为了使青年学者更快了解世界地质科学的最新进展，对那些有前途的科学苗子，中央地质调查所千方百计地送他们出国深造，延续留学对中国地质科学的贡献。像周赞衡外语很好，勤奋好学，进调查所不久，丁文江就派他做本所著名古植物学家赫勒教授的学生和助手，赫勒回瑞典后，丁文江派他前往瑞典，继续师从赫勒，专攻中生代植物化石。周赞衡回国后写出了不少高水平的论文，成为中国第一位古植物学专家，并于 20 世纪 20 年代担任中央地质调查所古植物研究室首任主任。1922 年派李学清赴美国密歇根大学学习矿物学与岩石学，回国后曾担任调查所技师、图书馆馆长。1920 年派朱庭枯（1895～1984年）到美国威斯康辛大学留学。

（四）学习外国经验、注重国际合作交流，是完善学术建制的有效途径

在中央地质调查所初创时期，为了培养人才，提高地质工作的业务水平与理论水平，三位学者十分重视学习外国经验，聘请外国著名学者来华担任顾问，协助推动中央地质调查所的业务技术工作。瑞典学者安特生1912年应聘来华，任农商部矿政司顾问。1913～1916年，他在地质研究所任教学工作；中央地质调查所成立之后，在新生代研究室工作过，并参与了周口店的发掘工作。他足迹遍全国，特别对西北地区的第四纪地质与史前文化考古深有研究，著有《中国北部之新生界》《中国史前考古研究》等重要著作。他对我国早期新生界的研究和西北史前考古研究贡献甚大，具有开创性的意义。1920年美国著名古生物学家葛利普教授，应丁文江的邀请来华，明确提出了双重任务，即主持中央地质调查所古生物研究室，同时担任北京大学地质系教授，培养地质人才。他在中央地质调查所协助丁文江创办《中国古生物志》，由于双方共同的努力，该刊物在创办后不久，就取得世界声誉。他先后发表了《震旦系》《中国地层》等重要著作，并创立著名的脉动学说，为中国地质科学的基本理论奠定了基础。我国许多著名的地质学家，都是他亲自培育的学生。他把他一生全部的精力奉献给中国，为中国的地质事业与地质教育事业，做出了不可估量的贡献。周口店的发掘工作与科学研究，是中央地质调查所在国际合作方面最重要的一个成功实例。另一项在近代中国科学史上有重要意义的工作——中国土壤研究，也得益于国际合作。

中央地质调查所初创时期的几任所长都具有真知灼见，高瞻远瞩，认识到当时我国地质科学尚处于萌芽时期，既缺乏人才，基本理论基础也很薄弱。因此，一方面派遣学生出国留学学习先进理论，另一方面选聘先进国家的一流专家，引进国外先进科学技术。所以在20年代到30年代，培养出了一大批高水平的地质学家，同时逐步建立起具有中国特色的地质科学基本理论。如古生物学、地层学、大地构造学、古人类学等都取得显著成就，并在国际上享有较高声誉。这些都与老一辈地质学家注重国际合作，延聘外国专家，引进国外技术、学习先进理论、选派出国留学等一系列英明措施分不开。这些宝贵经验至今仍有现实意义。随着我国改革开放基本国策的逐步实施，科学研究领域的国际合作与交流也经历了一个从封闭、半封闭到全方位开放的历程。在学术建制的过程中，应以科学发展的思路，多渠道、多形式、多层次地开展国际合作，全方位营造国际化交流合作环境。

参考文献

［1］ 程裕淇、陈梦熊主编《前地质调查所（1916～1950）的历史回顾——历史评述与主要贡献》，地质出版社，1996，第21页。

［2］《国立中央研究院院士录》第1辑，中国社会科学出版社，1948。

［3］ 张久辰：《中国近代地质学家群体研究》，《自然辩证法通讯》2003年第3期。

［4］ 丁琴海：《科学巨匠——丁文江》，河北人民出版社，2004，第160页。

［5］ 吴凤鸣编译《国际地质大会史料（1876～1996）》，科学出版社，1996。

［6］ 王婷：《留学生与近代中国地质科学体制化》，硕士学位论文，山西大学，2004。

［7］《中国地质调查所概况》，中央地质调查所，1931年1月。

［8］ 丁文江：《科学化的建设》，《独立评论》1935年，第151页。

［9］《中央地质调查所概况——五周年纪念》，中央地质调查所，1931年3月。

［10］ 王仰之：《前地质调查所得主要业绩与优良传统》，载陈梦熊、程裕淇主编《前地质调查所（1916－1950）的历史同顾——历史评述与主要贡献》，地质出版社，1996。

［11］ 王子贤、王恒礼编著《简明地质学史》，河南科学技术出版社，1985，第230页。

［12］ 翁文灏：《如何发展中国科学》，载《翁文灏选集》，冶金工业出版社，1989，第184页。

［13］ 程裕淇、陈梦熊主编《前地质调查所（1916～1950）的历史回顾——历史评述与主要贡献》，地质出版社，1996，第19页。

［14］《中国大百科全书地质学卷》，中国大百科全书出版社，1993，第638页。

中国近现代地学家群体的出生时间分布及其教育背景计量分析*

卢秀丽　马艳红**

内容摘要：本文从科学计量学和科学社会学的角度考察了中国近现代（1862～1963 年）地学家的教育背景及其出生时间分布情况，近现代地学家的出生时间存在三个高峰期，分别是 1898～1906 年、1907～1924 年、1929～1939 年。同时，本文从中国地学教育史的角度分析了各出生时间段地学家群体的差异。

研究中国近现代地球科学发展史，必然要涉及中国近现代地学家群体的形成与发展。本文试图从中国地学教育史的角度对中国近现代地学家群体的形成与发展做一探讨。

一　中国近现代地学家群体的出生时间分布曲线

根据中国近现代地学走过的实际历程，将具有以下系列资格之一者列为地学家：

（1）近现代中国地质科学的奠基人、著名学者、献身者或有某些成果者，从事地质工作 50 年以上者；

---

　*　本文由笔者硕士学位论文选编而成。

**　卢秀丽，中国地质大学（武汉）科学技术史专业硕士研究生；马艳红，中国地质大学（武汉）科学技术史专业硕士研究生。

（2）1983 年前的教授或技术四级以上的高级工程师；

（3）从事地学研究的中国工程院院士；

（4）1955 年中国科学院地学部学部委员；

（5）1957 年、1980 年、1991 年增选的中国科学院地学部学部委员；

（6）1993 年、1995 年、1997 年、1999 年、2001 年、2003 年、2005 年增选的中国科学院地学部院士；

（7）获得过中国地质学会金锤奖并获得中国青年科技奖的获奖者；

以上共计列入调查对象 462 名。

以出生年为横坐标，以每年出生的人数为纵坐标，绘出的出生时间分布曲线见图 1。

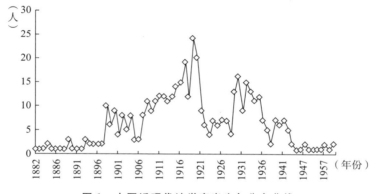

图 1　中国近现代地学家出生年分布曲线

从图 1 中我们可以看出：近现代地学家的出生时间存在三个高峰期，分别是 1898～1906 年、1907～1924 年、1929～1939 年。同时，为对各出生时间段地学家群体做宏观分析，我们把近现代地学家出生时间分为 A、B、C 三段，取各段中点的那一年作为该段的标志年份，把 A 出生时间段表述为"1887 年前后"，B 出生时间段表述为"1925 年前后"，C 出生时间段表述为"1951 年前后"。

科学精英的成功，一般都是早年就具有很高的起点，形成持续的累积优势。所以，就有必要从教育背景着眼，来分析图 1 曲线上的各出生时间段。因为人们一般都是 20 岁左右处于大学阶段，由此可以把 1907 年看作 A 段人员的大学教育标志年，同理，B 和 C 段的大学教育标志年分别为 1945 年和 1971 年（见表 1）。

表1 各出生时间段的大学教育标志年

代号	出生时间段	时间跨度（年）	中点	大学教育标志年
A	1862～1911 年	50	1887 年	1907 年
B	1912～1937 年	26	1925 年	1945 年
C	1938～1963 年	26	1951 年	1971 年

（一）A 段（1862～1911 年）

1. 教育史考察

在洋务运动兴办的学堂中，中国地学教育初见端倪，许多学堂开设有地理、矿学课程，有的还专门设立这方面的专业。京师同文馆五年制学生第五年被开设地理金石课；八年制学生第三年被开设各国地图课，第八年被开设地理金石课。盛宣怀在光绪二十一年（1895 年）创办的北洋大学堂（又称中西学堂、北洋公学），即有"矿务"专科。张之洞在光绪十八年（1892 年）于湖北矿务局附设矿业学堂和工业学堂，开设矿学及工艺课程。张之洞在湖北开设的湖北算学堂亦开设矿学课程。广东开设的西艺学堂，设有矿学专业。清末新政中，各地纷纷设立新式学堂，地理课程得到普及。张之洞在湖北开办的小学堂、中学堂，均开设地理课程。张之洞开办的师范学堂，也开设地理课程。光绪三十年（1904 年），张之洞改湖北西路高等小学堂为矿业学堂。

洋务运动中选派的出国留学生，有的就是选学矿务等专业。福州船政学堂在光绪三年（1877 年）派出首批留欧学生 30 余人，其中有 1 人专学矿务，有 4 人学习矿务和制造理法。

宣统元年（1909 年），京师大学堂设"地质学门"，聘请德国人梭尔格博士（F. Solgar）讲授，招收了王烈等 3 名学生，攻读地质学。这是中国第一个地质教育机构，也是中国地质教育的发祥地。

2. 地学家学历简况

A 段地学家共 140 人，学历简况如表 2 所示。

表2 A 段地学家学历简况

最高学历	人数（人）
博士	29

续表

最高学历	人数（人）
硕士	17
研究生①	3
大学②	81
研究所③	8
其他	2
合计	140

注：①有关文献中只说是"攻读研究生"或"研究生毕业"，究竟是博士研究生还是硕士研究生以及最后是否获得学位不得而知；②大学学历包括可以明确查知获得学士学位，和没有明确说明是否获得学士学位的地学家，以及在大学进修学习过的地学家；③研究所指农商部地质研究所。

对以上地学家做学历调查表明：（1）年龄偏大者的少年时代处于科举制的末期。张相文、翁文灏等人中过举人或秀才，丁文江等亦曾应试。（2）具有出国留学、进修、考察经历的地学家有 80 人。（3）有 29 人获博士学位，17 人获硕士学位，皆系在国外留学获得。

（二）B 段（1912～1937 年）

1. 教育史考察

1912 年京师大学堂改称北京大学，1913 年 5 月邝有能、裴杰成为学校首批地质学毕业生，此后因学生太少而停办。1913 年民国政府工商部创办"地质调查所"，作为培养地质人才的临时机构，借北京大学地质学门旧址、图书、仪器、标本和部分教员办学，共录取学生正选 27 名、备选 9 名，1916 年 21 人完成学业，18 人取得毕业证书。

1917 年北京大学地质学门恢复招生，1919 年地质学门改称地质学系。1920 年应蔡元培校长之邀，李四光、葛利普（A. W. Grabau）来系任教，加上王烈、章鸿钊、丁文江、翁文灏等著名教授，成为当时北京大学理科最强大的教师队伍。1919 年燕京大学也开设地理与地质学系，规定主修生可于下列三种科目中任选其一为主修科目：地理学、地质学和地理学与地质学。这样，到 1919 年，有北京大学和燕京大学两所高校设地质学科。

1918～1921 年，国立东南大学（1928 年改名为国立中央大学，1949

年更名为南京大学）创设地学系。此外，中山大学、清华大学、重庆大学、湖南大学、中州大学、广东大学等校也开设了地质学系（组）或相关系。

2. 地学家学历简况

B 段地学家共计 284 人，本文选取 B 段中点十年（1919～1928 年）出生者共 76 人为调查对象，学历简况如表 3 所示。

表 3 B 段地学家学历简况

最高学历	人数（人）
博士	8
副博士	4
候补博士	1
硕士	1
研究生①	4
大学②	58
合计	76

注：①有关文献中只说是"攻读研究生"或"研究生毕业"，究竟是博士研究生还是硕士研究生以及最后是否获得学位不得而知；②大学学历包括可以明确查知获得学士学位，和没有明确说明是否获得学士学位的地学家，以及在大学进修学习过的地学家。

对以上人员做学历调查表明：（1）在国内完成大学学业者 75 人。（2）从清华大学毕业的有 9 人，北京大学毕业的有 15 人。（3）在国外完成大学学业者 1 人，陈宗基，荷兰德鲁浦科技大学毕业。（4）在国外获博士学位者 8 人，获副博士学位者 4 人，候补博士 1 人，获硕士学位者 1 人。

（三）C 段（1938～1963 年）

1. 教育史考察

1938 年，抗日战争期间，学校西迁，北京大学、清华大学、南开大学在昆明组成西南联合大学，设立地质系。在内外忧患的国情下，西南联大仍然培养了一批优秀的地学人才，如新中国成立后成为中科院院士的王鸿祯、郝诒纯、於崇文、杨起等均是当年西南联大的毕业生。抗战以后，从 1946 年至 1949 年，是中国地学教育的恢复阶段，在四年的时间里，一些大学又纷纷迁回原地，形成了新的办学格局。

1949 年，中华人民共和国成立。年底召开了第一次全国教育工作会议，提出了"教育为国家建设服务"的办学指导方针。为加快经济建设，实现对急需人才的培养，1950 年，东北工学院增设地质学系。同时，原来拥有地质学系的学校扩大招生；北京大学、清华大学则增设专科班。这样，1949 年就招生 600 多人。

1952 年，教育部根据"以培养工业建设人才和师资为重点，发展专门学院，整顿和加强综合性大学"的方针，在全国范围内进行院系调整。当时的中国地质工作计划指导委员会，会商教育部，确定成立北京、东北两所地质学院。即由原北京大学、清华大学、北洋大学、唐山铁道学院地质系（组）部分师生组成北京地质学院。当时任地质部部长的李四光又亲自兼任北京地质学院筹备委员会主任。由东北地质专科学校合并山东大学地质矿物系、东北工学院长春分院地质系和物理系的一部分组成东北地质学院。两院当年招收本专科生共 2300 多人，加之南京大学、西北大学、重庆大学、中南矿冶学院以及华东水利学院、重庆建筑工程学院等的地质系，1952 年全年共招收地质专业本专科生 3600 多人，为第一个五年计划建设准备了人才。到 1966 年，全国有 3 所地质学院，有 30 多所院校设有地质系或地质专业，设有地质类专业的中等专门学校亦有 30 多所。至此，地质部所属院校 17 年共培养出研究生 564 名，大学本科生 3 万名，专科生 2.5 万名，中专生 4.6 万名。加上其他院校的大中专的毕业生，总共为地质战线输送了 11 万多名各级各类地质专门人才，为新中国的地质事业做出了贡献。

2. 地学家学历简况

C 段地学家共计 38 人，本文选取 C 段（1938～1957 年）出生者为调查对象，学历简况如表 4 所示。

表 4　C 段地学家学历简况

最高学历	人数（人）
博士	13
硕士	5
研究生 *	4

最高学历	人数（人）
大学	16
合计	38

* 有关文献中只说是"攻读研究生"或"研究生毕业"，究竟是博士研究生还是硕士研究生以及最后是否获得学位不得而知。

以上人员的学历情况是：（1）37 在国内大学毕业，有 8 人出国留学；（2）获博士学位者 13 人，获硕士学位者 5 人；（3）有 4 人受过研究生教育。

二　结论

A 段地学家的求学时期，处于中国地学教育的奠基和初期发展阶段。大学以上人才的培养来自留学教育。

B 段地学家的求学时期，中国的地学教育已得迅速发展，多数人员有条件在国内完成大学学业。

C 段地学家的求学时期，中国的地学教育日趋成熟，某些名牌大学已在向"研究型大学"挺进，研究生制度处于起步阶段，但高级科学人才的培养，仍然依赖于留学教育。

上述表明，不同历史时期的科学教育的发展水平和规模对地学家在相应时期的数量分布具有根本性的影响。本文从教育史的角度分析了中国地学家各出生时间段的差异，同时也试图从教育史、科学史和社会史的结合上，为探讨中国地学家的分代问题提供一个视角。

参考文献

中国科学技术协会编《中国科技专家传略》理学编·地学卷（第 1～3 卷），科学技术出版社，2001。

《科学家传记大辞典》编写组编《中国现代科学家传记》（第 1～6 集），科学出版社，1994。

黄汲清、何绍勋主编《中国现代地质学家传》，湖南科技出版社，1990。

中国科学院干部局编《中国科学院科学家人名录》，科学出版社，1990。

乔纳森·科尔、斯蒂芬·科尔：《科学界的社会分层》，华夏出版社，赵佳苓等译，1989，第 80～81 页。

中国近现代地质科学共同体的发展历程[*]

易文娟[**]

内容摘要：科学共同体是人类文明中的一种独特体制，是科学的一种社会建制，是从事科学认识活动的主体。因此，对地质科学共同体的研究有助于更好地揭示促进地质科学共同体发展的动力机制。本文通过对 20 世纪中国地质科学共同体的发展历史进行研究分析，探寻中国地质科学共同体在促进地质学发展过程中的特点、功能和作用，进而提出有利于中国地质科学共同体发展的建议。

一 地质教育的系统化保证了地质科学共同体发展

1949～2000 年，中国地质科学共同体经历了三个阶段：第一个阶段（1949～1966 年），初步发展阶段；第二个阶段（1967～1976 年），受挫阶段；第三个阶段（1977～2010 年），恢复及发展阶段。

1949 年中华人民共和国成立以后，百业欲振，教育为首。为了适应经济建设迅速开展和地矿工作全面展开，地质教育得到大力发展。1950 年，增加了已有大学地质类的招生人数，在东北工学院增设地质系，新建南京、东北两所地质专科学校，在清华大学、北京大学设地质专科班，我国自此开始了专科层次的地质教育。当年地质类招生 600 余

---

　* 本文由笔者硕士学位论文选编而成。
　** 易文娟，中国地质大学（武汉）科学技术史专业硕士研究生。

人。1952 年 8 月，地质部成立，地质工作迎来蓬勃发展的好形势。同年，创建了北京地质学院（中国地质大学的前身）和东北地质学院（长春科技大学的前身），进行了全国范围的院系调整，扩大了招生规模，当年招收本专科生 3600 余人。1953～1956 年，创建了成都地质勘探学院（成都理工学院的前身）；在一些工业部门的院校，如北京石油学院、北京矿业学院、昆明工学院、合肥矿业学院等相继设立地质系；先后创立了武汉、重庆、长春、南京、西安、宣化、北京、郑州、广州、昆明等地的 10 所地质类中等专业学校；还建立了通州、正定、西安 3 所地质干部学校和一批技工学校。自此，全国形成了由 3 所地质学院、综合性大学和其他工科学院的地质系、10 所地质中等专业学校、3 所地质干部学校及一批技工学校构成的布点基本合理、多层次、多形式的地质教育体系。1956 年末，形成地质类本科、专科、中专的教育格局。其后，我国地质教育体系在发展中调整、充实。

1958 年，地质部门一下子就办起了 15 所地质学校。60 年代中共中央批转试行《教育部直属高等学校暂行工作条例（草案）》（简称"高教十六条"），地质院校同全国教育战线一样，调整学校布局，调整专业设置、修订教学计划、加强教学管理、建设师资队伍，加强生产实习，努力提高教学质量，形成一个计划经济体制下更加完善的地质教育体系，地质教育质量稳步提高。

到 1966 年，全国有 3 所地质学院，有 30 多所院校设有地质系或地质专业，设有地质类专业的中等专门学校亦有 30 多所。至此，地质部所属院校 17 年共培养出研究生 564 名，大学本科生 3 万名，专科生 2.5 万名，中专生 4.6 万名。加上其他院校的大中专毕业生，总共为地质战线输送了 11 万多名各级各类地质专门人才，为新中国的地质事业做出了贡献。这也标志着我国的地质科学共同体在逐渐形成中稳步发展。

1966～1976 年，我国处于十年动乱时期，尽管我国地质科学共同体在 1966 年到 1977 年受到严重的摧残，但在科研单位和学校的人数并没有减少，科研单位的人数由 1966 年的 5959 人增加到 1977 年的 6003人，学校人数由 6577 人增加到 8235 人，地质类专业高等学校数也从 1966 年的 30 所增加到 1979 年的 43 所。这充分地说明了地质科学共同体在我国已经形成，正是在这种惯性的作用，地质教育和地质科研机构在困境中锤炼出一支充满活力的地质科学共同体队伍。

1981 年，我国开始实行学位制，开始正式授予地质类博士、硕士、学士学位，使地质教育体系更加完善。从 1985 年中共中央颁发与经济体制、科技体制改革相配套的《关于教育体制改革的决定》开始，全国范围的教育改革、地质教育的改革全面启动，教育改革扩大了学校的自主权，增强学校主动适应经济建设的活力和能力，以推进学校内部管理体制改革、转变运行机制、调动广大教职工的积极性、提高学校整体办学效益为目标的各项改革全面铺开；招生和毕业方面，变国家单一的指令计划招生为国家计划、委托培养、自费走读等多种行式，变国家统包的分配就业政策为国家计划指导、毕业生自主择业的双向选择办法；围绕着提高教学质量这一核心任务，全方位地推进教育思想、观念，教学内容，课程体系，教学方法、手段、技术的改革。这种教育改革加强了学校间及学校与科研院所、企事业单位间的联合共建等多种形式的合作办学。

改革开放以来，我国相继颁布了《中华人民共和国义务教育法》《中华人民共和国教育法》《中华人民共和国教师法》《中华人民共和国职业教育法》和《中华人民共和国高等教育法》，同时颁发了《中国教育改革和发展纲要》《中国教育振兴行动计划》，从而为我国地质教育的改革与发展指出了明确的方向，并确立了依法办学的思路。

1985 年，据地质矿产部 5 所学院（武汉、长春、成都、河北、西安）统计，已毕业硕士研究生 1900 名，博士研究生 130 名，有硕士学位授予权的学科、专业点共 72 个，博士学位授予权的学科、专业点 32 个，博士生导师 82 名。到 1997 年，我国设地质类专业高等学校数 69 所，1997 年毕业的本科生 4846 人，硕士研究生 990 人。

从设地质类专业的学校数可以看出，总体上学校数越来越多，1949 年后比 1949 年前有了很大增加；1959 年比 1949 年增加 2.5 倍，比 1956 年增加 1.5 倍，后经过调整，至 1966 年减少为 30 所；70 年代末期起，又是一个扩展期，1979 年比 1966 年增加 13 所，到 1997 年增加到 69 所，是 1959 年的 2 倍。1949 年以后，新中国各项建设大规模开展，为适应这种需要，高等地质教育有一次较大的发展，随后到 60 年代的调整，学校数减少，再到 70 年代的缓慢增加，和 90 年代的较大发展，这些都与国家当时的经济建设密切相关。

二 社会为地质科学共同体提供了良好的环境

（一） 大量科研资金投入为地质科学共同体的科学研究提供了保证

科研经费是保证科研项目顺利进行的重要物质基础，是促使科研项目顺利完成的根本保证。1953 年，地质部投资地质类学校建设 3707.89 亿元（旧币），可见国家对地质院校教育的重视。从 1986 年到 1977 年，短短的十年间，国家投入普通高等教育的教育经费由 4436.8 万元增加到 29098 万元，增加了 5.6 倍。

勘探是地质调查中不可缺少的部分，它直接影响到找矿工作的顺利开展。在地质勘探方面，新中国成立后，中国对地质勘探的投入资金从 1952 年的 494.8 万元增长到 1997 年的 386933.30 万元，后者是前者的 782 倍，虽然这与国家综合国力的上升有关系，但这也充分地说明了资金投入是地质科研工作顺利开展的必要条件。

（二） 稳定的学术权威"核心"为地质科学共同体的发展创造了条件

在中国地质学发展的过程中，涌现了一批地质科学共同体核心人物，他们为地质科学共同体发展做出了重大贡献，他们主要是中国科学院院士（1993 年前称学部委员）和中国工程院院士，截至 2000 年，我国共有地质科学院院士 192 名。每一位地质科学院院士或者几位地质科学院院士都是地质科学共同体的"核"，在这些"核"的周围是直接受核领导的从事地质科学研究的科学家，他们在地质科学共同体的基地接受指导，从事创造性的研究，他们组成了地质科学共同体的研究实体。这种学术实体可以是大学或者研究所等。当科学共同体发展到一定程度的时候，某些有卓越成就和组织能力的科学共同体里的科学家还可以去开辟新的研究方向，建立新的研究基地（也叫作二级基地），从而扩大了其所在的科学共同体的影响，壮大了科学共同体的队伍。围在直接受核领导的从事地质科学研究的科学家周围的则是一些接受其共同体范式的无形成员，他们不必一定是核或者他们的学生所领导的研究实体的成员，也不一定与科学共同体或他们的弟子是事实上的师生关系，只要在主要的学术观点和方法上一致，他们就属于科学共同体。

正是这一地质科学共同体，逐渐建立起了我国地质学这门学科，也为我国地质学的发展做出了重大贡献。

三　地质学交流系统促进地质科学共同体的发展

（一）地质学学术组织和学术会议的制度化促进地质学家的成长

中国地质学会，作为一个专业性的地质学学术组织，在新中国成立后规模日趋扩大和影响力渐强，成为地质学全国性的最高学术组织。中国地质学会的学术组织和学术会议制度的建制化对促进中国地质科学共同体发展起到重要作用。1947～1988 年，会员学会从 436 名增加到了62000 名，增长 141.2 倍，这充分说明了我国地质科学共同体队伍在不断地壮大。

1. 学术交流

新中国成立后，我国地质学会积极开展学术活动，主要有两种形式。第一，组织学术会议。1966 年以前，学会召开了 8 次学术年会。从第 28届年会起，学术活动方式有改进，除宣读论文、进行地质旅行外，还提出中心题目进行讨论。1966 年后，由于十年浩劫，地质活动一度被迫停止。1978 年党的十一届三中全会以后，学术活动空前活跃，仅中国地质学会所属各专业委员会就举行了百余次学术会议，参加人数达万余人次，提交学术论文 7000 余篇。从 1949 年开始到 1981 年，学会在国内共举办了 64 次学术会议活动，其中包括学会年会 8 次，学会会员代表大会 4 次，其他各类学术报告会、学术会议、专业委员会成立会等 52 次。第二，出版学术刊物。这是学术交流的一条重要渠道。1952 年，《中国地质学会会志》和《地质论评》两刊合并为《地质学报》（季刊），用中文出版，1973 年和 1979 年先后复刊，两刊自创刊以来，与 69 个国家和地区的 490 多个单位建立有交换关系。此外，学会下属专业委员会还与有关单位合办了《石油与天然气地质》《石油实验地质》《沉积学报》《中国岩溶》等学术刊物，还结合专业学术会议，编辑出版了《中国地质学会第二届岩溶学术会议论文选集》等，不少省级学会也出版有自己的刊物或会讯。

2. 国外学术活动

我国地质科学共同体参加国外学术活动有两种形式。第一，参加国际地质大会。1948 年，第十八届国际地质大会在英国伦敦召开，我国地质科学家共同体共向大会提交了论文 8 篇。1952 年第十九届大会到1972 年第二十四届大会的这 20 年间，我国虽受到多次邀请，但由于"中华人民共和国是唯一合法席位"没有得到尊重，没有派出政府代表团参加大会活动，直到 1976 年，我国地质科学共同体才逐渐恢复参加国际学术活动。1976 年 8 月，我国地质科学共同体参加了在澳大利亚召开的第二十五届国际地质大会和国际地质科学联合会第五次理事会。1980 年 7 月，我国地质科学共同体出席了第二十六届国际地质大会，并向大会提交了 120 篇论文。此外，我国还参加了国际地质大会组织的地质展览会和相关专业的地质旅行。

第二，参加国际地质科学联合会，与各国有关学会及学者之间开展学术交流。从 1951 年开始，我国地质科学共同体就与日本、苏联等国家在地质学方面有一定的交流。例如我国地质学会与日本民主主义科学者协会地学团体研究部会为了表达在地学方面加强交流的愿望，相互寄送一些论文抽印本和有关杂志刊物；1958 年，苏联科学院授予李四光院士称号。1976 年，中国地质学会作为国家入会组织加入了国际地质科学联会，借助国际地科联这个大舞台，中国地质学会与国际学术组织的交流日渐频繁，与各国就地质学各方面的问题进行交流。例如，1978年，我国地质科学共同体在第三届国际工程地质大会上，与 55 个国家的地质学家相互交流有关地质学学术问题，并在此次会议上提交和宣读了 5 篇论文；1979 年，中国地质科学院组织 15 名地质学专家参加了在美国举办的第九届石炭纪地层地质大会等。截至 1985 年，我国共参加了 22 个与地学有关的国际组织，其中官方 5 个、民间 17 个。民间组织中，主要是国际地质科学联合会及其直属组织和附属协会。官方组织中，主要是联合国附属的各地学机构。例如，1979 年，我国开始参加联合国教科文组织的活动，出席该组织召开的各类学术会议；1980 年与联合国大学建立了合作关系等。截至 2002 年，中国地质学会及会员参加的国际地学组织有 26 个。

3. 奖励

新中国成立后，中国地质学会取消了新中国成立前的奖项，1989
年设立了青年地质科技奖，它包括金锤奖、银锤奖，每两年颁发一次，
从 1989 年到 1999 年，共有 49 人获得金锤奖、184 人获得银锤奖。

（二）地质科研机构制度化为地质科学共同体提供了发展的环境

20 世纪后半叶，由我国的社会制度与经济制度决定，大规模地举
办各种训练班与设立大学地质专业，按国家需要与可能，集中统一组织
地质科学共同体。新中国成立前，我国地质机构大多数集中在南京。共
包括 3 个全国性的地质机构：经济部中央地质调查所、中央研究院地质
研究所及资源委员会矿产测勘处。全国地质人员，除分布在各地省级地
质机构或大专院校外，绝大多数集中在上述 3 个机构内。

中国地质机构主要是由国家地质研究所、地方性地质研究所和附属
在学会下的各地质专业委员会组成。从 1949 年到 1976 年，共有 3 个，
分别为构造地质专业委员会（1965 年成立）、水文地质工程地质专业委
员会（1965 年成立）和探矿工程专业委员会（1964 年成立）；1966 ~
1977 年，没有专业委员会成立；1949 ~ 1997 年共成立了 43 个专业委员
会，除了 1978 年以前成立的 3 各专业委员会以外，其他的专业委员会
分别为煤田地质、数学地质、海洋地质、勘察地球化学、矿床地质、岩
溶地质、矿物学、地质力学、古地磁、区域地质及成矿、沉积学、地层
古生物、石油地质、农业地学、工程地质、地质制图、宝石玉石、第四
纪地质、遥感地质、岩石、地质学史、地质科技期刊、地质灾害、旅游
地学、农业地学等 40 个专业委员会。从上面的数字，我们可以看出，
1978 年以后，地质专业委员会分科越来越细，专业性越来越强。从专
业委员会成立的数目看，到 1983 年，我国地质科研机构发展初步稳定，
地质学科分类基本完成。在 1983 年中国地质学会下属机构里，29 位委
员会的主任委员中有 15 位是中国科学院院士，占总人数的 51.7%。这
再次说明地质科学权威人士在地质科学共同体的形成和发展中做出不可
估量的贡献。

（三） 地质学图书和期刊的出版是中国地质学知识迅速增长的标志

一定时期地质学图书出版物的数量是研究这一时期地质科学共同体知识增长的一个重要指标。新中国成立后地质学图书出版物统计最困难在于图书的分类统计：首先，因为地质学是一个不断向前发展的学科，现在的分类标准和新中国成立前的分类标准不同。其次，我们掌握的地质学书目是根据图书馆分类方法编纂的，它的分类与地质学分支学科的分类存在分歧。对于地质学分支学科的分类方法和图书馆学的分类方法，我们偏向于选取前者。另外，新中国成立后，随着地质机构和地质类学校数量的增多，各机构和学校出版的期刊和图书数量增长很快，统计起来比较困难，因此我们选择了我国地质矿产部主办编撰的《中国地质矿产年鉴》里面地质出版社出版的期刊和图书作为数据来源。

总之，20 世纪后半叶我国地质科学共同体具有以下特点。

（1） 地质学直接形成生产能力。我国社会主义制度的建立，从根本上改变了地质学在社会上的地位，它作为国民经济建设的先行者，被纳入了国家计划经济的轨道，从而直接形成社会生产力。

（2） 有计划、有组织地开展地质工作与科学研究。新中国成立以后，地质工作与科学研究由国家进行统一规划与集中领导，使我国有限的地质力量得到了最有效地发挥。由政务院财政经济委员会计划局编制全国的地质年度工作计划[1]，分配地质矿产调查任务，组队进行野外地质调查工作，为我国地质学的发展打开了新的局面。

（3） 大力培养地质人才、组织科学共同体队伍。新中国成立以后，大规模举办各种训练班与设立大学地质专业，按国家需要与可能，集中统一组织地质科学共同体，改变了新中国成立前由各种社会原因造成的地质人才培养的盲目性与分散性，推动了我国地质科学共同体队伍的发展。

四　问题及启示

（一） 地质科学共同体学术权威人士培养存在的问题

从以上的分析，我们可以看出，我国地质科学共同体权威人士的培养存在以下几个问题。

1. 男女比例严重失调

从 1995 年到 2005 年，中国科学院地学部院士共评选了 11 届，获得地质学院士称号的共有 192 人，其中男性 185 人，女性 7 人，后者只占总人数的 3.6%。尽管 20 世纪以来，随着大学教育向女性开放和女权运动的兴起，大量的女性接受了高等教育并进入科学研究领域。但毋庸置疑的是，女性在科学界的地位并没有得到根本性的改变，女性仍然处于科学研究的边缘，远远没有成为科学研究的主流，她们在科学中的相对缺席现象还是显而易见的。只有克服科学的结构性障碍和女性的自身障碍，才能使女性走进科学领域的主流。

2. 地质科学家精英老龄化

新中国成立初期地质学院士平均年龄是 52.9 岁，到 1995 年上升到 65.9 岁，虽说 1997 年下降到 56.9 岁，但是以后又慢慢上升到 2005 年的 63 岁。由此可见，从建制上促进地质学科学家精英队伍的年轻化，依然是中国科学发展的当务之急。

3. 地质学家院士获得博士学位比例不高

新中国成立初期，地质学家院士中有 56% 具有博士学位，到 2005 年，仍然只有 57%，其中 1993 年和 1999 年没有，1995 年和 1997 年也各只有 1 位，这也预示着在未来科学逐渐繁荣的过程中，学科发展的建制化和规范化有待进一步改善。

4. 地质科学家精英在全国分布不均

从地域分布上看，地质学院士的分布具有不均的特征，出生于江苏、浙江、河北和上海等省市的院士占绝对多数，从时间上看，院士出生地集中分布状况也有分化的趋向，但西部地区人才仍然缺乏。因此，从综合国力提升的角度看，依然要高度重视科学人才的合理布局。

（二）地质机构存在的问题

目前，我国的地质学学术机构主要是由教育机构、科研机构和交流机构组成，教育机构包括部属院校、中等地质学校、地质技工学校和职工干部地质学校，科研机构包括国家性地质调查机构和地方性地质调查机构，交流机构主要是地质学会。

从 1949 年到 1997 年，我国地质矿产部科研单位和学校数量不断上升，地质科研机构由 1954 年的 2 个增加到 1997 年的 61 个，教育单位由 1955 年的 6 个上升到 1997 年的 85 个。[2]然而从国际排名情况看，进入世界前 30 名的地球科学研究机构中，中国只有 1 个，它是中国科学院（第 17 名），而美国却有 21 所地球科学研究机构进入前 30 名。[3]这充分地说明，尽管中国的地质机构不断增多，但是科研能力只集中在个别的研究机构，提高中国其他地质机构科研能力迫在眉睫。

我国地质勘探费实际完成数基本上逐年递增，但是有两个明显的转折点，1979 年完成数是 1978 年的 10 倍左右，1989 年急剧下降，之后又回升了。从占当年财政支出的比重看，1961 年、1977 年、1982 年这三年分别为 2.11%、2.01%、2.02%[4]，其余都没有超过 2%，这说明我国尽管对地质勘探的财政支出逐年增加，但是它占当年财政支出的比重还不够，有待进一步加强。

针对我国地质科学共同体在发展过程中存在的问题，我们得出以下启示。

（1）加快地质科学共同体权威人士的年轻化。为实现这一目标，一要充分发挥学科带头人的作用，抓紧"传帮带"，搞好人才接力的第二、第三梯队。二要在课题立项与遴选课题组长、选拔科研室主任等方面破除论资排辈观念，创造平等竞争环境，不拘一格选人才。

（2）缩小男女比例差距。中国地质科学共同体权威人士队伍中，女性地质权威人士很少，同男性地质权威人士数差距很大，这就需要调整我国地质科学共同体的男女比例，给予女性地质科学共同体成员更多的机会参与项目研究，促进女性地质权威人士的发展，缩小男女比例差距。

（3）调整知识结构，提高人才培养质量，促进学科发展。基础学科点人才培养工作应该以全国人才工作会议精神为指导，认真贯彻落实"以人为本、全面协调可持续的科学发展观"，找准定位，把握方向，明确任务。要正确认识和把握学科发展、科学研究和人才培养之间的辩证关系。要在保持适度规模的基础上，依托科学研究优势，注重学科发展内涵，着力提高人才培养质量。通过对地质人才的培养，不断优化地质队伍结构，从而优化地质学学科结构，增强科学研究实力，促进地质学发展，为地质学培养出专业和优秀的地质科学共同体成员。

（4）重视大学和地方性地质研究机构等科学共同体基地。大学、研究所、地方性地质研究机构是科学共同体走向世界的起点，是科学共同体运行的重要基地。大学、研究所、地方性地质研究机构不仅是研究中心、教育中心，而且具有一定的独立性，在人力、物力、财力等方面有一定的保证，共同体成员在这里能专心致志从事研究。重视大学和地方性地质研究所等，并让这些基地从面向计划经济迅速向面向市场经济转化，用市场经济的运行机制来带动科学共同体的发展，进而促进我国地质学的进步。

（5）增加地球科学研究的投入，改善地质科学共同体人才成长环境。近年来，从总体上看科研投入加大了，但其投入占财政支出的比重并没有提高。在这种情况下，地球科学研究的困难就更多一些，这主要是由于地球科学的特殊性，科研成本高，因此，要考虑给予更多的经费支持。

（6）进一步加强国际交流合作。国际交流与合作，在我国科技人才培养方面有着不可替代的重要作用。将单一的学会形式的交流变为多样化形式的交流，有利于我国地质科学共同体的发展。一方面，要继续资助和支持中青年专家赴国外考察访问与合作研究，聘请更多的国外优秀专家来华讲学或工作。另一方面，要积极对外宣传我国的地球科学研究工作，让世界更多地了解认识中国。进一步提高地质科学共同体的外语水平，鼓励在国外刊物和国际会议上多发表论文，积极争取参加各种国际组织或担任领导职务，参与大型国际学术活动。

参考文献

［1］《当代中国的地质事业》，中国社会科学出版社，1990，第22页。

［2］《中国地质矿产年鉴》编委会编《中国地质矿产年鉴》，地质出版社，1997，第273~319页。

［3］肖仙桃，孙成权：《国际及中国地球科学发展态势》，《地球科学进展》2005年第4期。

［4］《中国地质矿产年鉴》编委会编《中华人民共和国地质矿产部年鉴》，地质出版社，1985，第281~282页。

新中国著名地质学家师承关系研究[*]

内容摘要：随着著名的钱学森之问的提出，中国科技人才成长的软环境引起大众的关注。本文以科学哲学和科学社会学理论作为指导，对新中国著名地质学家师承关系进行初步研究，主要探究师承关系在新中国著名地质学家成长过程中的作用，通过对比分析新中国著名地质学家师承关系与诺贝尔奖获得者的师承关系特点，揭示新中国著名地质学家师承关系的特征，旨在指出我国在人才培养方面，不仅需要构建良好的师承关系，而且亟须构建优良科学传统。

科学知识的累积和发展包括知识本身和科学传统的继承，必然离不开传承。没有传承的科学发展是空壳，没有发展的科学传承就会僵死。西方科学在近代中国经历了传播、吸收、消化的过程，是包括近代留学生在内的新知识群体扩散和移植的结果。在中国近现代科学体制化的进程中，地质学是传入最早、发展迅速、成果较多的学科，早期申请"庚子赔款"的留学学者归国后，在地质学研究与教育领域发挥了巨大的作用。

一 师承关系概念及相关理论

师承关系是科学派别、科学共同体形成的基础，科学的发展正是以

** 谢沛沛，中国地质大学（武汉）科学技术史专业硕士研究生。

这种关系为中心的规律运动，一方面科学知识和科学传统通过师承关系得以继承和发展，另一方面师承关系也壮大了科学家队伍并形成了科学共同体。现在对于科学共同体的理解大多来自两个角度：科学哲学和科学社会学。前者注重强调科学共同体的本质特征与内在规定性，后者则就组成科学共同体的成员的社会特征与结构进行分析。

（一）科学哲学的角度

科学共同体（Scientific Community），即科学家的群体（或群落或部落），其成员共享相同的或者近似的价值、科学传统和目标。按照美国科学史学家库恩的说法，科学共同体遵守同样的"范式"（Paradigm）。波兰尼在1940年与以贝尔纳为首的左派科学家的论战中，最早使用"科学共同体"这一概念，其后，默顿、希尔斯、库恩、普赖斯、本·戴维、加斯顿、克兰、巴伯等学者从不同的视角，对科学共同体进行了多方面的研究。而在中国，直至1980年初，美国科学史学家库恩《科学革命的结构》和默顿的科学社会学论文才引起学术界的重视。

库恩在《科学革命的结构》一书中指出，科学知识发展的过程不仅仅是一个积累的过程，同时，知识发展还有一个容易被忽视的基础，那就是科学共同体，常规的科学发展和科学革命都是以共同体的活动为基础，为了更加精确地分析科学史，人们必须要考察科学的共同体结构在历史上的变化情形，一个范式支配的不是某一学科领域，而是一群具有相同理论认可度的科学研究者。

（二）科学社会学的角度

科学共同体的形成和发展过程中，往往具有鲜明的师承结构，学术权威和导师科学思维的方法和习惯，处理问题的态度和方式，在直接、共同、频繁的科学交流和研究中，潜移默化地感染和影响着共同体的所有成员，并通过他们转化为科学共同体所特有的学术风格。其实，导师与学生之间存在年龄的梯度和学识的梯度，但是这种金字塔式的组织结构并不妨碍师生之间的合作和交流。科学共同体之所以能使具有不同的文化素养、个性特征和不同的知识结构、思维方式的科学家通力合作，并且卓有成效，是因为有科学共同体的科学传统和科学精神，这种传统和精神的直接缔造者常常是学术权威。传统观点认为，学生将无条件接受导师的所有研究范式，而科学共同体的成功在于抛弃了这种传统。学术权威和导师把传统的课堂讲授转变为相互交流、共同探讨问题的形式，通过研究课题和研究项目的合作完成，在实践中传承科学方法、科学理论和科学精神，把严肃的认知过程转变为平等、自由研究的过程。因为学术权威和导师不仅仅站在最前沿，把握着科学发展的脉络，更是不遗余力地培养和扶植年轻的学者，懂得科学群体研究和创造过程的机制，善于发掘年轻科学人才的科学潜力，创造一种适合人才成长的科学研究环境。著名物理学家海森堡曾说过："师生这种融洽的关系，无拘无束的交往，是吸引年轻人最重要的因素之一。"

同时，科学共同体通过科学家的群体合作、交流和探索，对科学家个人研究能力和知识结构的局限性进行了有效的补充。更重要的是通过师承效应，科学家前辈能最大限度地激发年轻科学家个体潜在的创新能力，在年轻的科学家提出新理论和新思想之后，科学共同体又能对新理论进行多角度、全方位的"锤炼"，使新理论在接受同行评议、确认以前趋于成熟和完善。

其实在科学共同体的形成过程中，马太效应的影响是尤为显著的。人们常说的"名师出高徒"，一方面是对名师的渊博学识和育人理念的肯定，另一方面也说明了马太效应在科学共同体的形成和发展过程中的影响。著名科学家在科学界乃至全社会都拥有丰富的学术资源，或是具有影响力的学术权威。所以，成名的科学家可以利用其影响力帮助自己的学生在科学界确立自己的地位（如发表论文、进入研究岗位等），这成为年轻的科学工作者的一项重要的社会资源。年轻的科学工作者可以通过他们的有名望的导师，使自己融入科学界中，从而营造出一个良好的成长环境。比如在选举中国科学院院士的过程中，只有已经具备院士资格的人才有推荐候选院士的资格，而按照评选诺贝尔奖得主的规定，评选诺贝尔奖获得者也是如此，前任获奖人永远有资格提名候选人。所以，成名的科学家很可能运用其影响力使自己的优秀学生参加竞争。

总而言之，在科学发展的领域中，科学家与未来的科学人才之间是有选择余地的，老师和学生关系纽带的形成就是他们之间相互选择的结果。另外，导师精心选材，选择具有才能的学生继承其科学思想，有潜力的科学人才则追随自己仰慕的导师，这种双向选择的过程是现代教育体制发展的结果，而这个过程显然对科学界的师承关系形成起到了重要的作用，可以说科学界的师承关系是科学共同体的基础构成，科学共同体的形成与发展正是以这种关系为中心的规律运动。

二　新中国著名地质学家师承关系

新中国成立后的地学家群体并不是突然在同一个时间出现的，而是由地学家个体先后获得地质学界乃至社会的承认后逐渐形成的，如地学四大奠基人：章鸿钊、丁文江、翁文灏、李四光。地学家群体是由不同专业领域、不同教育背景和不同年龄段地学家组成的集团。由此可以考察新中国地质学师承关系的特征。

（1）博采众长、共育英才。新中国成立时期，地质人才出现断层现象，这也促生了师生共同培育下一代的现象，如孙云铸师从葛利普、李四光、杨钟健，而王鸿祯受到葛利普、孙云铸、袁复礼的指导。正所谓名师出高徒，教学相长，师生均在科研生涯中取得了突出的科学成就，而他们的学术贡献很大程度上推动了中国地质学的发展。

李四光是古生物学家、地层学家、大地构造学家、第四纪冰川学家，是中国地质力学的创始人。化石新分类标准的提出、中国南方震旦纪与北方石炭纪地层系统的建立、中国东部第四纪冰川的发现与研究是他对地质科学的重大贡献。[1]葛利普是德裔美国地质学家、古生物学家、地层学家。葛利普与李四光同时任教于北京大学地质系，培养了一代地质学英才。

孙云铸在进入北大地质系后，受到李四光和葛利普的指导，他是葛利普来华后的助手，长期协助葛利普准备教学材料，后来还与葛利普一起兼任农商部地质调查所古生物研究室的研究人员，师生之间相互砥砺、教学相长，共同为中国的古生物地层学做出了奠基性的贡献，后来他成长为我国古生物学家、地质学家。他的专著《中国北方寒武纪动物化石》是我国第一部古生物专著，并对三叶虫及各时代地层特别是对寒武系做了开拓性研究。孙云铸还是地质教育家，培养了众多地质学人才，包括王鸿祯、卢衍豪、宋叔和、董申保等，中国科学院地学部的院士更是有 1/3 的人都听过他讲授的课。[2]

王鸿祯是葛利普在北大任教时期的学生，王鸿祯深受其影响，葛利普教授不但学识渊博，还能深入浅出地讲解地学知识，受到学生们的欢迎，尤其是他重视从地球历史演变和全球视野对地质现象进行分析，这后来成为王鸿祯进行地质学研究的指导思想和方法。抗日战争爆发后，清华大学、北京大学、南开大学三所学校的师生被迫离开校园，辗转南迁，王鸿祯参加了"湘黔滇步行团"。在行程中他受到了原清华大学地学系主任袁复礼教授的指导，沿途学习野外地质调查的科学方法。在西南联大学习的过程中，王鸿祯阅读了大量的图书资料，并受到中国古生物学奠基人之一的北大教授孙云铸的指导，在当时的权威刊物《地质论评》上发表了多篇论文，王鸿祯在得到三位大师的指导后，形成了一种科学的思维方式和研究使用文献资料的能力。[3]并成长为我国著名的地层古生物学家、历史大地构造学家、地质教育家。

马宗晋是地质学家、减灾专家和全球构造的探索者，节理构造定性分析、渐进式地震预报模式和全球三大构造系统的创立者。毕业论文的导师是王鸿祯、张席缇两位著名的教授。他从两位教师那里除学到了渊博的知识外，更了解了严谨治学和虚心好学的美德。他心目中最钦佩李四光先生的治学精神、中国科学家的骨气和卓越的学术成就，为此他报考了地质力学专业，并被孙殿卿教授录取。后跟随李四光在杭州工作了一段时间，受到李四光的指导，这使他明白了打好基础的重要性；学会从观察入手、求理入微、展视宏观、穷查机理的治学途径并受益终生。

（2）一脉相承、教学相长。我国著名地质学家群体中的师承关系大多是一脉相承的，一个科研项目的成果很可能是几代人共同攻坚、不断创新的结果，如杨遵仪和刘东生师从杨钟健，前者又带出殷鸿福等优秀的地质人才，后者也是桃李满天下，培养出了安芷生、朱日祥、刘嘉麒、丁仲礼四位院士和许多在国际上很有影响力的优秀人才。

杨钟健是我国著名古生物学家、地层学家、第四纪地质学家、地质教育家。是我国古生物学会的主要创始人，也是我国古脊椎动物学的奠基人，其古生物学方面的研究成果在国内外有重要影响，为我国第四纪地质学研究奠定了基础。他是最早倡导"黄土风成说"的中国学者，在地质教育方面也做出了很大的贡献，杨遵仪和刘东生均是他的学生。

杨遵仪在杨钟健的指导下总结了中国腕足类化石的研究情况，这也成为杨遵仪研究的较多的古生物学门类。他通过参加杨钟健和其他地质专家共同组织的第四纪地质综合考察队的工作，确定了自己从事地质科学研究的切入点和终身努力的方向——第四纪地质与黄土科学，并在后来的研究工作中，受到既是他的恩师又是他的领导者的杨钟健的指导，成就了一生的伟业。

杨遵仪不仅对无脊椎古生物的许多门类有深入研究，而且对国内外各时代地层的系统发育和划分对比有深入的了解。当时国际关注二叠系－三叠系界线的研究，他组织领导了"国际地质对比规划"的研究工作。他的学生，我国著名地层古生物学家殷鸿福也参与了此项工作，并创新性地提出在确定"金钉子"的国际标准化石上牙形化石比菊石更有说明价值。至此在积累了20多年的研究成果，经历了两代人的工作后，中国浙江长兴煤山地层正式成为全球标准的剖面，研究项目取得重要成果。[4]

刘东生是中国地球环境科学研究领域的专家。在近60年从事地学研究中，对中国的古脊椎动物学、第四纪地质学、环境科学和环境地质学、青藏高原与极地考察等科学研究领域，特别是黄土研究方面得出了大量的原创性研究成果。刘东生的重要科学贡献是在极其艰苦的条件下所测制出的十条黄土大剖面，这与他的科研团队多年来的共同努力是分不开的。刘东生不仅学识渊博，而且在鼓励晚辈和培养年轻学者学术成长上也有卓越的贡献。

刘东生与学生们对黄土的研究工作承前启后，不断创新，使得中国黄土研究一再往前推进黄土的历史：20世纪30年代，刘东生的老师杨钟健等研究者开始研究中国黄土，认为黄土的形成是十几万年前的事。20世纪50年代以后，在刘东生这一辈研究者的努力下，黄土的历史被倒推至第四纪早期，距今260万年，建立了250万年来最完整的陆相古气候记录。此后，刘东生的学生安芷生、丁仲礼等人把它推到600万～800万年前；再年轻一辈的郭正堂等人将黄土的历史追溯到2200万年前。

（3）承前启后、开拓创新。科学研究的本质是创新，名师往往善于发掘科学人才的科学潜力，辅以适当的建议和引导，懂得科学群体研究和创造过程的机制，激发科学人才的创新精神。这样的师承关系有利于科学人才的成长。

叶连俊是我国沉积矿床学家，主要从事沉积矿床的形成及展布规律方面的理论研究。创建并主持了国内第一个沉积学研究室。他提出了"陆源汲取成矿论""沉积矿床成矿时代的地史意义""沉积矿床物理富集成矿说""多因素多阶段成矿说"和"生物成矿说"等一些创新性见解，对于建设湘潭锰矿做出重大贡献。

叶连俊非常重视对学生创新精神的培养，孙枢是我国地质学家，从事沉积学、沉积大地学研究和地质综合考察多年。师从叶连俊，深受其身传言教，在沉积磷矿研究方面，对某些新类型磷矿的地层位和成因以及矿石类型和分布规律进行了研究，提出了新的观点并为后来的地质勘探所证实。[5]

傅家谟是我国沉积学与地球化学家，和孙枢同样师从于叶连俊，在自传中提及叶连俊为了鼓励他在科研上勇于创新，特意讲了门捷列夫的故事。导师的教诲令傅家谟终身不忘，在后来的科研工作者勇于开拓创新，提出中国碳酸岩石油评价新理论，被认为是应用基础研究指导生产、为国民经济服务的范例，受到同行专家的高度评价。

欧阳自远是我国探月工程首席科学家，师从才华横溢的涂光炽教授，研究当时地质学中的前沿课题"矿床成因和成矿规律"。毕业后在侯德封的指导下从事核子地质学的研究工作，两位先生的科学精神和治学态度给欧阳自远树立了榜样，影响了欧阳自远的一生。欧阳自远对科研工作的观点是："别人的研究已经很多了，就像在一条高速公路上的汽车一样，每个人都有一条道跑得很快，你也在后面赶，但是你要超过他，就必须另外选择一条路，只有这样，你才有可能超过别人。搞研究的人当然最欣赏的是'这个东西是我弄出来的'，最愉快的也是这一点，追求的也是这个。"

总而言之，优良的师承关系在人才成长过程中的重要性是毋庸置疑的，而优良的科学传统在一代又一代的师生中传承与发展，直至形成科学派别，乃至科学共同体。师承关系是科学知识和科学传统之所以能一脉相承的基础，也是科学精神薪火传承的纽带。从广义上说，科学发展也是基于师承关系的基础上的。

三　师承关系在我国地质学人才成长过程中的作用

（一）学术权威对地质学人才的专业引领作用

师承关系中老师授予学生的第一堂课是对其专业的引领，例如学术论文的指导、科研立项的引领、专业方向的指引等。年轻弟子们的科研工作的展开，或多或少都有师承的影响。这里并不是要否定科学家个人的作用，在现代社会大环境下，科学逐渐成为一种社会建制，很多科学活动——发明、创造都是在科学派别中完成的。而师承关系是科学派别的基础，良好的师承关系更能促进科学家的成长。

任何一个学派都是以某个（或几个）公认的学术权威为代表人物，这些学术权威对学派理论的贡献有两个显著的特点。第一，它必须与该领域的传统的观点、方法、理论有明显的区别。第二，贡献是奠基性的。新理论提出的新方法、新方向、新观点能引起人们的极大兴趣，人们在新方向、新方法上可以充分地发挥智能和潜力，不断地充实和完善这个学派的范式。[6]

20 年代初期，各个学派以及每一个放眼世界的地质工作者纷纷就大陆运动起源问题提出自己的看法，在批判了一些传统派的同时，着力发展新的理论学说。直至 20 世纪 50 年代，地质学界形成了学术繁荣的大发展局面，虽然这种局面持续时间不长，但是充分说明了学派内部的成长与学科发展是有着紧密联系的，而学派的发展与成熟也极有力地推动了中国地质学研究。通过总结我国独具特色的区域大地构造特点，广大地质学者先后提出了不同的学说，称之为我国地质学五大学派，主要包括：地质力学学说（李四光）、多旋回构造学说（黄汲清）、断块学说（张文佑）、地洼学说（陈国达）、镶嵌构造学说（张伯声）。

此外，学术权威的专业引领作用还表现在对地学人才专业领域的前沿问题的把握上，并重视对他们的培养。因为在杰出人才培养的过程中，不仅在学术方面的引领是不可或缺的，而且科研预见能力的培养也是非常重要的。深邃的科学眼光是科学家科学发现的前提条件，它不仅可以洞察现状，还能准确地遇见未来。我国杰出地质学家和地质教育学家杨遵仪非常注重对学生科学预见能力的培养，杨遵仪师从杨钟健，后来又带出殷鸿福，殷鸿福又带出童金南。后来童金南获得 IGCP 项目（即国际地质对比规划项目）时把一切归功于杨遵仪，并说，杨老师在 1979 年时候就主持过这个项目，并带出了自己的老师殷鸿福。杨遵仪通过对地质学科国际态势的把握，严格要求做学问要时刻把握国际前沿，科学预见的能力使得科学家能把握当今世界的前沿，如果这种能力得以继承和发展，则有利于科学家的创新性科学研究，这种一脉相承的科学思想构成了优良师承关系的主要内容。

（二）学术权威严谨的科学态度和科学方法的辐射作用

西方国家有研究表明，一个诺贝尔奖获得者的诞生，至少需要三代人的持续努力才能见效。可见获奖离不开师承效应的接代连续性，也就是说，知识的积累与延续，不仅与前任的工作有关，而且与传承的效果有紧密关系。影响知识传承的因素是多方面的，但是最主要的体现在前辈的治学态度、思维方法的辐射作用上。

王鸿祯受到葛利普、孙云铸、袁复礼的指导，而孙云铸又师从葛利普、李四光、杨钟健，王鸿祯继承了前辈恩师的优良传统，并将这一传统发扬下去，由他带出的硕士研究生、博士研究生，成为中国科学院院士的就有 18 位（李延栋、莫宣学、马宗晋等）。这种优良科学传统的一脉相承不仅造就科学界人才辈出的局面，而且使得科学精神薪火传承，不仅仅有利于杰出人才的培养，更推动了科学的发展。

王鸿祯秉承着严谨的学风进行科学研究，影响了许多后人。李延栋曾于 20 世纪 50 年代初期师从王鸿祯，后为中国地质科学院院长、中国科学院院士。他回忆起与老师共同参加科学工作的情形，王鸿祯严谨的科学态度、辛苦的付出成就了高质量的 1∶500 万亚洲地质图，在绘制亚洲地质图的过程中，王鸿祯倾注了全部的心血和时间，并在划分亚洲大陆的过程中开创了不论是在国内还是国际都是首例的划分方法，引起中外学者的重视。而且在亚洲地质图的绘制过程中，不论是有关图表的编制，还是英文图例的翻译，不论是地名的编撰，还是地质图稿的校对，他都坚持亲力亲为。曾长期协助王鸿祯整理稿件和绘制地图的王训练回忆说，老师的论文基本上都是一次成稿，但是在完成初稿后会秉承严谨的科学态度一遍一遍地修改，直到截稿印刷。王训练称老师的论文都是经过千锤百炼而成的，里面蕴含的学术价值是不言而喻的，这就是老师的绝大部分著作被称为经典之作的原因。莫宣学对老师的严谨也有深刻感触，在与王鸿祯共同完成一篇文章的时候，王鸿祯是任何一点小问题也要仔细商讨修改，每个细节都要细细核实，王鸿祯的严谨学风对莫宣学产生了很大的影响。[7]

（三）学术权威高尚的科学道德和科学精神的传承

新中国成立初期的中国地质学家大多抱着建设祖国的强烈愿望进行科学研究，不仅具有高度的爱国情怀和人格魅力，还潜移默化地影响着年轻的学者们，他们这种优秀品格在他们的学生身上得到了继承和发扬。因此，师承关系不仅是对老师知识的继承，同时还是对老师科学道德和科学精神的传承。

我国著名地质学家高尚的科学道德也深深地影响着年轻的地质学英才，王鸿祯关于论文署名方面有个规定，如果列为第一作者，必须由自己亲自撰写或是由他完成 1/2 以上，如果把他列为非第一作者，必须通过他的审读或是指导，否则不能署名，王鸿祯曾说过："署名的规则在国外要求很严，在国内只能靠道德自律。我这样做，我的学生就不会太离谱。"

中国科学院地质研究所所长侯德封教授于 1958 年创立了核子地质学，在近代核物理理论的基础上开创了一个新的地质学分支，成为一位声名远远的地质学家。1959 年，欧阳自远来到这位有着杰出成就的地质学家身边担当助手，经过慎重的思考，他毅然向侯先生提出，核子地质学的理论体系还不够完善，与核物理学及粒子物理学的结合不甚严密。侯德封教授秉着认真务实的科学态度接受了建议，表现出一位科学大家应有的品格和风范，并立即派送他去进修，学习相关课程和技术，这段经历为欧阳自远以后的工作打下了基础。[8]

四　我国著名地质学家师承关系中青年弟子特点分析

青年弟子是一个学派的活力源泉，也是新科学生长点的载体，青年弟子往往在学术权威的支持下不断发展学派已有的成就，并提出新的科学理论。通过研究可以得出我国地质学家师承关系中青年弟子们具有两个特点。

一是博采众长，不断创新。我国著名地质学家师承关系中青年弟子在科学研究上大多具有博采众长、不断创新的科学精神，不断地开拓进取，为我国地质学科学研究发展做出了重大贡献。

安芷生师从刘东生，秉承老师提倡的科学创新精神，以东亚环境变迁的控制学说获得陈嘉庚地球科学奖。中国古气候变化的概念最早由李四光提出，后来刘东生等结合黄土与环境变化的研究，建立了中国黄土层型剖面，确认了反映全球冰期－间冰期旋回的黄土－古土壤序列，发现中国黄土的古气候记录具有重要的科学价值。1985 年，师从刘东生的安芷生带领 8 位研究人员到西安组建中国科学院黄土与第四纪地质研究室，并从 1987 年开始，安芷生等在吸收前辈恩师科学成就的基础上积极开拓了黄土与第四纪地质研究新的生长点。

二是合作研究，注重实践。实践是科学产生和发展的源泉，地质学的野外实践性较其他学科更为明显，地质学是一门需要野外考察的学科，这就需要地质家们的合作研究和实践能力。我国地质学家刘宝珺院士师从池际尚与冯景兰，冯景兰十分注重实际地质考察，他常对学生说，学地质一定要重视野外地质调查实践，否则要学好地质学这门课就是空谈。刘宝珺深受其影响，并在毕业之际主动申请去大西北，组织上分配他去 614 地质队，野外生活十分艰苦，但是刘宝珺全身心地投入野外调查工作中，向当时的队友矿床学家宋叔和学习工作方法，勤学好问。后来也是毫不犹豫地跟随池际尚在祁连山科考队工作两年，并形成了艰苦朴素、严谨求实的科学态度。刘宝珺说，在野外的工作虽然艰苦，但是磨炼了地质人的意志。

五　新中国著名地质学家师承关系特征

（一）"一师多生"的现代人才培养模式

新中国成立初期的地质学家除了在地质学界做出科学贡献以外，还以自己奠基性的科学成就吸引年轻的科学工作者追随，使得自己的科学思想和科学精神得以传承，对推动现代地质学在中国的传播发展起到了非常重要的作用。而有的年轻的科学工作者经过成长期与创造期的磨炼，在中后期的角色选择中也成为导师，秉承着从上一代继承的优良学术传统，培养了大量的地质学人才，如王鸿祯培养了18位中国科学院院士，孙云铸则培养了20位院士。

一位导师同时带领几个学生，形成以导师为中心师生之间能够不断交流学习的研究团体培养模式。这就是我国著名地质学家师承关系的第一个特点，"一师多生"的培养模式。而在这种情况下，如果一位地质学家本人有巨大的科学成就，慕名而来者会不断涌入其门下，而他们由于受到这位地质学家的教育技能和科学思想的影响，个人的科学潜力得以发挥，从而这个科研团体会逐渐形成一个适合于科学人才成长的学术氛围，进而使得越来越多的科学人才加入这个团体中。如中国地质学四大奠基人章鸿钊、丁文江、翁文灏、李四光都曾在北京大学地质学系任教，从而吸引大批优秀的地质学人才前去学习，名师的引导加上具有潜力的科学人才形成了优良的学术氛围，北大地质学系自建系以来先后培养出50多位中国科学院院士和中国工程院院士。同时由于马太效应的影响，导师也会随着科学共同体的不断成长而继续发展已有的成就，产出新的研究成果。

（二）科学共同体的培养方式

当科学共同体逐渐形成后，通过强化科学共同体的方式进行科学人才的大量培养。典型的如现代研究生培养制度，老师们带领学生们共同完成科研项目，教学和科研相结合，这样不仅巩固了研究团队，而且加强了年轻的地质学人才之间的学习交流，更重要的是随着科学共同体的不断壮大，科学领域的扩大再生产得以实现。

众所周知，地质学是一门需要野外考察的学科，这就需要地质家们的合作研究，野外考察需要大量的人力、物力的投入，一位学者不可能独自完成野外考察的整个过程（采集标本、标本分析、绘制图表以及理论研究），而且野外考察需配备专业的仪器设备，理论分析需大量的图书资料，这样的学科性质决定了地质学是一门需要严密组织和密切合作的学科。而且任何学术工作都是有继承的，个人所做的工作总是很有限，要想成就一番事业，必须充分发挥团队的作用。

如我国著名地质学家任纪舜院士在其大学毕业后即随谢家荣、王曰伦等赴广西、贵州等海相碳酸盐岩分布区进行考察，并随同导师黄汲清到南岭区域地质测量队进行野外地质基本功训练，后又随张文佑、陈国达到湘、鄂、赣、闽等省进行野外考察，并协助黄汲清指导编制地质图。任纪舜在其科研生涯的起始阶段，就有幸受到中国一流地质学家的培育和熏陶，这为他后来的科研工作打下了坚实的基础。2005 年任纪舜组织编制大型国际合作项目——1∶500 万国际亚洲地质图，李延栋、裴荣富院士等地质学专家都参与此编图项目，该图的完成为亚洲基础地质理论研究，资源、能源和环境调查奠定了坚实的基础。

六　结论

在人才培养的过程中，师承关系的作用是举足轻重的，师承效应影响着科学派别的形成与发展，良好的师承效应人才链有利于优秀人才的产出，而构建本土一流的科学传统也是我国亟须解决的问题。只有这两方面的问题得到了解决，我国才能在以科技水平决定国际地位的时代迎头赶上发达国家，提升国家的自主创新能力和国际地位。

（一）构建优良的师承关系。

对于什么样的师承关系才能称为优良，表 1 给出了解答。

表 1　优良师承关系的特质

序号	特质
1	导师拥有足以吸引优秀人才的科学成就
2	精心选材、因材施教的能力得以继承和发扬
3	科学预见、把握前沿的眼光得以继承和发扬
4	学术民主、教学相长的学风得以继承和发扬
5	甘为人梯、乐于奉献的精神得以继承和发扬
6	道德高尚、人格魅力的品行得以继承和发扬
7	提倡创新、鼓励竞争的传统得以继承和发扬
8	大批具有科学潜力的学生和良好的科学氛围

优良师承关系的许多特质都与学术权威有关，作为一个学派的核心，学术权威对学派奠基性的贡献与他的科学成就吸引许多人慕名而来，由于他具有精心选材、因材施教的能力，追随者的科学潜力得以发挥。卡皮查指出："科学史告诉我们，一位杰出的科学家不一定是一位伟人，而一位伟大的导师则必须是伟人。"学术权威通过自己严谨的科学态度和科学方法的辐射作用，引领弟子在科学研究的道路上更快地接近成功，并通过科学道德和科学精神的传承，形成适宜杰出人才成长的科学氛围。当然，一个优良的师承关系还包括一批具有才能的学生，这样才能教学相长，不断创新，延续和扩大优秀科学家的队伍。

（二）构建良好的科学传统

构建科学传统需要三个条件。第一个条件是社会需要。马克思说过，社会需要比办十几所大学更能推动科学技术的进步。第二个条件是要建立一套鼓励后辈理性质疑权威观点，并勇于提出自己理论的学术制度，这就要求必须有利于不同思想、不同观点的竞争。一个科学传统内部有没有适宜竞争的学术制度很重要，凡是取得重大成就的学派都具有民主自由的群体精神气质，每个学生的观点都会受到大家的鼓励和尊重，从而形成一种良性竞争的局面。

第三个条件就是有一个具有科学精神的科学群体。这种精神气质表现在对一个基本的学术问题始终保持关注，只有处在对基本问题始终保持关注的情况下，科学传统内部的活力才会持续。它们是科学传统的基本，法国当代哲学领域影响极深远的存在主义哲学家列维纳斯把"知识"称为"Disutility"，完全无效用的、非功利性的，对知识保持这样的态度和气质，通过优良的师承关系，延续几代人之后，就会形成科学传统。

参考文献

［1］黄汲清、何绍勋主编《中国现代地质学家传》，湖南科学技术出版社，1990，第9页。

［2］于洸：《著名地质学家和地质教育家孙云铸教授》，载《中国科技史料》1995年第2期，第2页。

［3］中国地质大学史编《地苑赤子——中国地质大学院士传略》，中国地质大

学出版社，2009，第 11 页。

[4] 曾维康、冯强：《杨遵仪：地壳上的金钉子》，《中国教育报》2007 年 11 月 22 日。

[5] 缅怀叶连俊院士编辑委员会编《缅怀叶连俊院士》，科学出版社，2009，第 10 页。

[6] 郭飞：《科学史中的师承关系初探》，《西华师范大学学报》（哲学社会科学版）2006 年第 4 期。

[7] 周飞飞：《站在地球历史的书页上——怀念王鸿祯院士》，《地质勘查导报》2010 年 7 月。

[8] 杨光荣：《地质学家的治学道路》，《中国地质教育》2009 年第 2 期。

中国现代地学家群体特征分析

陈　炜　　张明明[*]

内容摘要：中国现代地学家群体是中国近现代地学发展的重要人才支撑。本文从出生年代、出生地域、当选年龄与性别分布、教育经历、所在机构与所在地以及专业方向等多个角度对这一群体进行统计分析，进行共时性与历时性对比相结合的研究，总结概括我国现代地学家群体的特征，并得到地学人才乃至科技人才培养的重要启示。

对中国现代地学家群体的分析是全面揭示中国近现代地学发展状况的必要研究，该群体的特征一定程度上反映了中国近现代地学发展的特色，同时也体现了社会环境对地学人才成长与成功的影响。

本文研究以中国现代地学家群体为考察对象，以中国科学院地学部院士为样本，从多个角度出发，统计分析了从 1955 年中国科学院院士（学部委员）评选，到 2011 年第 13 次院士增选过程中当选的中国科学院地学部的 223 位院士（目前健在 119 人，去世 104 人）的基本情况，并在一些方面开展了不同时间段的对比性研究，力图显现出我国现代地学家群体的总体面貌，同时对科学家群体的计量研究方式做出有益的探索。

---

　　* 陈炜，中国地质大学（武汉）副教授，研究领域为科学技术史；张明明，中国地质大学（武汉）科学技术史专业硕士研究生。

一　出生年代分析

以年代划分，将地学部院士的出生时间分为 9 个阶段。从图 1 可以看出，出生年代在 1880～1889 年与 1960～1969 年这两个阶段的地学部院士最少，1880～1889 年为 1 人，1960～1969 年为 3 人。这两个阶段人数少与我国实施院士（学部委员）制度的时间与地学学者成长并获承认的年龄相关，出生于 19 世纪且成就突出的地学家们在新中国实施院士制度时大多已不在人世，而出生于 20 世纪 60 年代的地学家获得重大成就并得到承认的当前为数尚少。

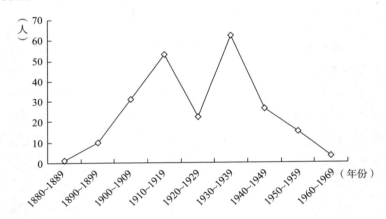

图 1　不同年代出生地学家人数

资料来源：《中国现代科学家传记》（第 1～5 集），科学出版社，1991～1994；王恒礼等编著《中国地质人名录》，中国地质大学（武汉）出版社，1989；中国科学院网站 "院士信息"（http://www.cas.cn/ys/），访问时间 2013 年 3 月 23 日；于洸《西南联合大学地质地理气象学系概况》，载中国地质学会地质学史研究会、中国地质大学地质学史研究室编《地质学史论丛》（3），中国地质大学（武汉）出版社，1995，第 102 页。下文所有图、表原始数据来源同。

在 1910～1919 年与 1930～1939 年这两个阶段地学部院士出生人数呈现高峰，1910～1919 年为 53 人，1930～1939 年为 62 人。呈现这一现象原因何在呢？一方面，与 1980 年、1991 年两次院士增选人数较多相关。另一方面，与社会环境因素相关，一般来说人在青年时代即 20 岁左右选定人生奋斗的专业方向，那么这两个阶段出生的地学家的青年时代正好是 20 世纪 30 年代与 20 世纪 50 年代。第一个阶段即 20 世纪 30 年代的中国面临的最严峻挑战即日本侵华，社会动荡，许多有志青年为抗日救国选择了能带来实效的地质学专业并为之努力，如马杏垣、陈梦熊、郝诒纯、刘东生、池际尚、杨起等院士，当时或是直接选择，或是从其他专业方向转入地质学专业，将其作为自己毕生从事的研究方向。同时这一时期地学教育中通才模式的有效实施突出表现为西南联合大学培养了一大批优秀的地质学者，据统计，中科院地学部院士出自西南联大的就有 20 余位。第二个阶段即 20 世纪 50 年代正是新中国成立初期，百废待兴，在基于国家实际需要的宏观调控下，实施了地质教育改革，地质院系规模空前扩大，地质教育的振兴，为培养优秀地质人才奠定了重要的基础。

二　出生地域分析

地学部院士出生的地域涉及 27 个省份，其分布整体上呈现不均衡的特点。如图 2 所示，其中以江苏、浙江、上海为最多，其次为河北、山东、河南，再次为安徽、北京、湖南、湖北。可见较为集中于江浙一带与华北、华中地区。近现代时期我国的这些地区一方面传统的人文氛围浓厚，对教育的重视程度较高；另一方面经济社会发展迅速，交通较为便利，受社会变迁带来的新思想、新观念的碰撞与传播的影响较大，新兴的科学文化对开阔人的视野与培育科学精神的影响逐渐显现。所以这些地区从小受到良好教育并能够选择地学专业的学者众多，而成就突出者人数也超过其他地区。

我国院士制度从 20 世纪 50 年代开始建立，半个多世纪以来不断改革与发展。由于历史原因、国家建设的需要以及对学部委员的标准和资格的规定等方面的原因，1955 年、1957 年、1980 年的学部委员评选在间隔时间、人数上都有较大变化，而从 1991 年之后院士（学部委员）的增选无论是在时间还是在增选人数上，都走向制度化与规范化。[1] 所以，按照时间段进行对比分析，以 1991 年为界（包括 1991 年）分为两个阶段，之前与之后当选的地学部院士的出生地域中，江浙沪地区人数最多以及山东、安徽、河南人数较多的特征基本没有变化。变化较大的

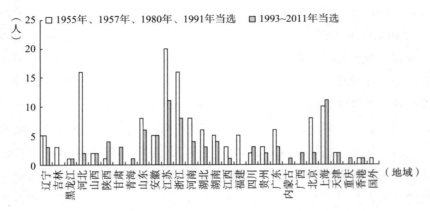

图 2　两个阶段出生于不同地域地学家人数对比

是河北与北京，1991 年前（包括 1991 年）当选的地学院士出生于河北的达到 16 人，出生于北京的为 8 人，而 1991 年后人数均大幅下降。其原因大约在于 20 世纪 20～40 年代北京大学地质学系名师众多、声誉卓著。此外，实业救国思想的传播使得大批年轻人希望通过学习地质学来开发丰富的矿产资源以富国强兵，所以北京及周边地区青年学生很多就近报考北京大学、清华大学及燕京大学地质学系及相关院系。而新中国成立后我国高等教育蓬勃发展，各地高等院校纷纷建成，学科门类逐渐丰富，青年学生选择院校与从事专业呈现分散性特征。统计也表明第一阶段出生于不同地域的地学院士人数间相差悬殊，而第二阶段出生于不同地域的地学家数目较为均衡，由此也体现出我国各个地区科学教育特别是地学教育的逐步普及化。

三　当选年龄与性别分布分析

从 1955 年至 2011 年进行的 14 次院士评选中，每次地学部当选院士的平均年龄均在 51～66 岁，总平均年龄为 61.1 岁（见图 3）。其中最年轻的为 41 岁，最年长的为 78 岁。

对不同年份当选院士的年龄段进行统计分析可以看出，在 1955 年、1957 年当选的 31 位地学部院士中，40～49 岁的有 10 位，占 32.3%；50～59 岁的有 17 位，占 54.8%。可见新中国成立初期的这一批院士年轻有为。1980 年与 1991 年当选的 106 位地学部院士中，40～49 岁的仅

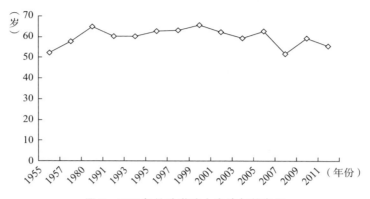

图 3 不同年份地学院士当选年龄变化

有 3 人，50 ~ 59 岁的为 27 人，而 60 岁以上的达到 76 人，这与当时我国院士制度的实施状况及历史原因有关，一大批地学家较长时间没有得到承认，人数累积较多，年龄偏大。但 1993 ~ 2001 年 5 次院士增选中，当选的平均年龄均在 60 岁以上，而且 50 岁以下的人数为零，说明地学家做出突出成就并得到社会承认的时间延长了。[2]

从 2003 年开始，当选院士平均年龄曲线呈逐渐下降趋势。近几年当选地学部院士的年龄均低于 60 岁，2011 年当选的 3 位院士高山、焦志念和周忠和当选年龄更是低于 50 岁，当选院士整体呈现年轻化的趋势。这既表明地学家成长并取得重要成果的速度逐渐增快，也说明了地学家获得学术界与社会承认的时间开始相对缩短。

地学部女院士共 8 人，见表 1。女院士数占全部地学部院士人数比例的 3.59%，略低于中科院女院士占全部院士人数的比例 4.78%（截至 2011 年，中科院女院士共 57 人）。地学部女院士平均当选年龄为 59.6 岁，略低于地学部院士的平均当选年龄 61.1 岁。获得博士学位者 5 人，占全部地学女院士的比例为 62.5%，高于地学部院士获得博士学位的比例（35.4%）。其中 4 位在国外获得博士学位，1 位在我国获得博士学位。在科学家群体中，女性人数较少的现象在中西方科学界都是普遍存在的，地学研究的艰苦性与我国传统观念中对女性形象的认定更是对女地学工作者的极大挑战，数据表明我国女地学家人数所占比例的确略低于整体女性科学家人数比例，但学历较高、大多具有留学经历，成就也较早地获得了社会承认。

表 1　地学部女院士当选时间

姓名	池际尚	郝诒纯	张弥曼	许志琴	林学钰	马瑾	王颖	周卫健
当选院士时间（年）	1980	1980	1991	1995	1997	1997	2001	2009

四　教育经历分析

　　就本科教育而言，北京大学、南京大学（早期为国立中央大学）、西南联合大学、北京地质学院及清华大学培养了近60%的地学部院士（见表2）。其中，毕业于北京大学的地学部院士人数最多，占到地学部院士人数的近20%。其次为南京大学（早期为国立中央大学）（15.2%），再次为西南联合大学（近10%）、北京地质学院（现中国地质大学）（8.5%）与清华大学（6.3%）。北京大学、国立中央大学（南京大学）及清华大学的地质学系作为设立较早、师资雄厚、影响广泛的地质教育机构，从20世纪20年代至今培养了大量地质学人才，为我国地学的传承与发展做出了尤为突出的贡献。西南联合大学地质地理气象系在抗日战争时期发挥了重要的人才培养基地的作用。而北京地质学院作为新中国成立后建成的地质专科高等学校，在国家高等地质教育变革与发展的过程中培养了一批杰出的新时代的地学家。由此可见，中国近现代地学人才的培养具有集中化与承继性明显的特色。

表 2　地学部院士本科毕业主要院校情况

指标	北京大学	南京大学（国立中央大学）	西南联合大学	北京地质学院	清华大学
人数（人）	43	34	22	19	14
所占比例（%）	19.3	15.2	9.9	8.5	6.3

　　地学部院士中拥有博士学位者79人，占全部人数的35.4%。其中获国外大学博士学位者63人，获国内大学博士学位者16人。获国内大学博士学位者集中于20世纪80~90年代，其中的41.2%的院士毕业于中国科学院。不同年份当选院士拥有博士学位者的数量随年份呈现如图4所示的变化趋势。1955年、1957年及1980年当选的院士博士占比均在30%以上，其中1955年拥有博士学位的院士更是占到当选人数的

57%，他们获得博士学位的时间基本上在 20 世纪 50 年代中期之前；而
1991～2001 年当选的院士博士占比呈现较低的状态，1993 年与 1999 年
的当选院士博士占比甚至为零；2001 年当选院士的博士占比开始上升，
2007 年达到 100%，2009 年与 2011 年均在 80% 以上，这一阶段当选院
士获得博士学位的时间集中于 20 世纪 80～90 年代。

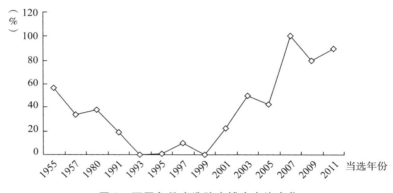

图 4　不同年份当选院士博士占比变化

可见新中国成立初期当选的地学部院士很多具有西方留学经历并获
得了博士学位，我国地学学科在由西方移植继而实现本土化的过程中，
一直与国际地学界保持着较为广泛的交流，无论是学术研究还是人才培
养都体现出国际化与本土化相结合的特征。而 20 世纪 50 年代中后期至
70 年代获得博士学位者最少，这与当时 "冷战" 的国际形势下我国高
等教育对外交流工作的导向以及 "文革" 等特殊历史时期密切相关，
我国向西方国家派遣学习自然科学的留学生数量极少，而我国也还未实
行博士学位授予制度。20 世纪 80 年代之后，我国地学专业开始培养自
己的博士研究生，同时我国与西方的科学交流与教育交流逐渐恢复，获
得博士学位的地学研究者逐渐增多。而近年来，博士研究越来越成为培
养当代科学研究人才的一个必经阶段。

地学部院士有国外留学经历并获得学位者 91 人，占全部院士人数的
40.8%。求学国家中（如表 3 所示），美国占比例最大，约为 43.2%；其
次为苏联，占 16.5%；再次为英国、德国，分别占 11.9% 和 11.0%；法
国、日本占 3.7%，瑞士占 2.8%，加拿大和奥地利占 1.8%，其他国家的
共占 3.6%。留学于美国等欧美国家在各个时间段都有，留学于苏联的

时间则集中于 20 世纪 50～60 年代，这与当时我国地学教育学习引用苏联模式的时代特色密切相关，而且这些院士所获学位大部分也是具有苏联学位体制特色的副博士学位。

表 3　留学于不同国家地学部院士人数比例

单位：%

国家	美国	苏联	英国	德国	法国	日本	瑞士	奥地利	加拿大	其他国家
比例	43.2	16.5	11.9	11	3.7	3.7	2.8	1.8	1.8	3.6

五　所在机构与所在地分析

统计结果表明（见表4），地学部院士工作所在机构主要集中于科研院所，占61.88%；其次为高等院校，占27.35%；其他机构占10.76%。可见当代社会中科研单位与高等院校仍然是地学研究创新的坚实基地与地学人才培养的重要摇篮。

表 4　地学部院士所在机构类型及人数比例

机构类型	科研院所	高等院校	行政管理部门	企业
人数（人）	138	61	23	1
所占比例（%）	61.88	27.35	10.76	

所在地（按机构所在地统计）为北京的地学部院士最多，占全部院士的63.68%；其他直辖市与省会（首府）城市的占32.74%，其中以南京、武汉的为最多；一般城市与特别行政区的只占约3.59%（见表5）。

表 5　地学部院士所在地人数分布

地区	北京	其他直辖市			省会（首府）城市											一般城市			特别行政区
		上海	天津	重庆	南京	武汉	西安	合肥	长春	兰州	广州	杭州	郑州	成都	西宁	青岛	桂林	厦门	香港
人数（人）		6	1	1	26	15	6	4	3	4	2	2	1	1	1	5	1	1	
	142	8			65											7			1
占比（%）	63.68	3.59			29.15											3.14			0.45

　　由此可见，我国地学专家基本集中于北京等直辖市与南京等省会（首府）城市的科研机构与高等院校，这些地区科研院所众多，学术交流条件便利。位于北京的中国科学院、中国地质科学院、北京大学、清华大学、中国地质大学拥有的院士占北京全部地学部院士的68.31%。而中国科学院南京地质古生物研究所与南京土壤研究所、南京大学和中国地质大学（武汉）、武汉大学等科研院所在地学上的突出成绩使得南京与武汉拥有的地学部院士数量在省会（首府）城市中位居前列。

　　当然，院士所在机构与所在地呈现出马太效应，既有有利的一面，如便于学科资源的集中利用、学术交流的开展及人才的培养与学术传统的传承；但也会有消极的一面，如造成地区间学科资源的不平衡与学科文化传播与普及的差异性。

六　专业方向分析

　　地学部院士的专业方向涉及地学类的地质学，地理学、土壤学和遥感，地球化学，地球物理学和空间物理学，大气科学以及海洋学六个门类。[3]以1991年（包括1991年）为界划分出两个时间段，对比两个时间段中从事不同专业方向门类的院士数量比例（如表6所示），从中可以看出，从事地质学研究的地学部院士数量虽然是在所有门类中最多的，但也处于变化之中，在1957~1991年占到地学部总人数的61.93%，而1993~2011年的比例下降至41.84%；相应地，从事地理学、土壤学和遥感，地球化学、地球物理学和空间物理学、大气科学和海洋学研究的地学部院士比例均有所上升，其中从事地球化学、大气科学与海洋学的院士人数所占比例上升幅度最大，由第一阶段至第二阶段，从事地球化学的人数比例从3.98%上升至10.20%，从事大气科学的人数从1.70%上升至5.10%，从事海洋学的人数由3.41%上升至6.12%。

　　就其中的地质学门类而言，地学部院士从事的专业方向涉及16个方向。比较1957~1991年当选院士与1993~2011年当选院士中从事不同专业方向的人数所占的比例（如图5所示），从中可以看出，地质学领域中，从事传统的地层学、矿物学、矿床学、岩石学等的院士人数比例都有所下降，而人数呈上升趋势的既包括构造地质学、第四纪地质学、前寒武纪地质与变质地质学等这些基础性研究的专业方向，也包括与资源、能源或新研究方法密切相关的专业方向，如石油及天然气地质学、水文地质学、地热地质学及数字地质学等。

表6   两个阶段从事不同学科门类地学部院士人数所占比例对比

单位：%

阶段	地质学	地理学、土壤学和遥感	地球化学	地球物理学和空间物理学	大气科学	海洋学
1955年、1957年、1980年、1991年	61.93	17.61	3.98	11.36	1.70	3.41
1993～2011年	41.84	22.45	10.20	14.29	5.10	6.12

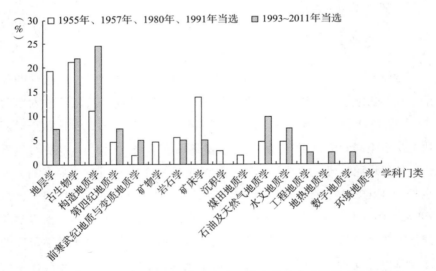

图5   两个阶段从事地质学门类不同专业方向的院士人数所占比例对比

由此可见，伴随着人类实践活动范围的拓展与深度的增强，以及对自身生存环境的强烈关注，地学中新兴学科门类在新时代不断崛起。而就地质学学科门类内部而言，一方面重要的新发现、新理论的提出会进一步夯实某些学科方向的基础性地位，另一方面社会需求的变化与新技术新方法的应用更是地质学内部学科方向重点调整的重要原因。越来越多的地学工作者选择了这些方向的研究并取得了较大的成果。

七　启示

（1）对地学家的统计分析表明，地学人才的培养与成长与其他学科相比，有其独特性，也有共同之处。我国地学学科自身发展的历史特征与当代特色决定了我国地学人才群体的整体特征，而社会历史环境、地域文化氛围、国家政策、教育状况等因素对地学发展与地学人才的培养也起到了重要的作用。

所以，学科内部科学的发展规划与合理的人才制度是科技人才培养的重要依凭。在当前从传统地质学向现代地球科学转变的关键时期，调整我国的地学学科结构、进行地学教育体制改革、完善地学交流机制以及推动地球科学的普及等都有利于培养基础扎实、具有创新思维的现代地学人才。同时，整个社会所提供的丰厚资源与强大支撑是科技人才成长与成功的坚实土壤，不断加大对科学研究的投入、建立保障科学自主化的体制以及创造良好的学术创新与学术争鸣的氛围等，是为我国现代化建设培养更多优秀科技人才的必要措施。

（2）当今随着地学学科发展突破旧传统，不断涌现出新型学科分支，与资源、能源与环境以及新技术新方法密切相关的新方向越来越受到重视，从事这些学科专业的地学科研工作者取得较大成就、获得社会承认的时间相对缩短，地学人才在学科内部的流动明显受到了社会需求、国家政策导向与社会认可度的影响。而整个地学学科的发展既需要新兴学科的崛起，也离不开基础性学科的突破。这就要求无论是国家的科技政策导向，还是学科内部的评价机制，都要兼顾基础与前沿、理论与应用，实现我国地学学科的整体繁荣，最终推动我国由地学大国发展成为地学强国。

参考文献

［1］王扬宗：《中国院士制度的建立及其问题》，《科学文化评论》2005 年第 12 期，第 5～22 页。

［2］徐飞、卜晓勇：《中国科学院院士特征状况的计量分析》，《自然辩证法研究》2006 年第 3 期，第 68～73 页。

［3］董树文、陈宣华等：《20 世纪地质科学学科体系的发展与演变》，《地质论评》2005 年第 3 期，第 275～288 页。

第 三 篇

地学科学哲学

地学革命的哲学意蕴

刘　郦[*]

内容摘要：从人类社会产生以来，对地球科学及地球灾害的认识经历了一个漫长的历史过程，从社会文化角度来看，经历了祭祀文化、科学文化与和谐文化三种不同的历史变迁，分别代表着人类宗教情怀的、科学精神的与系统和谐的对地球科学的不同诠释。由此拟说明地球科学的发展与社会文化的息息关联性，进而探索什么是地球科学的文化研究。

一　经典学说的危机

关于地壳运动问题，历史上有过许多说法，这构成常规科学正式形成以前的原始科学。其典型特征是：各学派相互争执，最终海陆固定论或海陆永存论获得了显著的成就，成为普遍接受的理论，从而使地学理论达到成熟时期。最早从地质学的角度将海陆固定论思想系统化的是美国地质学家丹纳（J. D. Dana，1813～1895年）。他的论文《地球由火成熔融状态冷却的地质效果的一般评论》（1847年）和《地球冷缩的地质结果》（1847年）标志着作为常规科学的经典地学理论——海陆固定论的正式形成，其中心思想是：大陆固定，海洋永存，地壳只能做垂直运动；海洋、大陆各地原地起伏，水平方向并无大规模位置移动。在此后的一个多世纪中，丹纳的海洋固定论与莱伊尔的均变论一起发展成经典

---

* 刘郦，中国地质大学（武汉）教授，研究领域为科学哲学。

地质学的范式即常规科学系统。

　　然而，地学传统遇到了越来越多、越来越难以解决的问题和异例。人们发现，远隔重洋的大陆，却有着相同的生物区分布。在大西洋东岸的北美发现有园庭蜗牛的足迹；在南美、非洲、大洋洲都生活着肺鱼和鸵鸟；狐猴可以在东起印度、斯里兰卡，西至马加斯岛和非洲的广大地区内找到；无论是在欧亚还是在北美，都能找到有袋类哺乳动物始祖的化石。许多迹象表明，大洋两侧陆地从前似乎存在某种联系。面对科学的反常事实，经典理论似乎难以招架。有人提出一种特设性的拯救假说——陆桥说：在古地质时期，大陆之间曾有类似桥梁的陆地相连，生物正是通过陆桥迁移、传播和繁衍的，后来，陆桥消失了，留下了奇异的生物区系分布。随着越来越多的新事实的出现，海陆固定说试图解决疑难问题和其他异例的努力日趋失败，这时就产生了经典地学的科学危机。"面对着异例或危机，科学家对于现存的范式就采取了不同的态度，他们的研究性质就随之改变了。互相竞争的阐释的增多，愿意试一试任何东西，表达出明显的不满，求助于哲学和对基本原理的辩论，所有这些就是由常规研究过渡到非常规研究的征象。"[1] 即在地学研究中传统的经典理论（原先曾是开路先锋的现存范式）已不再发生作用。这样危机的结果常常是接受一个新的范式，即一个较老的范式全部地或部分地为一个不相容的新范式所代替，这标志着地学革命的到来。

二　地球科学革命

　　科学观念、范式的根本变革往往标志着科学革命。板块构造观念的出现引起了地球科学的变革性发展。这场可以与哥白尼革命相比的地学革命最初是由德国气象学家魏格纳（S. L. Wegener，1880～1930 年）所发动的。他提出的大陆漂移说直接触动了经典地质学的核心。在 1915年发表的《海陆的起源》一书中，魏格纳全面系统地论证了大陆漂移说，认为在 3 亿年前，地球上各大陆曾经连成一体，被称作"泛大陆"，周围是一片汪洋大海。由于潮汐力和地球自转离心力的作用，2 亿年前，大陆出现裂隙，逐渐分离，有如浮冰一样顺流漂，一去几千里，形成如今的海陆面貌。

大陆漂移的观点如此新奇大胆，富于革命精神，震撼了整个危机四伏的地球科学。魏格纳通过认真考察大陆古生物、地质构造和古气候学方面的情况后，提出了支持大陆漂移假说的观察经验证据。在古生物方面，他分析出大西洋两岸的许多生物都有亲缘关系；在地质学方面，他指出大西洋两岸如南非和南美、非洲的高原与巴西的地质构造非常相似；在古气候学方面，指出巴西、刚果等热带地区有二叠纪冰川的遗迹。所有这些都可以用大陆漂移说做出恰当解释。

魏格纳确认了大陆漂移现象，但他并没有找到合理的漂移机制。新的突破是由古地磁学和海底地质学实践引发的。1928 年，英国地质学家霍尔姆斯（A. Holms，1890～1965 年）提出了地幔对流说——拯救现象的特设性假说。由硅镁物质组成地幔，温度高，压力大，具有可塑性。地幔内部由于温度和密度不均，产生对流，缓慢蠕动。上升流到达地幔顶部，分为两股方向相反地做水平流动，又与另一对流圈的反向平流相遇，汇合一处，转为下降流，回归地幔深部，形成封闭循环。

随着地幔流的升降平移，大陆被撕裂，从而产生漂移。这一假说为20 世纪 50 年代海底地质的新发现所证实。科学家发现了海底热流异常现象。大陆区地热来源于花岗岩所含放射性元素的裂变。大洋地壳中也发现了来源于上地幔的基本相等的热流。与此同时，科学家发现，各大洋的巨大海底山脉及其中央裂谷相互连接为一个全球性的体系。

在海洋地质的观察证据的基础上，普林斯顿大学的赫斯（H. Hess，1906～1969 年）和美国海军研究所的迪茨（R. S. Dietz）在大陆漂移说、地幔对流说的基础上，提出了海底扩张说：由地幔上升的熔融岩流在大洋中脊裂谷处溢出，冷凝后形成海底新地壳，并推动原来的海底地壳逐渐向裂谷两侧扩展。大陆连同新海底一起在地幔对流的驱动下漂移，熔岩通过海沟又流回地幔。这个假说不仅支持了大陆漂移说，还成功地解释了海底地形、沉积、构造、年龄等许多科学现象。但由于缺乏足够的科学证据，赫斯称之为"地质史诗"。

假说的确证来源于科学的观察事实，并最终引发一场新的科学革命。由于"海底磁条带"的发现，凡茵和马修斯对海底扩张的假说确证，宣告地球科学转折的到来。这时，四分五裂的科学家集团逐渐宣布效忠于新的理论和范式。许多海陆固定论者纷纷倒戈，怀疑论者依然接受新信仰，并最终实现了由旧范式向新范式的转换。

板块构造说的提出则标志着科学革命的最终完成。该学说把大陆漂移、海底扩张、转换断层、板块划分等概念综合起来，纳入了一个统一的模式。这个理论认为，在以地壳裂缝为界的两个板块的相对运动中，板块既无消减也无增生。在地幔对流、海底扩张作用下，板块相对运动，演化出丰富多彩的地壳运动，形成全球构造。板块学说提出以后，地球科学出现了新的科学共同体，他们接受和拥护以海底扩张－板块构造理论为主的新范式，并用以解释新的地质事实和现象，解决新的地质问题。地学家们在新的范式的指导下按照新的研究方法、新的评价标准来发现问题和解决问题，努力阐明、发展和扩张这个新范式。

三　新旧范式及科学革命

新旧范式的更替是科学革命的必然结果。地学革命的最终结果是以全新的板块构造理论替代了传统的海陆固定论，使科学家们在短期内纷纷抛弃旧观、服膺新说，并迅速形成与旧范式完全不相容的新的解释标准和全球构造世界观。

（一）　新旧范式不相容

库恩指出，新理论不是旧理论的扩充和修补；旧理论不是新理论的特例；新旧范式二者不能并存，也不存在任何超范式的评判标准。在地学科学革命中，海底扩张－板块构造新理论的提出伴随着对旧理论在概念意义上的变化与更新。从海陆固定说到大陆漂移、海底扩张、转换断层、板块划分学说都产生了概念意义上的变化，都对旧范式起了决定性的破坏作用。

（二）　不同的解释标准

从经典的冷凝说到板块学说，科学家的研究领域从大陆扩展到了海洋。对不同的地质现象和新出现的科学事实如地壳隆起的山脉与深陷的沟壑、洋脊与地幔等都有不同的说明。这表明科学革命所产生的常规科学传统与旧传统不仅是不相容的，而且常常不是可通约的。承认板块的全球构造，导致地学科学的解疑标准和问题域发生重大变化。在传统的冷凝说中，地质学家更多地关注与该理论相关的一些问题。如地壳怎么会出现周期性的造山运动、地球是否有放射性热的聚集过程和耗散过程、地幔物质的上升下降（形成山脉和深谷）是否能周而复始等。在20世纪50～60年代，地质学家认识到大陆与海洋的关系。他们对地磁极性倒转和地震的研究为地球活动的新原理的发现创造了契机。板块学说以海洋起家，解决了许多地质学界长久悬置的疑难问题，并提出了一些新问题、新方法，拓开了一片崭新的认识领域。

（三）不同的世界观

随着范式的变化，世界的画面也变化了。从1970年《时代》杂志宣布赫斯的"地质史诗"已成为"地质史实"开始，地质学家们就用新的眼光去审查以往的一切地质事件。各种新问题、新矛盾、新事实不断涌现。当地质学家们用新的世界观重新审视地质事件时，许多旧的事实突然产生了新的光彩，有了新的合理的说明。20世纪早期曾发现的几种行星尺度的构造带（如负重异常带、引张性全球裂谷系、毕乌夫带、挤压性海沟等），就可以用新理论加以说明：这些巨大构造线可以看作同样尺度的地块的边界，全球由此可被划分为几个巨大的板块。这恰如库恩所指出的，范式的变化导致科学家看到，他们研究的世界已经发生了变化。在科学革命所带来的新范式下，科学家面对一个完全不同的新世界。这种世界的转变即科学家观察世界的变换，有人把它比喻为视觉上的格式塔转换。心理学家发现，同一图形可以产生两种完全不同的视觉形象。例如"鸭兔图"，人们面对它时，一会儿看到的是兔子，一会儿看到的是鸭子。这两种视觉形象将随着我们的意念、观点不同而改变。地学革命发生时，常规科学传统发生了变化，科学家以新的范式、新的视角、新的格式塔看到了一个变化了的地质世界。曾是大陆漂移说反对者的加拿大地球物理学家威尔逊（J. T. Wilson），提出了不少支持大陆漂移说的科学证据。

总之，科学革命就是范式的转变。地球科学革命以其三部曲——大陆漂移、海底扩张、板块构造塑造了新的地学范式，替代了传统的旧范式——海陆固定论，开创了地质科学的新时代。"全部地质学是一个被否定了的否定的系列，是旧岩层不断毁坏和新岩层不断形成的系列"[2]。

同样，地球革命也是范式间的相互否定和不断创新，由此推动地学科学的发展。这表现为以下几个方面。

首先，科学革命是近代地学科学的普遍特征。地学革命是地学科学在其发展过程中的连续性的中断，是新旧范式的更替，是旧理论的彻底失败与新理论的出现和确立。

其次，20世纪60年代的地学革命是一次影响全局的大规模的思想巨变，是对经典固定论的一次大革命、大跳跃。但是革命并没有完结。科学是永无止境的探索。板块学说未能说明的一些事实和现象将通过新的科学革命来加以解决。

最后，科学是通过革命而进步的，同时又是通过进化而累积式或递增式地发展的。新范式的不断充实完善，由大陆漂移说、地幔对流假说，到海底扩展说至板块构造学说，完成了整个地质科学革命。因此，革命也包含科学发展的积累效果。

参考文献

［1］库恩：《科学革命的结构》（英文版），芝加哥大学出版社，1970，第5、23～24、90、92页。

［2］恩格斯：《反杜林论》，载《马克思恩格斯全集》，人民出版社，1971，第149页。

地学理论与假说

余良耘[*]

余良耘[*]

内容摘要：假说是地学理论发展的重要形式。这是由地学研究对象在时间与空间上的大尺度性、地质过程的混沌性、作用机制的非线性等特点所决定的。在运行特征上，地学假说表现出思维方向的分歧对抗性、理论内容的互补旋回性、检验方法的多样复合性和结果确认的长期曲折性。假说是地学理论发展的推进剂。这种推进作用具有解释新经验新事实的有效性、提出新思想新观点的创造性和形成新学派新阵营的驱动性。地学假说是人类创造性思维的重要表现。

以复杂高级运动形式的地球为研究对象的地学，其理论的形成方法与原则具有多样性与复合性。科学假说作为地球科学理论的形成方法之一，在地学发展过程中具有不可替代的作用。纵观近代以来的地球科学发展史，就是一部不同的假说提出、争议、修正、淘汰、复活的过程史。近代占主导地位的地学理论，几乎都是以假说的形式出现的。因此，探讨假说在地学理论中的形成原因、地学假说的运行特征和认识作用，是十分有意义的。不仅可以帮助我们了解地学发展的某些规律，而且可以帮助我们了解全部自然科学发展的某些不可忽视的特征。

---

* 余良耘，中国地质大学（武汉）教授，研究领域为哲学。

一   地学假说的形成原因

在地质学发展的早期阶段，对地表现象直接观察然后将经验事实加以综合分析是地学研究的必经途径。18 世纪下半叶，地质学家在寻求岩石的形成规律上取得初步成果。"水成说"与"火成说"的对立，揭开了早期地质形成理论争论的序幕。18 世纪末到 19 世纪初，是地质学的英雄时代。围绕着地质演变过程出现了"灾变论"与"渐变论"之争，产生了像莱伊尔这样的被誉为近代地质学奠基人的人物。19 世纪中叶到 20 世纪 70 年代，地学理论进一步向复合性、整体性的层次发展，围绕地壳运动方式出现了"固定论"与"活动论"之争。这一时期出现的最有影响力的假说有"地槽地台说""大陆漂移说""海底扩张说"和"板块学说"。这些假说构成地学理论的主导内容，并成为指导地质学研究的基本纲领。地学假说的提出，并非因为地学家们凭空想象，而是由地学的研究对象的特殊性所决定的。

地学的研究对象是地球，而地球的运动是物质运动的一种复杂的、高级的形态。恩格斯在《自然辩证法》一书中，从当时的科学发展的水平出发，把宇宙中各种各样的物质运动形态，按其发展顺序和复杂程度，由低级到高级分为五种基本运动形式，这就是机械运动、物理运动、化学运动、生物运动和社会运动。恩格斯还认为，高级运动形式包括低级运动形式，但不能被归结为低级运动形式。地球运动是一个系统的自然过程，它包括机械、物理、化学和生物的运动，但不能被归结为其中任何一种运动，地球是一个高级形态的复合体。这种高级运动形态必然会带来认识上的挑战、解释时的困惑和理论间的冲突。具体来说，地学的研究对象有如下几个特点。

（1）时间与空间的大尺度性。从时间上来看，地球从诞生到现在大约有 46 亿年的历史，相形之下人类社会的出现只不过是一瞬间。从空间上来看，地球是一个具有 6300 多公里半径的巨大的椭圆球体，用肉眼很难观察到它的全貌。已经发生过的地质过程及其产物大多数情况之下不能被直接观察或全面研究，这就给理论的可检验性、重复性、普遍性等要求带来了难以满足的遗憾。

（2）运动过程的混沌性。即使我们把时间与空间锁定在一定的范围，也未必能够十分精确地再现过程的全貌。地质过程和地质现象的发生，既不是绝对确定的，也不是完全随机的，而是介于上述二者之间的一种混沌过程。如果地质现象是完全确定的，那么我们就可以像拉普拉斯那样充满自信，精确地计算出地球运动的每一个细节。然而，事实上情况并非如此。如果地质现象是完全随机的，那么我们不如干脆就宣称地球运动是一个绝对无序的领域，把它划归为康德的不可知的"自在之物"的范畴。然而，这无异于否定了地球科学。地质过程是一个混沌过程，其中大量不确定性与随机性背后总会存在某些主流倾向或主导方向。这些主流倾向或主导方向正是地学假说所要揭示的内容。

（3）作用机制的非线性。非线性是相对线性而言的。线性在数学上对应于一次方程或直线，即简单的比例关系，而非线性在数学上对应于二次方程或高次方程，几何图形上表示为曲线或曲面，即较复杂的关系。从因果关系的角度来讲，单因单果的简单作用，可以称为线性的作用；但复杂的因果作用，如单因多果、多因单果、互为因果、多因多果等，则是非线性的作用。这种非线性作用在地质运动过程中是大量存在的。例如，我们研究某一地质现象的成因，其作用机制往往是多样的、复合的甚至是叠加的，这就使单一的理论在解释上存在困难。通常有这种情形，即同时存在相互竞争的理论，从不同的角度进行互补，如此一种地质现象或者过程，才能得到较为完满的说明。

上述三个特点，即时空的大尺度性、过程的混沌性、作用机制的非线性，使地学理论在检验的可行性、涵盖的普遍性、解释的唯一性方面受到了挑战。地学理论不像物理学与化学那样，由确定不移的定律作为研究的基础。物理学中的能量守恒与转化定律、物体运动三大定律、万有引力定律，化学中的元素周期律等，都是确定不移的、普遍的、重复再现的规律。这些规律构成了物理学和化学研究的纲领。但地学从近代开始就没有出现过这种大家普遍接受的研究纲领，而出现的是各种各样充满争议的假说。地学假说的出现，是由地学的研究对象的观察的不确定性、过程的不明朗性、作用机制的非单一性的诸多特点所决定的。地学假说的出现具有必然性。

二　地学假说的运行特征

面对新问题而提出的科学理论最初都具有假说的性质，它们的真理性如何还有待于进一步检验。假说是人类的认识接近客观真理的方式。恩格斯在《自然辩证法》中指出："只要自然科学在思维着，它的发展形式就是假说。一个新的事实被观察到了，它使得过去用来说明和它同类的事实的方式不中用了。从这一瞬间起，就需要新的说明方式了——它最初仅仅以有限数量的事实和观察为基础。进一步的观察材料会使这些假说纯化，取消一些，修正一些，直到最后纯粹地构成定律。"恩格斯在这里指明了假说的提出、检验和发展的运行机制。地学假说除了上述的一般运行特征外，还有自己本学科的独到之处。

（1）思维方向的分歧对抗性。在地学理论中，对同一地质现象成因的规律性解释，常常遵循着截然相反的方向。思想的分歧往往形成对立的学派，而学派的对峙往往把地质学家卷入相互碰撞与争议之中。水成说与火成说思考问题的方向是这样相反，以至于人们不得不断言"水火不相容"。虽然德国地质学家维尔纳是水成说的代表人物，但早在他之前，英国伦敦格雷山姆学院医学教授伍德沃德，就强调水在形成岩石层及岩石中的化石的作用。伍德沃德认为，大洪水把地球冲得土崩瓦解，而我们现在看见的地层都是由混杂的东西沉积而成。虽然拥护水成说的学者大多扬弃了伍德沃德的神学见解，但围绕着对水的作用的强调，可以引出早期水成派地学思维的几个方向性问题。①水是改造地表的主要力量。②由于水成与水灾相契合，水成论容易导致灾变论。③水成论由于与《圣经》大洪水相契合，容易只注意地球几千年的短暂的历史，忽视地质演化的长期的时间因素。④由于上述原因，容易得出古今不一致的结论。显然，这四个方向正是其他学派所极力反对的。以赫顿为代表的火成论，与水成论是针锋相对的。围绕着火成论，也可以引出四个方向性的问题。①内热在地层形成中起重要作用。②熔融岩石的冷凝需要很长的时间，由此易导致渐变论。③地质形成过程是极为漫长的，在时间上几乎没有起点，也没有终点。④由于上述原因，容易得出古今一致的结论。这样，在水火之争中就蕴含着地学思维的基本对立，即水成与火成、灾变与渐变、瞬间与长期、非将今论古与将今论古。这些斗争凝聚了地学思维的锋芒，并规定了地学思维的发展方向。

（2）理论内容的互补旋回性。正如唯物辩证法所揭示的宇宙的根本规律那样，矛盾的对立面具有同一性。地学上对立的假说，也存在内容的互补性。任何单一的地学假说都不能完整地说明地质运动机制的全貌，唯有从相反的方向入手，才能弥补己方的不足。赫顿承认水对地质形成的作用，他认为海岸边的许多含有石砂泥土的岩层，是由于河水把山上风化的碎屑冲到海里积累而成的。不过赫顿更强调的是地球内热的作用。赫顿把地壳的垂直运动看作地球上各种作用的成因，这种观点在槽台说中得到了进一步的贯彻。而 20 世纪的地学理论中出现的大陆漂移说、海底扩张说和板块说，都是对垂直运动式的"固定论"的挑战。但我们细加分析可以看到，虽然"活动论"以强调地壳的水平运动为主，但实际上还是容纳和整合了地壳垂直运动的内容。在大陆漂移说和板块说中，巨大块体的分裂与撞击是垂直沉降与上升的原因，而海底扩张说则认为地幔物质从大洋中脊垂直上升，然后向两边扩展，是推动大陆水平漂移的原因。显然，垂直运动与水平运动不是决然对立的，而是相互依赖、相互转化、相互补充的。不仅如此，新旧假说之间有一种内在的继承和契合关系，新的假说可能会容纳和诠释旧的假说，使理论的发展出现旋回性。例如板块说提出之后，西方有些地质学家力图把地质时期地槽的发育与现代板块的活动统一起来，把它纳入板块构造的模式中。运用现代板块活动来推论古代地槽的发育，体现了地学发展过程中向旧理论发掘的旋回性，也是更高级、更大规模的将今论古。

（3）检验方法的多样复合性。检验假说的方法是观察与实验。通常，当大量的经验事实与理论的概括与预测相吻合时，人们会认为理论受到了检验或得到了证明。例如，万有引力定律、氧化燃烧说都可以千万次地被经验的事实所重复证明。但地学假说的检验往往非常困难。一种地质过程往往是宏观层面的不可重复的自然演化过程，其时间与空间特性都不可能绝对重复再现，因此地学假说的检验方法往往不是直接的，而是间接的。地学假说的间接检验过程中，需要采取多学科、复合性的方式。科学家们通常要综合使用数学、物理学、化学、生物学、天文学、气象学、大地测量学、海洋科学等各方面的知识，通过逻辑推理与科学实验的不同途径，采取比较与分析、类比与想象、抽象与理想化、归纳与演绎等多种多样的方法。正像专家们指出的，现代地学的发展必须吸纳新兴科学的方法，如系统科学方法、非线性动力学方法、不确定性原理方法、模糊数学方法、耗散结构理论方法、突变论方法、协同论方法、自组织理论方法等。例如，魏格纳为了检验自己提出的大陆漂移假说，提出了五个方面的论证：①地球物理学的验证；②地质学的验证；③古生物学和生物学的验证；④古气候学的验证；⑤大地测量学的验证。这样大陆漂移说才逐渐为大多数地质学家所接受。

（4）结果确认的长期曲折性。从地学史的发展状况来看，地学假说的证明与证伪都非易事，一个理论的确定性检验具有长期性和曲折性。换言之，一个具有解释力的地学假说被提出来之后，在相当长的时间内，既不能证明，也不能证伪。之所以不能证明，是因为支持假说的证据是有限的、不完备的。之所以不能证伪，是因为相反的证据也是有限的、不完备的。例如，地质过程的逐渐演化的证据并不能绝对排斥突发性的地质现象产生的真实性；而某些灾变的证据也不能决然否认地质过程相当漫长的逐步演化的事实。这样就出现了一种特别的现象，即地学上对立的假说，可以在对立中同时并存。这种局面出现的另一个重要原因是，人类社会实践在时间上与地质演化相比，显得太为短暂。二三百年的科学观察与实验过程不足以充分地说明几十万、几百万甚至上亿年的地球演化中存在的真实联系。某一历史时期，某一种科学实验的结果似乎有力地驳斥了某一种假说，好像该假说应该被驱逐出科学理论的殿堂，可是又过了若干年，到了另一时期，那种已显得陈旧的假说又重新复活，并且因与新假说结合在一起而生机勃发。可以这样断言，地学假说的证明或者证伪并不存在一次性判决；迄今为止，我们还不能简单地宣称某种重要的地学假说已被完全证明或者被完全驳倒。

三 地学假说的重要作用

地学假说是地学家们进行创造性的研究，提出新看法、新理论的重要方法。假说的提出不仅涉及理论上的创新，而且涉及学派的形成和发展。无论是作为思想形式还是作为社会形式的地学科学，都与假说的形成与发展息息相关。

（一）解释新经验、新事实的有效性

地学假说的功能首先在于它解释新的地质现象的一致性和有效性。前面谈到，地质现象的内部过程或者宏观联系，使单凭人自身生理条件的直接观察受到了束缚：如果被感官的有限时空形式所局限，人们将难以获得关于地质现象的整体性的知识。于是，伴随着理论思维的跃进，通过提出一个假想性的理论，来有效地组织经验，对研究过程中出现的大量的、复杂的事实做出一致性的解释或者说明。这样，看起来毫无关联的现象就有了秩序，杂乱无章的过程就有了法则。以板块学说为例。板块学说继承了大陆漂移说的思想，改变了传统的垂直运动的观念。展现了大陆有分有合、大洋有生有灭的宏伟图景，对地球演化过程中出现的大量的复杂现象做出了统一的、有力的说明。既然大陆在大幅度地移动，海洋也在不断地更新，那么其中的地质构造、地震、岩浆活动、地磁、地热、重力等及在地壳上的地貌、气候、水文、植被、动物群等也将受到这种地壳水平运动的制约。岩石圈的不连续性、深断裂圈的切割，使与大地构造运动相关的大量活跃的地质过程主要发生在各个板块相互连接的边缘上。喜马拉雅山的形成与起因可以归结为印度洋的张开；阿尔卑斯山的升起与大西洋的张开有关；非洲的北移导致希腊、意大利的强烈地震；日本与中国台湾的多地震现象可能与东太平洋板块的移动有关。

（二）提出新思想、新观点的创造性

地学假说表现了地学理论的创造性思维特征。一个新的假说，体现出一种新的思维模式、一种新的思想或者新的观念，从而为地学的发展开拓出一片新的天地。有人把地学称为"野外科学"，意思是指地质研究离不开直接的观察；但地学理论的形成决不会囿于观察，而是借助于猜测、想象、直觉与灵感的作用，从现象到本质，由个别到一般，先外部再内在，用创新性的理论，去把握事物的全体或宏观趋势。在一个新理论提出的过程中，科学想象是十分重要的。科学想象是推测现象的原因与规律的创造性性思维活动，在地学研究中，当经验材料不充分时，

借助于科学想象，就可以在有限的事实的条件下，先行提出尝试性的解释，然后再对这种解释进行验证。这就使地学思维仿佛插上了翅膀，能突然飞跃到一个新的理论平台。不借助思维的想象，我们就是看一千次、一万次世界地图，也难以产生大陆漂移的观念。当然，科学想象并不是主观幻想、胡乱推测与任意构思。地学想象的展开是以地学背景知识为基础的。想象的多寡优劣，取决于研究者已有的经验和受过的训练。具有丰富知识和经验的人，更容易产生科学的猜想和独到的见解。在地学理论的发展史上，创造性想象是由著名的地质学家、科学家提出来的；因为他们具有丰富的知识和经验，依靠创造性的想象和其他方法，能获得重大的理论上的突破和科学上的发现。

（三）形成新学派、新阵营的驱动性

地学假说具有巨大的凝聚力，它是地学学派、阵营形成的基础。围绕着某位领袖人物或者核心人物某一学派内可以集中一批地学家，他们一面与对立的学派、阵营进行争论，一面不断地修正、丰富和发展自己的理论。学派的形成使地学家有了归属感。一种假说就是一面旗帜，它可将众多的思维方式一致的科学家团结在一起，凝聚成一种科学研究的巨大力量。学派还给年轻的科学家提供保护的土壤，准备研究的条件，并指出工作的方向。英国地质学家莱伊尔所著的《地质学原理》，为"渐变论"这一学派的形成奠定了基础。莱伊尔打破了当时传统的自然科学中形而上学的一个重要缺口，创造了地质科学中的现实主义的方法论，坚持用地球内部运动来说明地质的变化，被公认为近代地质学之父。莱伊尔的学术观点被发扬光大，后继有人，并使很多地质学家纷纷归化到莱伊尔学派的阵营之中。

综上所述，科学假说与地学理论的形成发展是息息相关的。地学假说是地质科学之树上的灿烂花朵，是地学理论发展的不可磨灭的里程碑。深刻地理解地学假说的意义和作用，对于全面把握地球科学的研究方法和研究规律，一定能产生积极的作用。

参考文献

赵鹏大：《地质学的定量化问题》，载《地质科学思维》，地震出版社，1993，

第 49 ~ 57 页。

　　殷鸿福：《思维的定势化问题》，载《地质科学思维》，地震出版社，1993，第 111 ~ 119 页。

　　於崇文：《地球科学中的一些科学思想与哲学观点》，载《地质科学思维》，地震出版社，1993，第 132 ~ 143 页。

　　游振东：《均变论沉思录——写在莱伊尔"地质学原理"发表 160 周年》，载《地质科学思维》，地震出版社，1993，第 104 ~ 109 页。

　　杨巍然：《地学"开合律"》，载《地质科学思维》，地震出版社，1993，第 207 ~ 216 页。

　　郭令智等：《从固定论到活动论》，载《地质科学思维》，地震出版社，1993，第 165、167 页。

　　郝东恒、白屯：《地球科学系统观和方法论》，中国地质大学出版社，1998，第 53 ~ 60、130 ~ 133 页。

　　张巨青：《科学逻辑》，吉林人民出版社，1984，第 125 ~ 153 页。

　　高之栋：《自然科学史讲话》，陕西科学技术出版社，1986，第 554、560、569、593、859、873、878 页。

地球科学表达方式的特殊性研究[*]

陈易芳^{**}

内容摘要： 每一门科学都需要有一种方式把自己的研究内容和成果表达出来，而各门学科由于研究对象和内容不同，表达方式也会体现出自己的特点。表达方式从被表达对象的特殊性出发，采用多元化的方式把对象尽可能充分地表达出来，以达到主观同客观相一致，同时使表达出来的东西能够为公众所接受。本文以地球科学的表达方式为研究对象，从内容的特殊性、形式的特殊性以及语言的特殊性出发，探讨了地球科学表达方式的特殊性，同时地球科学表达方式的特殊性又反过来强化了地球科学学科性质的特殊性。

在众多的自然科学中，地球科学具有自己的特殊性，地球科学学科的特殊性也决定了其表达方式的特殊性。早在 100 多年前，恩格斯通过研究不同学科的物质运动的特征和方式，洞察到地球科学的物质运动有所不同。他指出"在地球表面上是机械的变化（冲蚀、冰冻）、化学的变化（风化），在地球内部是机械的变化（压力）、热（火山的热）、化学的变化（水、酸、胶合物），以及大规模的变化——地面凸起、地震等等"[1]。地球科学表达方式的特殊性主要体现在表达内容的特殊性、表达形式的特殊性和表达语言的特殊性上。

———————————

　*　本文由笔者硕士学位论文选编而成。

　**　陈易芳，中国地质大学（武汉）科学哲学专业硕士研究生。

一　地球科学表达方式内容的特殊性

地球科学派别林立，但永远是假说，且它们不可能被完全证实。魏格纳的"大陆漂移学说"只能在想象中实现，板块学说的力源问题不能确证；"金钉子"只能给出地球某个时期的时空界限，不能证明全球时空发展状态（是膨胀的还是收缩的）。下面从几个地球科学的假说的例子中说明地球科学表达方式内容的不可重复性和假说的多样性。

（一）　内容的不可重复性

地球科学表达内容在本质上是以"假说"的形式存在的。但地球科学的假说难以被证实，并且不管这些假说正确与否现象都不可能再现。这是地球科学假说表达的特点，而其他自然科学中的假说却是可以反复被证明的，如化学中的"燃素说"被法国化学家 A.L. 拉瓦锡以他的燃烧作用的"氧化学说"推翻，且在以后的实验中，"氧化学说"不断被重复。魏格纳的"大陆漂移假说"是对当今地球呈现状态的解释，它的简要观点是在古生代时是全球唯一的"泛大陆"，于中生代时开始分裂，轻的硅铝质大陆在重的硅镁层上漂移，逐渐形成处于现今位置的各大陆。下面以"大陆漂移说"为例说明地球科学表达内容的不可重复性。

"大陆漂移说"的提出，主要是因为它有以下四个主要方面的证据。（1）大西洋两岸构造呼应。在地形构造、岩石特点、地层结构特点上美洲和非洲、欧洲遥相呼应。例如，分别分布在北美纽芬兰一带的褶皱山系与西北欧斯堪的纳维亚半岛的褶皱山系相对应，都属早古生代造山带，非洲南端和南美阿根廷南部晚古生代构造方向、岩石层序和所含化石相一致。（2）大西洋两岸的海岸线相互对应，特别是巴西东端的直角突出部分填补上非洲西岸呈直角凹进的几内亚湾，形式上互补。（3）石炭纪－二叠纪时的冰川遗迹。冰川作用广泛发生于印度、澳大利亚、南美洲、非洲中部和南部。除南美洲之外，这些地区是处于热带或温带地区的。与此同时，在北半球，晚古生代冰川遗迹在印度有确切的证据显示存在，但在北半球的其他地区并没有此类现象，却有大量的暖热气候生物化石。（4）相邻大陆古生物群具有亲缘关系。特别是大西洋两岸古生物群具有亲缘关系的可能性比较大。生存在微咸水或淡水中的爬行类动物——中龙，其化石被发现主要存在于石炭 - 二叠系的地层中，并且巴西和南非地区均含有这种化石，而在迄今为止的研究中并未在世界上其他地区发现。再如寒冷气候条件下常见的舌羊齿植物的化石广泛分布于石炭 - 二叠系有着各不相同的气候带的南美、非洲、澳大利亚、印度、南极洲等地。由此可以推出，上述证据证明各大陆在石炭纪 - 二叠纪时曾互相连接，很可能就是一个统一的大陆。

虽然有人说"大陆漂移说"得益于实践和理性思维，包括在 20 世纪 50 年代发展的在海底广泛应用的古地磁测定与地球物理勘探技术。但无论人类的知识和技术如何发展，"大陆漂移说"都永远是无法实证的假说，只能是不断的理论发现、技术更新、实践勘探使"大陆漂移说"得到越来越多的支持。

按照大陆漂移说，大陆漂移经历了一个漫长的过程，这个过程仍在继续，不可能再从头开始，也不可能重复，同样也不能被验证。只要出现相反的事例，大陆漂移说的结论就有可能被否定。

（二）假说的多元性

不管正确与否，假设也只是对客观事物有条件的、相对的、近似的反映，而并不是一成不变的、永恒正确的终极真理。这是因为，人类总是通过由个别到一般、由片面到全面、由特殊到普遍的途径来认识客观世界，把从个别对象或部分中所得到的认识归纳上升为一般性的知识。由于在根据自己现有的知识归纳概括假说时，人们不可能得到关于一项事物的所有问题的所有方面的所有资料，也不可能把握所有问题的所有方面，所以虽然得出的结论有一定的可靠性、正确性，但它也有可能存在一定程度上的片面性、错误性。

地球科学表达方式在内容上又体现出多样性的特征，即往往对同一现象存在多种假说。虽然其他自然科学中也会存在假说，但都不会像地球科学一样对于同样的问题同时存在不一样的假说。物理学中，伽利略在比萨斜塔上做了"两个铁球同时落地"的实验，从而推翻了亚里士多德"物体下落速度和重量成比例"的学说，而伽利略的实验结果不可能与亚里士多德的学说同时存在，只能是一个命题推翻另一个命题而被人接受。而对同一问题做出两个完全相反的假说的情形在地学中却是可能的，并且这成为地球科学表达的一个特点。下面以月亮起源和太阳系的形成为例说明地球科学表达方式内容上的多样性。

1. 关于月球起源的多种假说并存

地球的天然卫星是月球，其质量相当于地球质量的 1/81，而太阳系中绝大部分卫星与其主星质量之比小于 1/1000，地月系统角动量异常大，偏离太阳系较为标准的动量 – 质量分布；月球亏损挥发性元素和铁元素；地月系统氧同位素组成一致；月球形成早期存在岩浆洋等。任何关于月球起源的理论都应解释以上月球的特征。"共增生说""捕获说""分裂说""大碰撞假说"都从不同方向为自己提供了证据。

"共增生说"是依据共增生理论提出的，认为围绕太阳公转的多数星子群在接近地球时，与其旋转方向相同，由于质量各异、旋转速度不同而形成星子相互撞击的局面，从而形成了原始月球星子群，这是月球的旋转方向与地球相同的原因，初级状态的月球会通过捕获围绕太阳运行的星子使自身质量急速变大。研究认为：在地球质量是当今质量的 1/2 时有两三个原始月球胚胎，这些原始月球胚胎最终结合成月球。共增生理论认为星子碰撞产生的势能转化为热能从而导致月球岩浆洋的形成，造成月球上的大部分面积有熔融，但同时也会与热能释放过程形成矛盾，因为月球形成的碰撞作用时间长，热能释放是逐渐完成的，所以推断出形成月球岩浆洋所需要的热能还有其他来源渠道。

"捕获说"是依据捕获理论提出的，认为月球最初只是在太阳系某个位置围绕太阳旋转，与地球没有任何联系，由于突发情况月球的轨道发生了变化以至于离地球越来越近，从而被地球强大的引力所吸引，这样月球便成为地球的一个现在状态的天然卫星。在银河系中，小行星被其他天体捕获并成为后者的一部分是一种普遍现象，现在行星都有自己的卫星就是一个很好的说明。地球是在不断捕获向原始地球飞来的小天体的过程中形成起来的，而月球是在比这些小天体都比较晚的时间被捕获的，即在地球原始大气逸散初期被捕获的，当地球原始大气消失后，月球的运行轨道逐渐缩小，月球的离心倾向是月球成为地球的一个卫星而不是被地球"吞掉"，后来的地球几乎再也没有俘获其他小天体。依据天体运行论，如果有其他的小天体飞撞向地球就会被地球吞掉或是飞向月球，而不是像月球一样成为地球的卫星，所以一直到现在地球只有一个月球这样的卫星存在。

"分裂说"是依据分裂理论提出的，认为地球外形的几何形状不断增大，一直到地球某个连接薄弱的地方分裂，分裂出的一部分形成了月球，此后地球又逐渐地恢复，月球轨道的变大是由地月的潮汐作用引起的；在解释月球与地球有着相似衰变铁元素和氧同位素时，是说月球其实是地球核幔分异后分裂出去的地幔部分。另外，在解释月球形成之前的亏损挥发性物质时，是说地球分裂的物质形成的碎片盘之间的碰撞使挥发性元素挥发。

"大碰撞假说"认为卫星大小的星体撞击原始地球，抛射出许多贫铁地幔物质，月球就是由这些撞击抛射物形成的。目前大碰撞理论是月球起源的主导理论，得到"星云说"及模拟实验数据的支持。

阿波罗计划前后，月球研究者针对月球起源提出的共增生理论[2]、捕获理论[3]及修正的分裂理论[4]，都不能独立解释月球的全部特征。

2. 关于太阳系起源的假说

太阳系的起源问题存在很多未知数，从 18 世纪起，关于太阳系的起源问题，学术界先后出现的假说至少有几十种，但有几个得到共识的假说在科学技术进步的同时也逐渐展现在人们面前。

18 世纪中期，法国科学家布丰（G. Buffon）提出了"灾变假说"，认为类似大天体彗星强烈碰撞太阳形成了行星。这是首个关于太阳系形成的灾变假说，其后突变假说也曾被提出过，且 21 世纪初还有人提出，但方法学上的缺陷造成理论的不成功：其一，太阳系和行星的所有特征，即两者的化学组成（同位素、星球年龄、行星质量占整个太阳系的比例等科学现象）特征表明两者的共同起源问题；其二，行星的形成是一个有规律可循的过程，而不是带有偶然性，此理论的不成功在于忽略行星形成的规律性。

"康德－拉普拉斯假说"是德国学者康德（I. Kant）于 1775 年提出的，是现在普遍认为更具有科学意义的。康德假说的前提是，宇宙形成初期的物质是以质点的形式均匀弥漫在宇宙空间内的，而后来以一个质点为中心的强万有引力的作用使质点凝聚成一个原始云状态，同时物质也开始旋转起来，而这个强万有引力中心之一便是太阳，继而，环绕太阳运动的尘埃云组成了行星。法国数学家拉普拉斯（P. S. Laplace）完善并给康德假说以数学基础。因此，这个假说在后来被称为康德－拉普拉斯假说。按照拉普拉斯的说法，最初存在处于万有引力作用下旋转着的和收缩着的气状星云（前不久，英国天文学家赫歇耳〔W. Herschel〕发现了这种星云），星云中有一个凝聚中心，后来演化成太阳。随着旋转和收缩的加强，星云团成了扁的形状，并分出了环，环进一步形成凝聚中心——未来行星的胚胎。卫星以类似的方式在行星周围形成。最初，行星和卫星都应该是炽热的气球，只是由于后来的冷却，才有了壳并成了固体。因此拉普拉斯的宇宙假说（注意不是康德）属于"热"宇宙假说。

"摩耳顿－张伯伦假说"是美国天文学家摩耳顿（F. Muhon）和地质学家张伯伦（T. Chemberlen）共同提出的能够解释星子的概念。按这个假说，从太阳分出气体是由行经太阳附近的一颗天体的强大引力作用造成的，然后在凝聚中形成微星，继而进一步形成小行星、行星。太阳系的一个特征参数是其转动惯量的分配，惯量由产生它的物体距太阳的远近和该物体自转的速率决定。由太阳和行星具有共同起源可以得出结论：占整个太阳系全部质量90%以上的太阳也应有最大的转动惯量。但实际上行星，巨行星，如木星却占有总转动惯量的98%，这是因为太阳的自转很慢，它只占有总转动惯量的2%。经典形式的康德－拉普拉斯假说不能解释这个矛盾现象。在20世纪初人们开始寻找代替的假说，英国天文学家琼斯（J. H. Jeans）的假说就是其中之一。他回到了布丰的观点，不同的是他认为组成行星的太阳物质不是彗星撞击的结果，而是太阳中的物质被另一个行经太阳附近的星球吸引出的结果。

"太阳俘获气－尘埃－流星云的假说"是苏联学者施密特为了走出运动惯量分布问题的死胡同提出的，这种太阳俘获气－尘埃－流星云在后来凝聚成了行星。施密特的学生们提出原始行星云凝聚过程的模型是为了继续发展施密特假说中重要的肯定成分。后来的行星及其卫星是经过原始行星进一步的凝聚形成的。由于他们不像拉普拉斯那样认为星云物质初始是热的，所以施密特的假说与康德假说一样也不像拉普拉斯的学说那样属于"热"宇宙假说，而是"冷"宇宙假说。

尽管康德－拉普拉斯假说仍有许多具体问题不能解决，但其形成和演化的思想逐渐被天文学的发展所证实。尤其是在1859年德国物理学家吉尔霍夫和德国化学家本生创造出光谱分析法以后，学者们便开始对恒星上存在的元素进行分析。分析证明，各种不同的天体构成元素相同，而且通过光谱分析还可以比较出它们所处的不同发展阶段。天体形成和演化的观点从而被确立下来了。

多种假说同时并存是地球科学的突出特征，也符合康德"二律背反"理论。这是因为如果有人提出了一个假说，它就会获得越来越普遍、越来越多样、越来越精确、越来越新颖的经验事实的支持。地球的演化是一个不可逆的过程，假说不会受到一些"硬"的经验事实的反驳。但人们会为了验证此假说的有效性和正确性，主动地寻求一些新的假说，同样地，这个假说也能解释同样的现象，从而就造成了不同假说长期对峙的局面。由于地球科学研究对象的不可逆演化过程使人很难从中选出一个最优秀的，即使有可能被淘汰的假说，在若干年后的地球科学知识的不断完善中也有可能复活。通过直接的经验验证假说几乎是行不通的，假说与直接实践无法同时进行，事实上，间接地检验会更有效，但这是个多学科复合式的检验过程，多学科会造成结果确认的延误，所以假说并存也就在所难免。这也体现了地球科学表达内容的多样性。

二 地球科学表达方式形式的特殊性

地球是有形的，从某种意义上讲，地球科学也是关于"形"的科学。地球科学在表达时常常会用到各种图表、地图、图像等，反映了地球实体的空间特征。

地球科学中的地图是空间实体的符号化模型，是展现地理实体的主要表现形式。还有一种方法采用直观的视觉变量（如颜色、灰度和模式）表现一定空间内各实体的位置特征，这种方法同符号化的方法不同，但也是空间实体的一种表现形式，是一种模型表现形式。这种模型通常会把要表现的空间区域划分为规则的几何图形（如正方形、长方形），然后再根据这些规则的几何图形的空间变量的特征相应地用直观视觉变量表现出这一区域的空间特征。

地理学中的地图是沟通外部自然和人脑的媒介，它是人类多角度、全方位地感知外部自然的重要工具。它在人类的生活中无处不在，被人类拿来展现自己所经历过的空间与地点。从历史的角度看，地图不单单是人类生活、生产过程的总结，还是历史中的某个时刻的静态图像。

生物学中很多知识也有运用图表的方式表达出来，这种表达是把大量的文字表述转化为形象的图表信号。生物界是错综复杂的，大部分知识很难用言语表达出来，所以生物学中的图表不但是文字解释的一种简单表现，还是复杂的生物学知识的略图表现，就像植物光合作用的略图并不能算是光合作用的完美表达，但起到表达这一事实的作用，然而这种图表只能算是示意简图。

空间性体现在以下两方面。（1）空间性在构造地质学中的表现。在研究地球表面或内部构造的学科中，用图形或模型的表达方式有助于达到充分表达研究内容的效果。构造地质学是以地质构造为研究对象，探索地壳结构和地壳运动发展演化的地质学基础学科。主要研究这些构造的几何形态、组合形式、形成机制和演化过程，探讨产生这些构造的作用力的方向、方式和性质。为求表达形式与表达内容一致，会运用模型或图形表达地质构造的几何形态、演化过程。这使我们能够对其发展、演化等过程做出种种推断和解释，并预测以后发生的地质现象或可能的地质事件。利用三维数字模型能清楚地研究许多地质现象，还可以方便修改或调整数据，模型的直观性可以直接被利用在研究工作中，这给地球科学研究带来极大的便利。

构造地质学利用数据库、图形动画及多媒体等技术，以三维地质模型的形式形象生动地展示地质现象和地质构造运动过程，对于一些较重要的、较难理解的或较难说明的地质过程设计出形象生动的动画、三维模型等，这是空间性在构造地质学中的表现。现在这种方式也被应用于构造地质学基础课程的教学中，正是利用了表达形式的空间性才使学生能逐渐进入学习领域，调动学生学习的主观能动性，更能使学生真实体验研究领域中的科学探索，有助于达到构造地质学表达的效果。

现代构造地质学的观测范围已不再是人们肉眼所及的宏观或细观的视域，一方面充分利用现代航天技术和遥感技术，利用其航空照片或卫星照片，以地球以外的视角从全球范围或从地球乃至整个太阳系的角度认识构造形迹的总体以及各部分之间的关系。另一方面利用了光学发展的前沿科技，从细观的角度，构造变形和变质是如何影响岩石构造、矿物结构和晶体结构的问题已经通过显微镜、电子显微镜和 X – 射线技术认识到。奥地利学者 B. Sander 开创了推测构造运动对称特征的方法，通过测定矿物光性要素的空间分布能够得出结论[5]，是最早发现运动的对称性是反映在岩石中组构要素的对称性上的人。

（2）空间性在地球物理学中的表现。地球物理学研究的是地球内部的精细结构与地球物理场的特征，及物质组成和各圈层的耦合，是为了建立深部物质运移与能量的交换、深层过程、力源机制与地球动力学响应及运动学和动力学模型的科学。由于经常会出现具有或过快过慢、或太大太微、或太复杂、或太危险等一系列特征的地质现象，所以地学界日益注重用数字模型分析或用电脑数字模拟这些地质现象，这种模拟也逐渐成为一种最重要的或是唯一的研究手段而受到地学界的广泛重视。目前的三维数字模型已能模拟出河流或海洋中水流的流动与沉积物搬运间的关系，已能模拟出石油的生成及运移等一系列复杂的地质现象。

在地球物理学中地质填图是在野外实地观察研究的基础上，按一定比例尺将各种地质体和地质现象填绘在地理底图上而构成地质图的工作过程，简称"填图"。地质填图的基本工作程序大致为：①收集和研究资料，确定填图单位、比例尺；②根据所布置的路线，进行野外实地填图；③室内综合整理工作，形成一份完整的地质图。野外实地观察资料的获取主要通过人的视觉思维过程和观察地质构造、岩石类型、断层位置等，再进行记录，最后勾绘出具有空间特性的图形。通过观察图形就会很容易看出本地区是否有褶皱、断裂以及它们的程度如何。

地球物理学中"普拉特地壳均衡模型"就是模型应用于地球科学表达中的实例。

1854 年，英国人普拉特（J. H. Pratt）通过观察喜马拉雅山附近的地形，认识到山体物质在相同截面的不等柱体的总质量是不变的，地形越高则它的密度就越小，即在这个柱体的垂直方向上的密度是均匀膨胀的。第二年，另外一个英国人艾里（G. B. Airg）提出另一种假设。他认为地壳可以被认为是较轻的均质岩浆漂浮在均质岩石柱体上，处于静力平衡状态，由阿基米德浮力原理可知，山愈高则陷入岩浆愈深形成山跟，而海愈深则缺失的质量越多，岩浆将向上凸出也愈高，形成反山根。

后来科学家们通过多方面的研究，修正并发展了更为接近地球实际的地壳均衡模型，即以全球来看，即使地球在不断地运动和发展，但地壳仍然是处于静态平衡状态的。

地球科学通过电子地图、虚拟现实和动态的模拟将未知的认识对象表达出来；而地理、生物、化学等学科是把事实具体地表达出来，地球科学的表达方式在表达的角度上与其他学科有着天壤之别。

三　地球科学表达方式语言的特殊性

地球科学理论的陈述语言不同于其他科学的语言，特别是与医学语言相比，具有鲜明的特点，即"或然性"。为什么说地球科学表达语言有或然性呢？因为地球科学研究的理论目标是整个地球科学系统，但一些地球科学现象是通过观察直接得知的，所以地球科学表达方式的陈述语言既有对地球科学现象的表达也有对整个系统的表达。地球科学系统中的有些细节是地学工作者不可知的，因此，表达的假设性很强，这就是为什么地球科学中有这么多假说的存在。以医学为例说明其他自然学科语言的确切性。

医学是以医疗职业为基础、以医疗信息为主题、以医学活动为纽带、以医者一方为主体（医学主体）、以言语交际为中介的经验科学，在与病患交流时，言语的准确性对医者和病患沟通十分重要。医患交际以其人文性质凸显了对言语的依附性，由于医患交际的特性，医学主体在运用语言上就不允许有"可能"等词语存在，更不允许有偏误。向鸿梅等认为"医患双方的沟通存在障碍"[6]是医务伦理错位的因素之一，古代医学之父希波克拉底把医生的言语比喻成他的手术刀，不但可以救人甚至还可以伤人。由此可见，从伦理的高度对医务人员的言语素养提出要求是必要的，同时也提醒医务人员言语有效表达的必要性。

与医学语言相比，地球科学表达语言有许多的不确定性。例如，气象学中的天气预报也不能达到100%的准确；在太空探测方面，2013年3月21日，欧洲航天局在巴黎公布的宇宙微波背景辐射图"几近"完美地验证了宇宙标准模型，在高新科技的利用下，有些地球科学还不能用非常肯定的语言表达，这同样是由地球科学的学科性质决定的。

地球科学在研究地震活动的过程中，会运用卫星热红外遥感技术，因为卫星热红外会测到地震活动引起的地表和底层大气增温、地下热水上涌等现象，但识别地震及断裂活动和预报地震还不能达到满意的效果，因为卫星热红外会受地表地形、云层或气象等的影响。震前是个缓慢和准静态的过程，地震的引起因素介质性质变化也许不明显，这便导致上述观测到的地震前后的物理性质变化无法成为预报地震的依据，因为它们也可能是地震破裂后的现象。由于地球系统的复杂性，出现此现象也是在所难免的。地球是一个活着的星球，经过了46亿年演化到现在的状态，人们不可能仅从认识现存地球事件的结果探索到地球及整个宇宙的所有秘密。目前，不少实地和遥感监测已经证实震前的突增温室气体排放量以及相应的增温现象。但因为地球科学的研究对象是一个统一的系统，必须综合分析观测事实。研究发现由地震引起的地球岩石圈破裂是引起岩石圈以至地幔的气体排放到大气圈中的直接因素，再加上岩石圈－大气圈耦合，震区空气体的含量发生变化，甚至生物圈也会发生变化。地球事件一环扣一环，地球科学在研究过程中不可能考察一个事件的所有地区的情况或一个事件的所有影响因素，所以地球科学在语言的表达上并不能像医学那样用非常肯定的语气表达。

在地球科学中也会出现由一个辅助性的假说为新提出的假说佐证。前者旨在保护新假说的内核不受经验事实的反驳，对保护新理论的确立和常规科学的稳定发展都具有重要的意义。如哥白尼日心说一问世便面临一个大的反例：无法观察到恒星视差现象。为此，哥白尼提出了关于恒星离太阳极远这一辅助假说，这使他的日心说得以同化这一反例，使近代天文学得以建立起来。这一辅助性的假说的建立就具有很大的"或然性"，因此，核心理论或新的理论假说与辅助性假说一起共同构成一种独特的地球科学表达方式。

参考文献

［1］凯德洛夫：《自然科学各学科的对象和相互关系》，刘春林译，上海人民出版社，1995，第 332 页。

［2］Ruskol, E. L., "The Origin of Moon Ⅲ: Some Aspects of Dynamics of Circumterrestrial Swarm," *Astronomicheskii Zhurnal*, 1972, 15（4）: 646 – 654.

［3］Urey, H. C., "The Capture Hypothesis of the Origin of the Moon," in Marsden, B. G., A. G. W. Cameron（eds.）, *The Earth-moon System*（New York: Plenum, 1966）.

［4］Ringwood, A. E., "Some Aspects of the Thermal Evolution of the Earth," *Geochim Et Cosmochimica Acta*, 1960, 20（3 – 4）: 241 – 259.

［5］Sander, B., *Gefügekunder der Gesteine*（Berlin: Springer Vienna, 1930）.

［6］向鸿梅、赵玮、魏赟鹏等：《论医务工作者的医学伦理观》，《中国医学伦理学》2007 年第 20 卷第 3 期，第 120 页。

地球科学逻辑起点研究[*]

王晓侠[**]

内容摘要：地球科学存在逻辑起点，这一逻辑起点是构建地球科学理论体系的基础，而理论体系的构建有四种方法：公理化方法、历史与逻辑相统一的方法、抽象法和还原法。地球科学不能类比其他学科来寻找逻辑起点。在地球科学研究的过程中，难以实现一亿年前的再现，无法通过可重复性来进行研究。而每门学科都有理论体系，理论体系中基础的、抽象的理论就是这门学科的逻辑起点。

一 地球科学逻辑起点的相关研究

地球科学有逻辑起点。教育学众多学者认为逻辑起点具有抽象性、普遍性，能反映学科本质。也有对"逻辑起点"是否存在提出质疑的。在此要思考地球科学是否存在逻辑起点。国内外对自然科学的逻辑起点研究尚浅，没有关于数学、物理学、化学、天文学逻辑起点的成熟观点的相关论文或专著，在生物学中有两三篇关于生态学、微生态学逻辑起点的论述，仅有一篇论述天文学的逻辑起点，而对社会科学相关学科的逻辑起点研究较多，综合多数论述，大多认可任何一门独立学科的研究和发展，都有其逻辑起点。

---

　　* 本文由笔者硕士学位论文选编而成。
　** 王晓侠，中国地质大学（武汉）科学哲学专业硕士研究生。

在现代新学科及其研究领域细分的情况下，杜乐天带着整体性思维力图找到连接各学科的纲，建立一个统一的地球科学。自 1988 年杜乐经过 20 年努力，构建了各主要分支学科的串联之纲（详见图 1）。

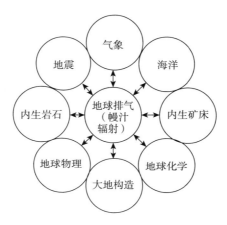

图 1　各主要分支学科的串联之纲（幔汁辐射）

资料来源：杜乐天《地球排气作用——建立整体地球科学的一条统纲》，《地学前缘》2000 年第 2 期。

作为理论体系构建基础的逻辑起点，我们可以从地球科学的学科研究过程及其研究对象的联系中去发掘，这种联系的东西就是我们研究的逻辑起点。杜乐天的发现没有明确指出这个链条是逻辑起点，从图 1 中我们可以清楚地看出，这个链条就是我们所要探讨的地球科学逻辑起点，只是这一逻辑起点缺少与生物交叉的地生物学科。

地球科学学科的研究理论与应用并重，既要寻找自然界的各种规律，又要利用这些规律找到改造世界的方法并付诸行动。笔者认为地球科学的逻辑起点不需要考虑应用这一块，应用涉及将理论作用于实践，参与人的活动，这是经验起点（实践起点）需要讨论的，所以地球科学的逻辑起点的定位仅限于理论方面，这就需要从地球科学发展的历史过程中去探究。地球科学经历了地球科学向地球系统科学、地球信息系统科学发展的过程，"现代地球科学包括地质学、地球物理学、地球化学以及其他有关的学科"[1]。其中任何一门学科的研究对象都不同，都有各自的逻辑起点，它们并不都是地球科学的逻辑起点。虽然同属地球科学，但是它们的研究对象不同，研究侧重点不同，所以不同的逻辑起点所构建的理论体系也有区别，这些不同学科的逻辑起点与地球科学的逻辑起点在历史上是一致的，也就是说地球科学可能有多个逻辑起点，各分支学科以自身逻辑起点构成的理论体系被包含于地球科学的理论体系中；反之，如果地球科学只有一个逻辑起点，那么地球科学的逻辑起点应该同其分支学科的逻辑起点保持一致。笔者基于地球科学的理论体系及其特殊性，利用还原法、抽象法，从宏观和微观来论证确立地球科学逻辑起点的路径，并确定地球科学的逻辑起点。

二　地球科学的理论体系及其特殊性

前人的研究大多认为学科理论体系的构建首先要确定学科的逻辑起点，因为逻辑起点是理论体系中最基础的理论，由逻辑起点搭建的理论体系能够描述已经发生的事实，并能预言未来要发生的事件。而地球科学的核心是系统与物质的时空演化过程及规律。研究地球科学事件，就是研究上帝书写的"圣经"，人们应该先理解这些事件，然后才能解释它们。从地球科学家的研究过程与真理假说提出的背景来看，客观自然与精神自然的融合是地球科学真理的内涵，谁能自圆其说，谁就是真理。由此，导致地球科学各学科学派林立，但永远是假说，且假说不可能被完全实证，造成地球科学这种研究特征的原因，就是地球科学的空间多尺度性和时空演化性，而地球科学的逻辑体系的特殊性也体现在空间多尺度性和时空演化性中。

（一）空间多尺度性

1. 宇观性

宇观性指地球科学研究对象具有宇观性，同时也体现出地球科学的基本概念、基本原理、规律和预见都有这一特殊性。基本概念、基本原理、规律和预见是构建学科逻辑体系的条件。如地球是宇宙空间的一部分，地球科学又是行星科学的专门分支，地球的活动离不开宇宙空间这个大环境的影响，因此地球事件具有一定的宇观性。如恐龙灭绝的"陨星碰撞说"，目前科学界的主流观点认为恐龙的灭绝与6500万年前的一颗陨星撞击地球有关，那次撞击带来了一场大爆炸，爆炸后的大量尘埃被抛入大气层，尘雾长时间地遮天蔽日，导致植物暂时停止了光合作用，恐龙因此而灭绝。而恐龙在生物圈的霸主地位的终结，对地球生物圈演化的影响是显而易见的。

地球科学是在实践需求基础之上建立的科学，有需求就会去研究相应的理论并将理论付诸行动，产生新的理论，继而会出现一系列相关的问题群。在问题群中，有一些是属于基础性的问题，这些问题对应的理论研究就形成了地球科学的基本理论，基本理论包括研究思路、基本概念、研究对象、研究内容、研究任务、研究方法、研究作用和意义等。这些基本理论需要时间慢慢累积，在基本理论中基本概念、定律以及用逻辑推理得到的结论是构成地球科学理论体系的条件。例如，与地球现今活动密切相关的为太阳与月球。如太阳与植物的光合作用，地球自转公转引起的一年四季的变化；同时太阳活动对地球乃至人类活动产生影响，如太阳黑子活动产生的太阳风暴能严重影响地球的空间环境，臭氧层被破坏，无线通信被干扰，人体健康受到危害。月球对地球最典型的影响为地球固体潮和地球表面流体的潮汐变化。

2. 宏观性

地球科学研究对象还具有宏观性。地球科学理论体系中的基本概念、定律以及用逻辑推理得到的结论在一定的范围内都带有宏观性。地球科学涉及的时间与空间范围非常大，究竟多大尺度的时间与空间范围符合地球科学的宏观特性？如果以数千公里作为地球科学的上限尺度，那么，地球圈层结构、板块构造、造山带、盆地、海洋、火山与地震、矿产资源分布等均属于宏观地球科学研究的范畴。地球科学宏观特性的下限尺度则受观测方法精度与客观技术等因素的影响，随着时代的变化，有着不同的内涵。

早期的传统地质学中，人们一般以肉眼能够识别的现象为下限尺度；近代地质学中，人们借助光学显微镜能够观察到更细微的地质现象；现代地质学中，人们借助电子显微镜能够识别到更进一步的地质信息。所以，地球科学宏观特性的下限尺度一直比较模糊，难以确定。

3. 微（细）观性

与其他学科不同，地球科学的微观性应该称为细观性更为准确。对于物理学来说，微观性基本是指分子结构范畴问题。对于地球科学，应从相对角度看待微（细）观性。陈颙院士认为：整块的岩石在地球运动中不可避免地会发生破裂，因此会出现许多间断面，如断层、解理和劈理等，岩体就是由这些大小不一的间断面和岩石构成的。明显的不连续性是岩体的重要特点，因为岩体是在内部的连接力较弱的层理、片理、节理和断层等分隔下形成的。岩体性质（无论是力学、电学还是其他性质）在很大程度上要受到间断面的影响，例如岩体强度远低于岩石强度，岩体变形远大于岩石变形，岩体的渗透性远大于岩石的渗透性等。岩体中间断面的存在，提供了岩石测量的上限尺度[2]。根据这一论述，我们认为岩石微构造与矿物几何结构的尺度属于地球科学的微（细）观性。

这种微（细）观性的特点表现在地球科学理论体系中的逻辑起点上，逻辑起点在整个理论体系中是最基础、最"下限的尺度"，而理论体系的"上限尺度"则表现在理论体系不断逻辑演绎出的理论、规律中。逻辑演绎是学科理论体系构建的依据。任何科学理论都是客观、完整的知识理论系统，理论系统是一个有机的逻辑系统，理论的基本概念和理论论断之间存在逻辑上的必然联系。借助逻辑的规律和法则，我们可以从一些判断中推导出另外一些判断。理论的概念和论断之间的逻辑关系的总和，组成了理论的逻辑结构。所以，科学理论体系是具有一定逻辑结构的体系，其前后理论内在联系、演绎的逻辑结构是学科理论体系构建的依据。

（二）时空演化性

地球已有46亿年的发展历史，从原始地球形成经过早期演化到具有分层结构的地球，估计经过了十几亿年。地球科学的理论体系指因对地球的客观规律的研究和探讨而形成的由概念、判断、推理等逻辑形式构成并反映该学科发展的理论系统。

若以有记载以来的地质作用开始确定地质年龄，人们已经发现地球上最古老的岩石年龄是30多亿年。那么，人类要能够在地球上持续发展，必须深入了解地球几十亿年的时空演化历史。人类对地球系统演化的认识还很肤浅，绝大多数的认识属于模式性的假说。

当今的地球信息科学相对于地球系统科学只是着重点不同，前者重点研究信息的反馈与预测，后者重点研究地球各组成部分所构成的统一系统，它们的理论体系是相同的。地球科学演变至今，内涵渐进丰富，外延逐步扩大。鉴于地球科学的研究和学科自身的特殊性，我们不能以人文、社会、管理、医学方面的学科的逻辑起点探讨方法来寻找地球科学的逻辑起点。笔者认为，确定地球科学逻辑起点应该从纵向历史和横向体系来把握，从宇观、宏观和微观，利用还原法、抽象法来论证。

三　确立地球科学逻辑起点的路径

（一）纵向——历史还原

随时间的变化，认识地球的方式也在变化（见图2），从思辨到理论化，从单一学科研究到学科综合研究，从不科学到科学。

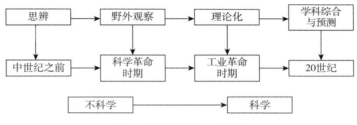

图2　认识地球的方式变化

传统地球科学追溯到中世纪之前，此时人们对地球的认识是经验、猜测性解释。科学革命时期，人们开始实践性探索地球，通过一些证据、实验，来考察、复原过去的事件。如在1687年，牛顿提出地球自转会引起赤道膨胀，结果使地球赤道的周长比经过两极的周长要长，事实证明确实如此；1735年，牛顿认为地球是一个扁状球体，不是一个真正的球体，为了证实这种想法，两支法国探险队起航，其中法国博物学家和数学家查理－玛丽·德·拉孔达明（Charles-Marie de LaCondamine）率领的探险队考察了亚马孙河流。工业革命时期，人们对地球不仅限于描述性的认识，他们开始利用一定的思维方法理论化自己的观点，出版了很多著作，地学的学科在此时也得到了发展，由于学科由综合到分离细化，各学科也开始理性地研究各自的理论体系，此时的地球科学才有科学的苗头。例如：1754年，德国地理学家安东·布什英（Anton Busching）出版《新地理学》，强调测量、事实和统计，成为近代地理学的创立者。20世纪，地学与其他学科的综合，使地学分支更加细化，内容更加丰富，人们利用其他学科如物理、化学的知识，推导了更多的理论、规律，对地球也开始有了预测性的认识。此时的地球科学的发展主要是从地质学开始的，所以它的理论体系的建立应该从地质学的理论体系形成开始。

（二）横向——体系抽象

工业革命时期，整个欧洲地球科学界在英国工业革命、法国大革命和启蒙思想的社会背景下，通过旅行和探险的科学考察活动，将地壳作为直接研究对象。根据从地球表层——地壳所得到的不同信息形成不同观点和学派，学派之争也越发尖锐。由古生物学、地层学（地球历史）、岩石学、矿物学（地壳物质组成）和构造地质理论（地壳运动）组成的地质学体系雏形逐步形成，此时处于传统地球科学研究阶段，所以只有少量的对地球信息的预测活动，大多数是在对地球信息的反馈中不断争论形成统一认知后才会实践后面的预测活动。

从地球科学发展历史分析得出地球科学的发展主要是从地质学开始的，所以它的理论体系的建立应该从地质学的理论体系形成开始。工业革命时期，构建了地质学的体系雏形。在这一体系中，地壳作为直接的研究对象，内容包括地球历史、地壳物质和地壳运动，旨在认识地球的表层构造。地壳是由岩石构成的，岩石是矿物或玻璃的集合体，矿物或玻璃都是地球的物质，是地层学中最小的研究"细胞"，但是它们不是最简单、原初的抽象表达，对它们特性的认识就是对所构成岩石的认识，也是对地壳的了解，所以对地球构造及其物质特性的认识与抽象是地球科学的逻辑起点。

四　地球科学逻辑起点的内容

地球科学逻辑起点的内容是对地球的构造及其物质特性的认识与抽象，"构造"作名词解释为"结构"。地球科学理论体系是围绕这一逻辑起点的内容展开的，地球科学的经验起点，是对地球科学逻辑起点研究的利用。

传统的地球科学理论体系是在人类对地球构造及其物质特性的认识中形成的，地球发展的历史过程起初人类不能够完全认识，经过长时间的经验积累，才能够用地球科学的语言表达出地球的发展历史。随着人类社会的发展，人们认识地球的能力越来越强，如今的地学不仅能够阐明地球历史的发展过程，而且能够预测未来并指导实践。有理论必将带来实践，有实践才有进步，所以需要实践相应的技术手段；同理，理论学科会有相应的应用理论学科和应用技术学科。地球科学是实践性较强的学科，这一学科特点注定它的理论体系的独创性，该体系由基础理论、应用理论和应用技术三部分构成。

基础理论部分，主要是传统地球科学的研究成果，当今地球科学在基础理论部分本质未变，内容是对传统的丰富和深化。应用理论部分，分为两类：一类主要是针对基础理论部分形成的应用理论部分，另一类是基础理论部分内容与其他学科的某些内容的交叉理论部分。应用技术部分，是针对应用理论所实现的研究模式的总结部分，也是当今地球科学的研究方法和模式，与其他学科的不完全相似。地球科学理论体系的应用技术部分主要是数据的采集、分析和处理，模型的构建、验证和预测，这部分的内容主要来自观测（地面、遥感观测）、调查、测量和统计，依据数据进行预测，或者基于处理后的数据建立数值模型，并验证模型的准确度，最终建立准确的模型[3]。

地球科学的逻辑起点是该学科理论体系中基础理论的"中介"，地球科学的经验起点又可被看作实践起点，是知识经验通过人的主观能动性作用于地球的实践活动。它们之间有联系也有区别。

经验先于逻辑。例如，一个对木料的应力没有任何理论知识的木匠在使用木料时，仍可以是一名合格的、精细的木匠。一个电工只要具备电学理论中最基本的知识，就能成功地为房屋布线。人们即使没有掌握可以解释毒性或治疗性的生化知识，也同样可能区分出有毒的草本植物和有治疗作用的药草。这些例子告诉我们，没有对理论定理的认识，通过经验也能够总结一套法则并将其成功应用于实践。同理，即使对地球科学的理论一无所知，对地球的认识所产生的经验，也能够被成功应用。因此，地球科学的经验起点先于逻辑起点产生。

《科学年表》[4]中记载了中世纪之前人们认识地球的程度，约公元前3000年，在比利时和英格兰人们开采燧石矿，是最早的人类对地球的探索，就是人类认识地球的起点。"欧洲最大和最早的古矿集中处"斯皮耶纳的燧石矿，位于比利时埃诺省蒙斯的一个村庄斯皮耶纳（Spiennes），面积达 100 多公顷的古矿展现了露天矿与地下矿之间燧石结核的转变。人类开始用鹿角镐掘出结核，被掘出的岩石，经敲碎后制成粗制的斧形并在广大地区交易，粗制的斧形常常在交易的终点被抛光成斧头，这样就可以更长久地使用。斧头在新石器时代早期被用于清除森林、刻削木头（充当造屋、独木舟的木材），从而这增进了当时人类聚落之间的直接联系。从这里我们可以看到燧石矿是人类与自然环境相互作用以及人类开发利用矿产资源的活动的结果，是人类实践于地球的最早记录。中国在五帝时代（公元前 2600 年～前 2200 年）就有了采炼技术，这是中国实践于地球的最早记录。由上可知，人类认识地球是从矿物岩石开始的，以当今学科分类来看，是从地质学开始的，因为人类早期从事狩猎和农事活动，接触到的就是岩石和土壤，人类为了生存，要同自然灾害做斗争，从而形成了对岩石、矿物等的认识和利用方法，同时也开始对海陆变迁、化石成因等进行思辨和猜测性解释。

由此可知，人们对地球科学的认识是在中世纪以前，从对矿物、岩石的认识和利用开始的。但这些认识尚未形成一种理论，直到约公元前 314 年，古希腊哲学家狄奥弗拉斯图撰写的《石头志》对 70 种不同的矿石进行了分类，书中建立了雅典人在公元前 4 世纪所交易的矿石的目录，内容包括矿石的名称、采矿技术和制造工艺。它可算是对当时地区所认识的岩石和矿石最具系统性的理论论著了，所以地球科学的经验起点是对岩石和矿石的研究和利用，抽象的表达就是对构造研究的利用。

参考文献

［1］柳成志、赵荣、赵利华主编《地球科学概论》，石油工业出版社，2006，第 1 页。

［2］陈题、黄庭芳、刘恩儒编著《岩石物理学》，中国科学技术大学出版社，2009。

［3］廖顺宝：《地球系统科学数据资源体系研究》，科学出版社，2010，第 8 页。

［4］利萨·罗斯纳：《科学年表》，郭元林、李世新译，科学出版社，2007。

地球科学经验起点研究[*]

徐钰钦[**]

内容摘要： 经验起点是研究科学发展逻辑的必要前提和条件。研究地球科学经验起点的意义在于通过建立地球科学与社会实践的逻辑关系，推动地球科学形成一套完整的理论体系，并指导新的社会实践。本文从地球科学的特殊性出发，从历史和现实两个向度，探讨了地球科学的经验起点，并且进一步分析了经验起点同逻辑起点的关系，从而为探究地球科学的发展逻辑奠定了基础。

一 关于经验

关于经验起点的内涵，目前并没有相关的明确定义，要探究经验起点的内涵，首先必须弄清什么是"经验"。

商务印书馆的《现代汉语词典》对"经验"一词的解释为：第一种含义是由实践得来的知识或技能；第二种含义是经历或体验。《牛津高阶英汉双解词典》（第七版）对"Experience"一词的解释第一是其名词含义：实践；经历、阅历；体验；传统。第二是其动词含义：经历、经受、遭受；感受、体会、体验。提到经验，不能不探讨一下历史上的经验主义。英国经验主义创始人约翰·洛克（John Locke，1632 ~

---

    * 本文由笔者硕士学位论文选编而成。

  ** 徐钰钦，中国地质大学（武汉）科学哲学专业硕士研究生。

1704 年）提出"白板说"。他坚信人的认识全部来自对内对外的感觉。法国哲学家德拉美特利（Julien Offroy de LaMettrie，1709～1751 年）继承和发展了洛克的经验论，强调感觉经验是人们一切认识的来源，但感觉不是主观自生的，而是客观对象作用于感官的结果。他把感官比作"提琴的一根弦"或"钢琴的一个键"，它们都不会自己发出声音，都需要外力的"振动"才能发出声响。人之所以能产生感觉，是由于人的感官受到外部对象的刺激。德拉美特利把认识活动的过程比作放幻灯：感官接收事物的影像，脑髓作为幕布，影像就在幕布上放映，人的认识由此产生。

德国哲学家阿芬那留斯（Richard Heinrich Avenarius，1843～1896 年）既不同意把经验看作客观对象的主观映像的唯物主义反映论，也反对把经验看作纯粹的主观内省的唯心主义观点。他提出要对以往哲学的经验概念进行批判，他的哲学被称为"经验批判主义"。阿芬那留斯认为，夹杂在经验概念中的非经验内容包括：有关估价的即人们对对象做出的伦理学和美学评价、拟人化的主观内容、不以人的意志为转移的环境等。要批判经验，必须把这些非经验内容完全清除，使经验成为"纯粹经验"，或"完全的经验"。19 世纪，以马赫为代表的现象论观点成为主流。20 世纪以来，经验主义的主要学派是"维也纳学派"，他们倡导的是逻辑实证主义。维也纳学派主要代表人物有卡尔纳普（R. Carnap，1891～1970 年）、石里克（M. Schlick，1882～1936 年）、赖欣巴哈（H. Reichenbach，1891～1953 年）等，他们拒斥形而上学，试图建立一套理想的人工语言。

历史上的经验论片面地夸大了经验的作用，否定和贬低理性作用。他们的"经验"一词的内涵，多是指感觉、体验等感性认识，这与本文所探讨的经验是不同的。本文中的经验是实践，而不是指感性认识。作为经验起点的实践不是任意实践，而是对科学体系的建立起到关键作用的实践活动。对经验一词含义的界定有很多，但不外乎以下几种。第一，亲身经历和体验的过程。第二，指感性认识，有时也指理性认识。第三，直接观察或亲身参与某种实践，以及通过这种实践获得的知识或技能。可以说经验是一种过程、一种认识、一种知识或技能。我们常常提到的"经验科学"，是指除了数学以外的物理学、化学、天文学、生物学、地球科学等基础自然科学。其中的"经验"就是指通过观察和实验，获得科学知识的一种实践过程。

本文中使用的经验，主要是指第三种含义，即实践以及通过实践获得的知识和技能。所以本文中的经验起点也可以称作实践起点。

二　经验起点

迄今为止，关于科学起点的研究成果较多，关于地球科学起点的研究较少。在相关文献资料的收集过程中，关于"经验起点"的文献有韩钟恩的《音乐审美判断——对音乐审美经验起点的构想与描述》一文。与"起点"相关的文献涉及理论起点、逻辑起点、实践起点等。内容大多是从学科或科学理论体系角度出发来研究起点，尚未见关于地球科学的经验起点的研究书籍或论文。

本文认为"经验起点"就是学科在实践中开始的那个时候和那个地方。

英国哲学家卡尔·波普尔（Karl Popper，1902～1994年）在《科学发现的逻辑》一书中指出，任何科学理论，永远不能被证实，而只能被证伪。比如人们使用牛顿的力学理论长达两百多年，直到爱因斯坦的相对论出现；人们使用欧式几何长达两千年，直到黎曼几何出现。确保永恒的正确性是做不到的。对于概念的认识，也是随着生产力和科学的发展而发展的，要从本质上辨明一种概念，厘清它的内涵，甚至提出一种定义，需要把它与相似的概念进行比较。要想弄清它是什么，首先看看它不是什么。相比较而言，本文所研究的地球科学经验起点，不是技术起点，不是逻辑起点，也不是认识起点。

辨析一：它是科学起点，不是技术起点。

什么是科学？不同的学者可以提出不同的定义。科学是认识世界的学问，但并非所有认识世界的学问都是科学。艺术、宗教、神话也提供对世界的认识，然而它们不是科学。科学是一种追求逻辑性和清晰性的特殊认知方式。它要求观察得来的经验与理论要有一致性。它从多种技术中吸收养分，但又超越了它们，它的核心是理性。在人类漫长的文明史上，科学的来源有两个：第一个来源是人类的好奇心，这是由人类认识世界的内在本质要求决定的，人类需要用系统的方式理解世界；第二个来源是人类的物质生活需要，人类要想利用和支配自然界为自己服务，必须自己制造工具、改进技术和工艺。这两个来源分别形成了哲学家传统和工匠传统，这两个传统共同构成了科学的历史渊源。不同于科学，技术偏重实用性，把知识作为手段而非目的，重视生产和利用。技术往往是应对当前需要而进行研究，其成果一般是具体的物质成果。科学研究的成果一般是非物质的，是某种知识体系或理论。本文所研究的地球科学经验起点，不是技术起点，也就是说，起点不是某种具体技术的应用或者工具的发明，而是为建立科学理论提供了经验积累的实践。

辨析二：它是经验起点，而不是逻辑起点。

逻辑起点是构建理论体系的出发点，与逻辑起点比较而言，经验起点有着与之不同的特征。

第一，逻辑起点是抽象的，经验起点是具体的。比方说，政治经济学的逻辑起点是"商品"这个概念；中医的逻辑起点是"阴阳观"；气功的逻辑起点是"气"；经济学的逻辑起点是"经济人"假设。逻辑起点是比较抽象的概念，而不是具体的事物。本文研究的经验起点是指实践起点，实践是本体作用于客体的活动，它有目的性、有对象性，过程和结果都比较具体。

第二，逻辑起点是不能再分割的"最简单的东西"；经验起点在构成上比较复杂，可能是一系列因素的综合。比如生物学的逻辑起点是"细胞"的概念。经验起点有可能是一次实践活动，也有可能是一系列实践活动共同构成的。

第三，逻辑起点具有普遍性，经验起点具有特殊性。逻辑起点作为学科最基本的概念，是贯穿学科发展始终的，具有基础性、普适性。经验起点是一次或一系列特殊的实践活动，其实践结果对学科创建起到决定性作用，但具有特殊性。

第四，逻辑起点和逻辑终点是辩证同一的；经验起点和经验终点在时间上是不同的、在空间上有一致性。卡尔·马克思（Karl Heinrich Marx，1818～1883年）认为逻辑起点和终点是一致的，是一种螺旋式的循环上升。经验起点和经验终点更类似一种阶梯式的上升。

第五，逻辑起点是理论体系的开端；经验起点可能产生于理论体系之前。作为经验起点的实践要上升到理论直到建立学科体系须经过一段过程。

辨析三：它是实践起点，而不是认识起点。

实践是人类有意识地对社会和自然界进行改造的活动。认识是人的大脑对客观世界的反映。本文探讨的经验起点，是实践起点，而不是感性认识或理性认识起点。

生产实践、改造社会关系的实践、科学实践并称为三大实践活动。地球科学萌芽时期的实践起点，是生产实践。地球科学确立以后的实践起点，是科学实践。

王贵友在《科学技术哲学导论》一书中谈道："所谓科学实践，就是人类运用特定的科学技术手段（科学仪器、工具设备、科学观念、方法、科学概念与理论体系），以现实性、必然性为目的，而进行的尝试性的、探索性的感性认知活动与理论创造活动，是探索科学真理、建构因果决定论概念体系或实证科学知识的、精神产品的生产活动；是把特定科学理论知识转化为技术科学与应用科学知识，而运用于人类社会生活与生产实践，合理地改变自然界的面貌、创造人化自然对象，全面拓展人类社会生活、发展社会生产力，推进人类与自然协调发展的感性物质活动。"[1]

本文所研究的经验起点，不是对自然的直观思辨认识和运用原始技术直接加工自然物获得的人工制品等构成的简单文化因素，而是生产实践或者运用科学手段，为探索科学真理而进行的科学实践。

卡尔·波普尔说过：科学始于问题，终于问题。针对一个科学问题，首先提出假说，接着用演绎的方法推出结论，然后用观察和实验的方法加以检验，这是实验理性的实质。西方实验理性的鼻祖是古希腊数学家阿基米德，他把观察、实验、推理和数学方法结合在一起，奠定了静力学和流体力学的基础。而近代科学奠基人伽利略的实验－数学方法则是对实验理性的发展和完善。经验起点既然是一种实践，它就具备实践的特征，此外，它还要具备作为起点的一些独特性。

首先，经验起点具有开创性。开创性是指作为起点必须是前人所没有做过或没有成功过的实践，它包括有开拓性和创新性的含义。法国化学家皮埃尔·居里（Pierre Curie）和玛丽·居里（Marie Curie）注意到一些铀矿石产生的辐射量比较多，于是对沥青铀矿石进行提纯，发现了放射性元素钋和镭，被授予诺贝尔化学奖。其实验是前人所没有做过的，其发现具有开创性。意大利航海家克利斯托弗·哥伦布（Christopher Columbus，1451～1506 年）发现新大陆的航海活动、葡萄牙航海探险家费迪南德·麦哲伦（Fernandode Magallanes，1480～1521 年）环球航行证实了地球是圆形的都是具有开创性的实践活动。

其次，经验起点具有可检验性。可检验性是指不同的科学家，在不同的时间和地点，在同样的条件下重复某一实践活动，应该能得到同样的观察和实验结果。只有这样，该起点才能得到公众的承认。比如 1660 年，英国化学家罗伯特·玻意耳（Robert Boyle，1627～1691 年）为了证实压强与膨胀成反比的假设，设计了一个仪器，该仪器包含一个能从其中抽取空气的容器，容器内包含着一个小管，小管内装着被水银密封和压缩的空气。当从外面的容器中泵走空气时，小管内被压缩的空气就膨胀了，推动水银运动，充分证实了密封空气的主动弹力。后来的一系列实验，证实了压强减半时，密封气体的体积加倍的假设。这就是著名的玻意耳定律。玻意耳的实验是为了证实科学假设而采用科学方法，利用科学仪器所做的，具有科学性。他的实验具有可检验性、可精确性、可量化性，其他的科学家在相同的实验条件下，可以重复这一实验而使他的结论得以验证。

最后，经验起点具有延续性。延续性是指作为经验起点的实践具有可以作为学科体系的起点，由此可以引出很多具有研究价值的课题。1822 年，美国医生威廉·波蒙特（William Beaumont，1785～1853 年）在救治一名胃部受伤的患者过程中，首次对消化系统进行了研究，并最早证明消化作为一个过程可以在体外独立发生。他于 1833 年出版了《胃液及消化生理学的实验与观察》，引发了此领域后来的研究。波蒙特的研究可以被重复验证，他在消化系统方面做出的贡献，开拓了后继学者的研究道路，具有延续性。

三 科学经验起点

自然科学是研究自然界的科学，它的主要研究对象是物质的结构、性质、形态和运动规律。它主要包括地球科学、物理学、化学、生物学、数学、天文学等基础科学。其中，除了数学以外，均为经验科学。其研究方法主要是利用观察和逻辑推理，引导出对自然界的规律的认识，形成可以反复验证的理论。关于自然科学经验起点尚未有相关的研究成果，但我们可以从对各个学科的产生及发展史的研究中来推测出各具体学科经验起点的大致情况。

首先是天文学。自人类诞生以来，所有的活动都围绕着一个最基本的问题：生存问题。早期的文明就是为了满足人类生存需要而出现的。人们对日月星辰长期持续地观察和记载描绘以确定历法、制定农时、祭祀占卜，使得天文学最早成为一门成熟的科学。我国的《甘石星经》完成于战国时期，是甘德和石申所著。这是世界上最早的一部天文学著作。历史可追溯至公元前 3000 年的英格兰巨石阵遗迹，表明古代人特别注意天文事件的周期性。

天文学最早使用的主要是观察法，与之相比，生物学使用的方法不仅有观察，还有实验和比较。古代的人类为了生存而觅食，进行狩猎和耕种。这往往需要在大量的动植物之中，找到最适宜的农作物或者猎物，于是就需要进行比较和实验。关于动物和植物的知识，就是从食物采集和动物狩猎中累积起来的。位于法国韦泽尔峡谷的拉斯科洞窟，有着完成于一万五千年前的旧石器时代的大量壁画，内容包括牛、马、鹿、狼、熊、鸟与人，形象生动，反映了古代人对自然界生物的观察和描绘。古希腊的亚里士多德（Aristotle，公元前 384～前 322 年）撰写了许多著作，其内容包括解剖学、分类学和胚胎学，为 16 世纪前的生物学研究奠定了基础。他在解剖学中采取的是功能方法，他相信结构和功能的问题总是一起出现的。到了 19 世纪中叶，德国植物学家施莱登（Matthias Jakob Schleiden，1804～1881 年）和动物学家施旺（Theodor Schwann，1810～1882 年）创立了细胞学说，论证了生物界在结构上的统一性和在进化上的共源性，在生物学上起到了奠基性的作用。

在化学方面，燃烧是一种最基本的化学现象，从古代的原始人类发现和利用火以来，就开始了化学方法的运用。希腊有普罗米修斯从天上盗火的神话，中国古代也有燧人氏钻木取火的传说。距今 200 多万年的南非洞穴遗址中，就发现有炭屑和烧骨。我国境内已知的最早人类距今一百七十万年前的元谋人，也已经会使用人工火。人类利用火能产生各种化学反应的特点，陆续发展了制陶、冶金、酿造等工艺，而炼丹术和炼金术也被认为是近代化学的起源。在公元前 3000 年，埃及人把铜矿石和锡矿石混合在一起加热制成青铜，这种新合金材料很快被广泛应用，制成工具、装饰品和武器盔甲。

古代西方人称物理学为"自然哲学"，即研究大自然现象及规律的学问。它与许多其他自然科学有着密不可分的联系，特别是化学、地理学等。最早得到发展的是杠杆原理、简单机械运动、浮力定律等，因为它们与生产实践联系紧密。古希腊欧几里得的著作中有关于光的直线传播和反射定律的论述。在物理学的萌芽时期，人们认识自然的主要手段是观察和思辨，但也有一些实验研究。如我国的沈括在《梦溪笔谈》里的实验，他利用天然磁石去摩擦缝衣针，使针在一段时间内具有磁性，并且能够指示方向。他还把纸人放在琴弦上，做声音共振实验。除了磁石的物理效应的观察以外，古代最早的物理发现之一是音调与振动弦的长度之间的关系。直到 17 世纪末，牛顿发表了论文《自然哲学的数学原理》，提出了三大运动定律，从而建立了力学体系，物理才从哲学中分离出来成为一门独立的实证科学。

关于科学的起源问题，一般有三种不同看法。

第一种观点认为，科学起源于原始社会时期。林德宏[2]、钱时惕[3]等学者认为，早在远古时期，人类便开始了认识自然和改造自然的活动，并逐步积累和形成了原始技术、关于自然界的知识和原始自然观。虽然原始社会的人类生产力低下，改造自然界的能力不高，自然科学还没有建立起来，所有的知识都是直观、零散和粗浅的，其中还不可避免地夹杂着许多谬误，但即使如此，今天人类的全部科学、技术的发展和取得的成果，无不是开始于这一遥远时代关于生产技术、自然知识的长期积累。A. 古尔施泰因[4]把原始科学阶段划定为从人的形成到新石器时代。钟阳胜[5]认为工具的制造和火的使用标志着原始科学的产生。

第二种观点认为，科学起源于古希腊时期。刘志勇[6]、戴维·林德伯格[7]、武军章[8]、Geoffrey Lloyd[9]等学者认为，科学成为一种独立的精神活动，最早起源于古希腊。虽然古希腊科学处在科学产生的萌芽时期和人类认识发展的幼稚阶段，其理论体系是原始的、粗浅的甚至包含着许多谬论，但是，古希腊科学对自然科学的发展所起的作用是巨大的，近代自然科学几乎是从古希腊自然科学演进而生的。"在希腊哲学的多种多样的形式中，差不多可以找到以后各种观点的胚胎、萌芽。因此，如果理论自然科学想要追溯自己今天的一般原理发生和发展的历史，它也不得不回到希腊人那里去。"[10]

周劲波[11]进一步提出，欧洲近代科学不过是古希腊科学的复兴和发展，科学早在古希腊时代亚里士多德、欧几里得、阿基米德等人那里就已经诞生。B. 伊利英指出，科学能够形成的内在原因是古希腊社会政治制度，即社会政治领域民主化形成的逻辑论证工具。

第三种观点认为，科学起源于近代欧洲。自欧洲文艺复兴运动开始，世界文明进入了一个新的时期，随着第一次技术革命的爆发，西方工业文明的时代拉开了序幕。蒋功成[12]运用边缘物种形成理论，论证了近代欧洲相对边缘的地理位置、文化交流的特殊隔离状况共同促成科学的起源。赫伯特·巴特菲尔德[13]、巴拉绍夫[14]、高玉成[15]等学者认为，中世纪孕育了近代科学，基督教对近代科学的诞生有很大的积极意义。

四　地球科学经验起点

地球科学经验起点是地球科学在实践中开始的那个时候和那个地方。由于在不同的历史时期，进行实践的中心线索不同，所以地球科学在不同的历史时期有不同的起点。地球科学是研究整体地球的存在、运动、变化和发展规律及其演化历史的综合性学科。国家自然科学基金委员会对其主要学科分类如表 1 所示。

表1   国家自然科学基金委员会地球科学部业务处室与分管业务

业务处室	分管业务
地球科学一处	地理学，土壤学，遥感与地理信息系统、环境地理学
地球科学二处	地质学，地球化学与环境地质学
地球科学三处	地球物理学，空间物理学，大地测量学
地球科学四处	海洋科学与极地科学
地球科学五处	气象学，大气物理学与大气环境
综合处	

地球科学以地球系统、月球系统与月地关系为研究对象，主要研究地月系统的物质组成、相互作用关系与时空演化、运动过程与成因机制。作为地球科学研究对象的地球，不是一个纯非生命的自然客体，它包含人类活动的因素。地球科学的主要分支学科包括地理学、地质学、地球化学、地球物理学与空间物理学、大气科学、海洋科学等。

关于地球科学的起源，许然[16]在《中国近代地理学的起源》一文中指出：近代地理学诞生的标志是德国探险家亚历山大·洪堡的《宇宙》和德国地理学家卡尔·李特尔的《地球学》两部著作的出版。他们在思维方式上用联系的理性思维代替了孤立的经验思维，注重运用演绎、归纳等推理方式，研究方法主要依靠野外考察所获得的第一手资料。对地球科学经验起点的研究，就是追溯学科体系的源头，考察地球科学发生发展的规律，对今天的地球科学发展提供启发。地球科学的经验起点研究尚未有相关成果，但可以在地球科学历史中对此进行相关的探寻。

古代人类在对抗自然生存繁衍的过程中，利用一切可利用的事物为自己服务，这就有了工具的产生。地球大约有46亿年的历史，人类的起源，从在坦桑尼亚奥杜瓦伊峡谷发现的"能人"算起，距今约二三百万年。在石器时代的早期阶段旧石器时代，原始人类的生产和狩猎工具多以打制的石器为主。相关的例子可以从周口店人的考古结果看出。周口店人狩猎使用的工具是石头打制的工具和利用木头所制造的棍棒。在他们所居住的地点，考古学家发现了使用火的痕迹。他们所制作的石器，大部分由从河床中捡来的砾石打击而成，有细砂岩、火成岩和石英。距今约两万年（属于旧石器时代的晚期）的山顶洞人，使用的石器已经有进一步的加工，有了研磨与钻孔的技术，出现石砾、石珠制成的饰物。

新石器时代的人类制作工具主要以磨制石器为主。这一时期，农业和畜牧业得到较大发展。生产技术发展的显著特征是细石器和陶器。这时人们认识的矿物、岩石逐渐增多。玉、玛瑙、高岭土、红铜等相继被利用。1973 年，在浙江余姚河姆渡发现的距今六七千年的遗址，出土有十余万块陶片，表明当时已经大规模生产与使用陶器。人类在制作石器的工艺上也有很大进步。开始选用质地较软、硬度较小的矿石，在已发掘出的石铲、石锄、石斧等文物中，有闪长岩、片岩、火成岩和变质岩类。从遗迹中发现有叶蜡石、滑石、碧玉、绿松石、玛瑙制成的装饰品。原始人在制造石制工具时，就开始了对矿石的性质和节理的探索，这也就是地球科学在远古时期的萌芽。

科学的起源研究已经成熟，具体学科的经验起点研究还很少有人涉及。地球科学的经验起点目前没有相关研究成果。地球科学内涵与外延涉及面较大，地球科学史上早期的实践情况较难考察。地球科学经验起点的研究尚处于刚开始阶段，困难较大，参考资料较少。

参考文献

［1］王贵友：《科学技术哲学导论》，人民出版社，2005。

［2］林德宏：《原始自然知识的发生》，《科学技术与辩证法》2003 年第 20 卷第 6 期，第 20～22 页。

［3］钱时惕：《人类早期文明与科学起源——科学发展的人文历程漫话之一》，《物理通报》2011 年第 3 期，第 83～86 页。

［4］A. 古尔施泰因：《关于科学与科学起源的争议》，王兴权译，《国外社会科学》1985 年第 8 期，第 5～10 页。

［5］钟阳胜：《科学知识起源于工具的制造和使用》，《哲学动态》1985 年第 6 期，第 28～29 页。

［6］刘志勇：《自然观与科学的起源》，《青岛大学师范学院学报》1998 年第 15 卷第 4 期，第 1～5 页。

［7］戴维·林德伯格：《西方科学的起源》，王珺等译，中国对外翻译出版公司，2001。

［8］武军章：《谈谈自然科学的起源和前期发展》，《内蒙古电大学刊》1991
年第 7 期，第 35 ~ 36 页。

［9］Geoffrey Lloyd：《论科学的 "起源"》，赵详译，《自然科学史研究》2001
年第 20 卷第 4 期，第 290 ~ 301 页。

［10］恩格斯：《自然辩证法》，载《马克思恩格斯全集》，人民出版社，1971，
第 386 页。

［11］周劲波：《论真正意义上的科学之起源》，《河池师专学报》（社会科学
版）1999 年第 19 卷第 3 期，第 65 ~ 68 页。

［12］蒋功成：《近代科学起源的环境与时机——接着巴特菲尔德论近代科学
的起源》，《自然辩证法研究》2006 年第 22 卷第 9 期，第 36 ~ 40 页。

［13］赫伯特·巴特菲尔德：《近代科学的起源：1300 ~ 1800 年》，张丽萍等
译，华夏出版社，1988，第 12 页。

［14］巴拉绍夫：《关于现代科学起源的新观点》，永新译，《现代外国哲学社
会科学文摘》1993 年第 2 期，第 45 页。

［15］高玉成：《近代科学起源新探——从系统科学的角度看》，《科学技术与
辩证法》1997 年第 4 卷第 3 期，第 31 ~ 35 页。

［16］许然：《中国近代地理学的起源》，《信阳师范学院学报》（自然科学版）
1994 年第 7 卷第 3 期，第 313 ~ 318 页。

人地二元对立结构的解构

张存国　胡　鑫　余良耘[*]

内容摘要：近代以来，在西方文明中，人与地球的关系呈现一种严重对立的二元结构，即人是上位概念，地球是下位概念，人是地球的统治者。本文通过对这种对立的二元结构的解构，探讨这样一种可能：在人地关系上主张人与地球、技术与自然的和谐共生，并时刻警惕任何新的二元对立等级结构的产生。

人类生存在地球上，但近代以来西方文明几百年的实践中，人与地球的关系却呈现一种严重对立的二元结构，即人是上位概念，地球是下位概念，人是地球的统治者。这种二元对立的等级制度的结构，仿佛是柏拉图的逻各斯中心论的近代变种：人是有理性的，所以人应该确认自己对地球的优先地位。然而，当某一种固定的结构有碍于事物的生存与发展时，对它的颠覆或解构就势在必行。解构意味着旧的结构的"瓦解""消融"或被"抹去"。对旧的二元对立的结构的解构，并不意味着要建立新的二元对立的等级制度。人与地球的和谐共生关系，已经成为现时代人们思考的重要主题之一。当前，人们要想正确地认识、把握、开发和利用地球，就必须调整人地关系，从整体上端正对地球的态度。下面就人地二元对立结构的建构与解构做一些分析，以期为人类正

---

* 张存国，中国地质大学（武汉）副教授，研究领域为科学哲学；胡鑫，中国地质大学（武汉）科学哲学专业硕士研究生；余良耘，中国地质大学（武汉）教授，研究领域为科学哲学。

确处理与大自然的关系做一点有益的工作。

一　二元对立——主人与客体的人地结构观的形成

人类的地球意识与地球观念的形成，在西方有一个戏剧性的转折点，这就是哥白尼的"日心说"的提出。在哥白尼以前，西方人普遍接受亚里士多德、托勒密的"地心说"，即地球是宇宙的中心，所有天体都是围绕地球旋转的。这一概念不仅符合人们所见的简单表象，而且与人们所持有的对地球的敬畏之情相吻合：地球是人类生命的依托，它居于宇宙的中心而给人以庇护。这一概念也被看作与基督教教义相符合，在整个中世纪受到宗教神学的支持与维护。

虽然亚里士多德的"地心说"与客观事实并不符合，但亚里士多德的哲学中包含一种极为有价值的观点，即他试图从生态学的意义上来看待地球与自然。自然界中的每一物都服从生命的原则，并存在一个由低级到高级的和谐的秩序。在这种秩序中每一物都依各自的目的发挥功能，而超出自己的功能则会导致无序。这个由低级到高级的序列主要包括无机界、植物、动物和人类。在自然的有限范围内，不同生命形式和环境之间的相互作用就构成宇宙，它是一个有机的和谐的整体，并存在生态平衡的要求。而人类则是生态平衡的自然中的一分子。[1]

然而，16世纪哥白尼天文学的革命，像一枚重磅炸弹攻击了这个保持了1000多年的观念的框架，地球在宇宙中的中心地位被摧毁，它被降格为围绕一颗质量大得多的星体旋转的行星。地球的神秘面纱被撕毁，连上帝也受到了怀疑：既然上帝是万能的，为什么不能将人类安排在宇宙的中心？于是从文艺复兴与启蒙运动中激发出了一种新的世界观：面对冷酷的自然，人类唯一的依托就是作为主体的人自身。

人是主体，人是自然、地球的主人，人的新使命就是要征服自然与地球。这一思想比较早地在英国哲学家弗兰西斯·培根那里得到响应。培根曾任英国掌玺大臣和大法官，他想赋予人类一种特权，人类有了这种权力就可以在自然界留下自己的"印记"。什么东西能使人类获得凌驾于自然之上的特权呢？这就是知识。"知识就是力量，力量就是知识"，这是他的名言。培根的主要著作《新工具》，主张从实际的具体事物出发而获得有用的知识，这种看法还是合理的，然而法国哲学家笛卡尔却把近代人的主体意识推到了极端。在他看来，主体的人自身是一切知识的来源，人处在世间万物的中心位置。"我思故我在"的原理就是这种思想的直接表达。我的存在依赖于我的思想，而外部世界由一个受怀疑的对象成为一个无须怀疑的对象，依赖于主体自身思维的逻辑推理。笛卡尔自己也认为，把人摆在世界的确定性之前，这是一个"形而上学"的结构（笛卡尔的主要著作包括著名的《谈谈方法》和《形而上学的沉思》）。"笛卡尔是新事物的代言人，也是旧事物的代表。他想从头开始，把哲学奠定在新的可靠的基础上，与此同时他的根基却深深扎在经院哲学的传统里。"[2]

如果说笛卡尔从哲学上突出地表达了近代人的主人意识，那么伽利略与牛顿则从力学的角度将外部世界包括地球降格到机械论的因果框架中。伽利略力图消解亚里士多德的目的论的自然观，并把数学引入了物理学。在亚里士多德看来，两个物体下降时重物在下、轻物在上，这是因为万物在自然中各有其位，如此才能体现出一个和谐的世界。伽利略则认为万物并没有什么自然位置，比如在真空中一个物体并不"知道"它该向哪个方向运动。根据惯性原理，只要没有外力干预，万物均保持其静止或匀速直线运动状态。如果有人反驳说没有任何人看见过匀速直线运动，具有数学头脑的人则说这种运动存在于理想化的条件下。

随着人是地球的主人、世界只不过是一架机器的观念的确立，人对自然的拆卸与分解就被视为理所当然。人们可以将对象分割成最小的部分，直到把它们原子化，然后再将它们重新制造出来。物体在原子水平上都是"平等"的，它们没有性质的差别。将物体分裂并不会伤害自然，也不会影响地球的生态平衡。一部机器可以拆开，当然可以重新组装，局部的功能相加就等于整体的功能，这是可以用数字精确地计算出来的。地球的资源是无限的，它理所当然要为人提供"取之不尽、用之不竭"的"动力"，而且还无权索取任何回报。地球只是一个客体，是一个外在于人的"对象"。这就是近代所形成的人地关系的主导结构。

显然，这是一种笛卡尔式的二元对立的形而上学的结构，在这个结构中，人似乎是"万能"的统治者，一切都以人的无限需求为中心。

它把人的主观作用夸大到了极端的程度，以至于失去了其有可能继续维持的客观基础。它以地球或自然界必须对人"臣服"为特征，具有很强的压迫性。它使人与地球、人与自然处于一种紧张的对峙状态，并在一定条件下引起了结构内部的"自我崩塌"。对这种结构的解构正是其内部矛盾激化和发展的必然结果。

二　解构——地球是人类家园的观念的提出

近代向现代过渡的历史进程中孕育着对近代思维模式的深刻反思，这种反思与现实社会的实践与工业的发展息息相关。特别是到了 20 世纪 70 年代，人们普遍感到"全球问题"迫在眉睫。随着世界各国仿效欧美发达国家纷纷走上工业化和现代化的道路，在各国经济不断增长和人民生活水平不断提高的同时，出现了三大问题，即人口爆炸、资源短缺和环境污染，如果不加控制的话，可能造成全球性的灾难。事实表明，"人类赖以生存的地球作为一颗行星的外在极限均是一些常数，难以改变，现在人口增长、资源消耗和环境破坏逼近这些常数并可能引起灾变，过错不在地球，而在人类自己，具体说，在引导人类走上工业化道路的西方文化中的某些基本观念和价值，而这些是可以改变的。"[3]

随着时代的前进和科学的进步，新的事实与新的问题不断地被研究者发现，人们逐步突破了近代的机械论的思维方式，越来越多地觉察到了作为一个整体而存在的地球的内部联系。1972 年，美国大气化学家洛夫洛克（J. Lovelock）提出盖娅理论（Gaiatheory），其核心内容在于这样的思想：作为一个整体的行星地球是一个有生命的自组织系统。希腊语 Gaia 是地球女神之意，盖娅理论主张：在地球这个活的有机体中，整体高于各部分的总和；生物与她们的物质环境，包括大气、海洋和地壳岩石，紧密地联合为一个整体，共同演化，并存在自组织作用。盖娅理论把地质学、微生物学、大气化学和其他学科综合在一起，用系统的方法审视生命，在学术界产生了较大的影响。[4]

早在 19 世纪中叶，带着一位学者特有的敏感和责任，德国哲学家海德格尔就分析了近代西方人的思维方式，对二元对立的形而上学的思维结构进行了解构。在这个过程中，他阐述了地球是人类家园这一重要观念，并引起了思想界的注意。"面对着人类文明的这个命运式的方向，我们今天返回到持家的概念上，返回到持家的德行上。有些事物是我们大家从我们的实际生活很好地认识的，而且我们大家知道人们必须学会节俭地使用人们在资源方面拥有的东西。这里有一些界限，它们是生态学的界限，它们今天在普遍的意识中觉醒过来，而我们必须加以捍卫。"[5]

在他的著名的《技术的追问》等哲学著作中，海德格尔分析了技术的本质，强调对技术进行存在论的考察，即追问技术存在的根由。这个根由就是人类对世界、对地球的限制与强求。海德格尔很清楚地看到了技术与人类有目的行为的密切关系，看到了人类的主体本性对技术的建构。"人把世界作为对象整体摆到自身面前来并把自身摆到世界面前去。人把世界摆在自己身上来并对自己制造自然。这个制造，我们必须从其广义与多样的本质来思考。人在自然不足以应付人的意想之处，就订造自然。人在缺乏新东西之处，就制造新东西。人在事物搅扰他之处，就改造事物。人在事物把他从他的计划中转移开来之处，就调整事物。人在要夸东西可供购买与利用之时，就把东西摆出去。人在要把自己的本事摆出来并为自己的行业做宣传时，就摆出来。在如此多样的制造中，世界就被人带入停止状态之中。"[6]海德格尔认为，技术作为人类主体本性的"展现"，其实就是人对对象世界的"限定"与"强求"。它强求空气交付氮，强求土地交付矿石，强求矿石交付铀，强求铀交付原子能，强求自然提供能量，这样一来，近代技术不是单纯的手段，而是自然、世界与人的构造。[7]

海德格尔认为，现代西方人的悲剧多半在于科学和技术强占了"思想"的地盘，人们变得不善于思考问题。在这高度技术化的千篇一律的技术文明时代，海德格尔自问人类是否和如何能有家园感。对于他来说，现代人的沉沦、"存在"的被遗忘有深远的历史，早在古希腊时期就开始了。前苏格拉底时期的哲学就一直关心"存在"的问题，巴门尼德就曾提出过"存在"与"思维"是统一的。海德格尔还认为，人的真正存在就根植于这种统一之中。只要人"思"人"在"，就能从"在"的生存中汲取生活的源泉，找到根基，寻求家园之感。但是，从苏格拉底以后，人离开了"思"与"在"的统一这个伟大的哲学思维锚地、漂泊在虚无主义沧海之中，一直到现在。人被简单地当作会推理、会计算的动物，尽管是最有成效的动物，但总归是动物，丧失了人的存在，也丧失了家园感。

西方著名的马克思主义者马尔库塞也批判了当代西方工业社会的技术理性，认为它越来越使人被改造为"畸形生物"。机器成为一种社会的工具，工业产品向人们灌输并促进一种新的生活方式，工业社会加强了劳动阶级与资本主义社会的文化整合。结果，劳动阶级不再知觉到自己的被奴役性，不再为物质的匮乏而发愁，相信自己很幸福。但马尔库塞指出，这种幸福感是虚假的，机械化掩盖了人被物化的本质，劳动阶级仍然是受剥削、受奴役的阶级，仍然是作为工具和物而存在的；工业社会虽然给劳动阶级带来了富足，但本质上并没有改变人的命运。在马尔库塞看来，人要实现自由，就必须首先合乎理性，必须把自己看作历史的目的，把自己看作"理性的存在"。他认为，在资本主义社会，人的"理性的存在"与人的现实的存在是对立的。现代富裕社会里，在人的自由的现有存在形式和能达到的可能性之间存在某种矛盾。富裕社会中的人都只关心自己的现实的存在，以物质生活的满足为目的，而不关心自己的身心的贫困，不追求理性、精神的满足，因而形成了一种不自觉地接受和屈从于社会系统控制和操纵的心理机制。这种不自觉和屈从的心理机制，便是自我本质异化的表征，人丧失了对自己的不自由的自我意识。在马尔库塞看来，大众生活水平的提高，并不意味着人的精神、理性和自由的程度也随之提高，相反，普通大众会被一种虚假的需求和满足所迷惑，从而丧失自己的理性批判能力。[8]

三　不只是颠覆——人与地球和谐共生

从海德格尔、马尔库塞等学者的解构性的工作中，我们看到，他们力图消解人对地球、机器对人的统治的二元对立的等级制度的结构，并存在一种颠覆性的倾向。在海德格尔那里，存在这样一种情绪：既然技术甚至科学的理念是与柏拉图以来的逻各斯中心论一脉相传的，那么，认识科学技术在社会发展与人类生存中的积极作用，就是一个似是而非的话题。人们常常这样反驳海德格尔，说他对科学技术持否定态度。人们会问：如果说人类忘记了自己的家园是一种虚无主义，那么人类抛弃技术与科学，不又是陷入一种新的虚无主义吗？如果人类重新成为大自然的奴隶，那么不就回到了文明史之前大自然对人的统治的古老的二元对立的等级制度的结构之中去了吗？

的确，解构是一项复杂的工作，需要我们十分小心。首先，颠覆是必要的。没有颠覆就没有突破，没有突破，新的事物就很难形成。在历史的重大转折关头，思想家们的重要工作之一就是颠覆。例如，爱因斯坦对牛顿绝对时空观的颠覆、量子力学对近代原子结构的颠覆、尼采对上帝的颠覆、弗洛伊德对理性的颠覆等，都曾带来过思维方式的逆向变化。但是，颠覆的误区可能在于，旧的二元对立的等级制度的统治结构被推翻，还可能形成新的二元对立的等级制度的统治结构。这样，颠来覆去，可能会造成不断的恶性循环。因此，解构不能停留在颠覆工作上，还必须根据事物生成和发展的规律，继续小心翼翼地探索新的道路。成功的解构不仅要求颠覆旧的二元对立的结构，而且要求防止出现新的二元对立的结构，而后者才是解构的真正的精神素质。

在人与地球的关系上，必须防止一个片面走向另一个片面，防止那种对人的作用、对技术的作用持否定态度或悲观态度的倾向的出现。这就需要我们做出建设性的努力，在人地相互作用的辩证关系之中，追求人与自然、人与环境的和谐共生。人类的所作所为，不是要消极地"停留"或者"罢手"，而是要遵循再生的法则，用艺术性的审美境界，把地球看作人类的家，耐心地布局和打扫，清理掉垃圾、抹去灰尘，让万物与生命，顺应自然的丰富性与多样性，和谐地生存与发展。这意味着人要付出更多的劳动，应付更多的挑战。地球是一个整体，它可能有自己内在的"生命力"，它的各个组成部分、各个圈层之间存在相互联系和相互作用。从人的立场来看，地球是人类生存的不可分割的环境，是人类居住的地方。我们有责任在开发利用中保护它、维护它、培植它，把它建设得像花园一样的美好。

人们必须正确看待自己手中的技术。技术是人在劳动或社会实践中积累或形成的技巧和手段，它的涵盖面是广阔的。机器只是技术的一种形式，并不是技术的全部。坚持技术的多样性与广泛性，使人对技术保有一种选择的自由，技术对人的"统治"结构就可以不攻自破。美国哲学家杜威认为，人类发展与技术同步，人类可以从不同的角度理解技术。当人类仅仅享用火，或把火当作上帝所赐时，还谈不上探索，也没有技术。当人们造火，并有效地控制火时，人们就从享用和思考火的本质是什么转到了如何生产和使用火，就有了技术。因此，技术的关键特征是一种"积极和生产性技能"。技术的概念是广义的，例如纯学术研究的东西实际上也是一种技术，理论的东西也是一个人工制品。技术是制造制品的过程，这制品可以是有形制品，也可以是无形制品。有形工具和无形工具的区别是功能性的，不是本体性的。工具只有在它们被使用时才有意义，它们只能在具体的情景中被使用。在实践中各种工具的有效使用，可以使人与环境和谐相处。例如理论的探索、科学的探索与技术的探索一样，都是在特定的时空中进行，都是为特定的时空服务的。"杜威认为，人生活在一个碰运气的世界，人的存在，好像是一场赌博。这个世界是一个冒险的地方，包括着不定的、不可预料的、无法控制的和有危险的东西。面对这样一个动荡的世界，人们产生惧怕和恐惧，产生了神灵，这是消极的办法。杜威认为积极的办法是用生产性技能（即技术）引导经验，使环境产生一个令人满意的效果。""当我们面临的环境不能改变时，我们改善我们自己特定的态度来适应它们，并习惯之；当环境可以改变时，我们积极改变环境来适应人们的需要。人类发明各种技术，使技术作用于环境，使环境朝人类希望的方向发展。应该把技术看成人类进化的组成部分，而不应该把技术看成超自然的东西。"[9]

　　如果技术也是一种文化，那么技术文化不是唯一的。欧洲文化中心主义已经受到了世界文化多样性的挑战，这已经是有目共睹的历史现象。意大利的进化论哲学家 M. 科蒂从广义进化论的视角论述了由文化进化带来的全球意识的挑战。他认为，全球意识的形成有赖于不同文化传统的多样化，有赖于多样性文化的共生协同的创造性融合。我们所处的星球上的不同思想与信仰体系，无论是科学、哲学或西方、东方等，都不能宣称自己对其他体系的至上性和优越性。地球上所有的居民都在精神上共同拥有着对这一星球的命运感和归属感，通过每一个"可能世界"的不完整性，我们现在能够实践人类历史上共同进化的概念。[10]
"可以说，当今世界在全球化的浪潮中，整个地球已经演化成为一个地
球村，经济一体化和热核战争的威胁使整个人类荣辱与共……地球环境
在恶化，在百年左右海平面将升高而使众多的岛国和沿海城市淹没。因
此，人类的未来应该是东西方所共同来思考的未来。现代人在无穷扩张
自我，当扩张到极限时就丧失了'自我'。自我的消失使人们成为'非
我'，这在本质上是对生态文化和文化生态美学的违背。因而，在德里达
解构西方中心主义和赛义德提出'东方主义'之后，中国学者所提出的
'发现东方'与'文化输出'从根本上说，意味着'人是目的'，表明
'东方'的思想在东西方对话中有其不可忽视的特性。"[11]

　　在中国文化以及中国哲学中，始终洋溢着一种传统，这就是对人与
自然的整体性的联系的思考，形成和发展了一种"天时、地利、人和"
的文化价值观。早在春秋战国时期，老子提出"道法自然"的思想，
主张顺应自然，与自然和谐相处。老子思想的精华之处在于把"道"
与"德"结合起来。"德"是指人的德行，人的行为只有符合"道"才
算有德。在老子哲学中，自然、人事、政治三者是融为一体的，自然的
法则就是做人的原则也是治国的准则。老子主张人的行为应该像大自然
那样，寂静而不弄出声音，空灵而不需体形，独立存在而永不改变，循
环不息而永不疲惫。至于战争、兵器、争斗等，都是不吉祥的；在战争
中即使取得了胜利也应该以丧礼处之。老子哲学的恢宏大度、包容统
一，令西方的很多思想家望尘莫及。中国的传统文化具有特殊的生命，
它是一剂治疗西方社会现代病的良药。在今天物欲横流、技术靡费的时
候，我们要注意克服西方近代文明发展过程中曾经出现过的种种弊端，
在中华民族文化的优秀传统中，寻找自己的精神家园，发掘出早已存在
的奇珍异宝。人与自然、人与地球是有机的整体，同呼吸、共命运、齐
发展；迄今为止，地球是人类赖以存活、赖以休养生息的唯一的地方。

　　总之，解构是一项复杂的工作，既要大胆颠覆，又要小心探索；既
要消解旧的二元对立的结构，又要防止新的二元对立的结构的出现。这
就需要从万物生存与发展的优化状态出发，在多样性中追求事物的和
谐，在整体性中尊重事物的差异，在文化的丰富性中保留平等对话的特

性。在人与地球的关系上，人不凌驾于地球之上，地球也不凌驾于人之上：人与地球，和谐共生。时刻警惕和防止出现新的二元对立的结构，这才是成功的解构者的真正的精神素质。

参考文献

［1］G. 希尔贝克、N. 伊耶：《西方哲学史——从古希腊到二十世纪》，张作成译，上海译文出版社，2004，第 86 页。

［2］G. 希尔贝克、N. 伊耶：《西方哲学史——从古希腊到二十世纪》，张作成译，上海译文出版社，2004，第 235 页。

［3］D. 洛耶编著《进化的挑战——人类动因对进化的冲击》，胡恩华等译，社会科学文献出版社，2004，第 1～2 页。

［4］徐桂荣、王永标、龚淑云等：《生物与环境的协同进化》，中国地质大学出版社，2005，第 1～2 页。

［5］伽达默尔：《海德格尔和希腊人》，载《论海德格尔哲学的现实性》（第一卷），法兰克福，1991，第 67 页。

［6］洪谦主编《西方现代资产阶级哲学论著选辑》，商务印书馆，1982，第 375 页。

［7］海德格尔：《技术的追问》，载孙周兴选编《海德格尔选集》，上海三联书店，1996，第 933 页。

［8］马尔库塞：《单向度的人》，张峰等译，重庆出版社，1988，第 51、168 页。

［9］乔瑞金：《技术哲学教程》，科学出版社，2006，第 116～117 页。

［10］M. 科蒂、T. 皮瓦尼：《生物进化和文化进化：迈向全球意识》，载 D. 洛耶编著《进化的挑战——人类动因对进化的冲击》，社会科学文献出版社，2004，第 191、192、207 页。

［11］斯图亚特·西姆：《德里达与历史的终结》，王岳川译，北京大学出版社，2005，第 9 页。

第 四 篇

地学科学方法论

现代地球科学研究方法的特点

张存国[*]

内容摘要： 现代地球科学的基本任务是整体性地认识地球。整体性研究已成为现代地学研究最主要的特点，具体表现在以下三个方面：一是地球系统观研究，在全球尺度上研究地球系统各组成（岩石圈、水圈、气圈和生物圈）的相互作用及其运行机制和演化；二是地球复杂性研究，研究地球系统的开放性、多层次时空结构、不稳定性、不平衡性和不均一性，研究地球系统相互作用的多因素和多样性以及它们之间的复杂的相互作用，不同组成、不同层次、不同作用的相互作用，以及作用过程和系统、子系统的整体行为和演化的非线性和不可逆性；三是跨学科综合研究，在地球科学研究中，多学科研究，特别是跨学科研究已经成为不可逆转的趋势，并成为主要研究方式。

现代地球科学的基本任务是整体性地认识地球，包括它的过去、现今，并预测它的未来发展和行为。[1]地球科学的应用性是基于人类对地球不断提高的认识，增强社会的功能，有效地探索、开拓和合理利用自然资源，包括能源与空间；避免和减轻自然灾害；保护自然环境使之免受破坏和干扰；预测和调节环境变化与全球变化；从总体上促进协调人

---

* 张存国，中国地质大学（武汉）副教授，研究领域为科学哲学。

类社会与自然系统之间的关系，维护生物圈和人类社会生存、持续发展的自然环境。整体性研究已成为现代地学研究最主要的特点。这具体表现在以下三个方面。

一　地球系统观研究

20 世纪 80 年代初出现的地球系统的研究，是在全球尺度上研究地球系统的各组成（岩石圈、水圈、气圈和生物圈）的相互作用及其运行机制和演化，了解人类活动的后果，发展预测十年到百年的由自然和人类活动引起的全球变化（环境）的能力，预测未来环境变化趋势，阐明和维护人类的可居住性。重点是主导地球系统演变和全球变化的相互作用的物理、化学和生物作用。[2]全球尺度上的地球系统研究是一个全新的研究领域。地球系统研究提出并强调的在全球尺度上把地球看成由相互作用的各组成部分（亚系统）集成的综合系统的概念，是全新的思维，体现了整体性和全球观。它打破学科间的壁垒，把物理作用、化学作用和生物作用统一起来，强调了人类活动在地球环境变化上的重要作用。

从全球尺度上看，地球是由相互关联和相互作用的各具特性的地核、地幔、地壳、水圈、气圈、生物圈、人类圈和地球空间系统的圈层综合集成的连续开放的复杂动力系统，也可看成由相互作用和相互关联的固体地球子系统、表层子系统和地球空间子系统组成的复杂动力系统。各圈层之间或子系统内部和相互间，发生着能量、物质和动量的传输，发生着各式各样的物理作用、化学作用，在表层系统中生物作用有重要意义。这些作用是相互作用的、重叠的、交替的。行星地球在宇宙空间，在太阳系内，在太阳和地球内部能量的驱动下，在相互作用的外部和内部过程的作用下，经历了异常复杂的物质分异、循环与混合作用和演化，分异成各圈层，形成表层环境，发育生物圈，最后出现人类。

各圈层之间或各子系统内部、各组成之间的相互作用和地球的整体运动控制着许多基本过程，例如山脉和盆地的形成、气候变化、大洋环流、生态系统、侵蚀与沉积作用、地壳形变等。控制某个基本过程的因素和作用，虽是多种多样的，但在不同情况下是不同的，有主要、次要之分。在地球历史中，地球表层环境，始终处在不断的运动和变化之中，而且有渐变和突变。例如大气化学的演变与变化、气候的波动、生态系统的突变等。但是它们是自然因素作用的综合结果。现在，人类与表层系统其他自然组成相互作用，影响大气、海洋、陆表和水以及生态系统，促使环境和生物圈变化，最终影响人类自己。

地球或地球系统具有多层次结构。各圈层或子系统以及各种作用，都具有从微观到宏观的不同空间和时间尺度，各种不同尺度的过程也是相互作用和相互关联的。较短时间尺度的过程会对地球演变发生影响，而由长期过程决定的作用会影响短期的运作过程，局域的作用也会影响全球过程。例如，全球尺度的环境变化，反映在不同的时间尺度和空间尺度是不均匀的。岩石圈构造是多层次的构造序列和系列，陨击事件、火山喷发、地球内部流体的喷溢等都会对环境和生态系统产生影响。

因此，地球系统观把地球系统看成由无数多的，有相对独立性、相互作用、相互依赖的不同层次、不同类型、不同作用系统组成的开放、演化的复杂体系。从这个观点出发，自然界许多对象和作用，可被看成开放的演化体系，如气候系统、生态系统、成矿系统、岩浆系统、构造系统等。

总的看来，把行星地球包括固体地球上的生物圈、水圈、包围它们的气圈和地球空间系统的各圈层，看作一个整体的系统，在不同层次上阐明形成基本过程的各种因素和各种过程间的相互作用与机制，并把行星地球置于宇宙空间、太阳系内进行研究的思考，是对地球本质面貌的真实反映，是新的思维方式，是地球科学经过长期的科学演化，发展到今天的必然结果[2]。这就意味着，真正的地球科学的新时代的到来。地球科学将在整体性的认识方面有重大的理论突破，为解决人类面临的环境问题、资源问题，谋求人类的安全，促进经济和社会发展，为人类更好地生存做出积极贡献。

二　地球复杂性研究

20 世纪 80 年代，特别是中期，在地球科学中兴起的非线性研究，得到了长足发展，在大气动力学、海洋动力学、天气预测以及而后的岩石圈和地震研究方面都有重要进展。最突出的例子是在 IUGG（国际大地测量和地球物理学联合会）第 19 届大会上，"地球科学向何处去"的讨论对非线性研究的高度关注。大会的报告和学术活动显示了取得的进展。不仅大气、海洋、天气和气候系统，而且岩石圈、地球内部、高层大气，甚至整个地球系统，都被看成巨大的远离平衡的开放的非线性动力系统。岩石圈的混沌现象、自组织性和自相似性研究，以及地震的非线性现象和预测，引起人们的极大的兴趣。在 1991 年 IUGG 第 20 届大会举办的"混沌现象可预测性"专题报告和"临界地球物理现象的非线性动力学和预测性"问题的探讨以及在许多专题讨论中，提出了许多新思想，表明非线性研究大大前进了一步。运用非线性科学研究大气、海洋、岩石圈、地震等方面，取得了可喜的进展，尽管还是初步的。

人类赖以生息和繁衍的行星地球是非常复杂的巨大的开放动力系统。其复杂性表现为：地球系统的开放性、多层次时空结构、不稳定性、不平衡性、不均一性，相互作用的多因素和多样性以及它们之间的复杂的相互作用，不同组成、不同层次、不同作用的相互作用，以及作用过程和系统、子系统的整体行为和演化是非线性和不可逆的，从而，是难以预测的。例如，地球各圈层的结构是多层次的，也是不均一的，处在难以预料的不断变化和演化过程之中。对于地球表层系统中的相互作用而言，包括各组成之间的相互作用，人类与自然的相互作用，相互迭加与交替的物理、化学、生物的相互作用都是非线性的，而且它们都是开放性的、演化的系统。

探索地球的复杂性是非常复杂的问题，原有思维方式、概念、理论和方法受到巨大的冲击和挑战。数学的某些进展和耗散结构理论、突变论、协同学、超循环理论、分形和混沌理论等为探索地球复杂性提供了一定的理论与方法，而迅速发展的高新技术，如计算机技术、图像显示技术、数字模拟技术、处理非线性模型和信息系统网络等则使其成为可能。现在又有了从定性到定量的综合集成的方法。

复杂性研究将是一种革命性的力量，推进深刻而整体性地认识我们的行星地球，改变地球科学的面貌，使它成为预测灾害、预测和开拓资源、预测人类未来环境、维护生物圈和促进社会持续发展的科学巨人。

三　学科综合研究

20 世纪地球科学一个最突出的特点是长期形成的学科越分越细、专业化一统时代的结束。学科的交叉、渗透和融合，像巨大的激流，不断冲击单学科的格局。结果是传统的严格的学科界限到处都在被打破，学科界限变得模糊不清，一些分支学科在研究内容上出现趋同，出现学科领域的"袭夺"现象。学科界面成为发展最快的重要前沿，是萌发生长点和孕育新苗头的温床，并不断出现新思想、新机会、新学科和新方向。[3]

学科间的相互作用，最初主要表现在个别学科之间，现在则发展为多学科的交叉、渗透，并向统一化或一体化发展。固体或流体地球科学各分支学科之间、固体地球科学与地球流体科学之间，相互作用日益激烈，并走向统一化。地球科学与基础科学，地球科学与生物学、农业、医学和经济学，在更大的跨度上携起手来，并出现综合学科，例如环境科学应运而生，地球科学的内涵发生了根本性变化，地理学已经成为地球科学与社会科学之间的综合性科学。

地球科学学科间的交叉、渗透和统一化的驱动力是最完整、最深刻地认识地球的内在欲望和经济、社会发展不断提出的巨大要求。现在，各学科之间的联系和相互依赖性，以及对彼此知识体系和方法的需求达到了前所未有的程度。地球是综合集成的复杂动力系统的认识，使各分支学科走向相互间不可分离、相互依存、共同发展的地步，并使各分支学科走向一起，殊途同归。传统的化整为零，个别对象和个别作用的孤立研究，经验性、定性研究，已经远不能适应当代地球科学的发展，不适应社会面临的日益严重的人口、资源、环境、灾害和全球变化的一系列新情况，不适应不断加剧的人类与自然的不协调局面，不适应人类面临的社会持续发展和未来安全与生存的挑战。地球科学的真正威力和巨大创造性，就在于整体性地认识地球。

在地球科学研究中，多学科研究，特别是跨学科研究已经成为不可逆转的趋势，并成为主要的研究方式。用整体性的科学问题构筑科学项目和科研计划，而不用单学科的方法已成为基本原则，特别是高层次的研究项目。也正是整体性研究把优秀科学家凝聚起来形成有序的群体，进行最重要的科学前沿的跨学科研究，并使各种资源，包括人力、财力、物力和时间资源，得到合理配置。

参考文献

［1］许怀东：《世界科技之林》，人民邮电出版社，1989。

［2］郝东恒：《地球科学系统观和方法论》，中国地质大学出版社，1998。

［3］《21 世纪初科学发展趋势》，科学出版社，1996。

地学研究中的假说方法[*]

杨　潇^{**}

　　内容摘要：地学以地球整体为研究对象，由其自身的复杂性和主客体矛盾关系的特殊性所决定，假说在地学发展过程中具有不可替代的作用。它是自然科学由事实过渡到理论的桥梁，是形成地球科学理论的前提和基础。自然科学的发展促进了假说的产生，假说反过来也推动了自然科学的发展。地学是充满假说的科学，对地学假说进行探讨，具有重要的理论意义和现实意义。

一　假说方法在地学研究中的典型性

　　纵观地学的发展史，它体现了科学发展的辩证规律和科学方法的指导作用，地球科学的研究方法伴随着地球科学、科学和哲学的发展步入了现代，尤其是假说在地学研究中起着不可或缺的关键性作用。地学的发展史可被看作不同的假说提出、争论、修正、淘汰或被重新认识的一部过程史。近代以来，在地学史上产生重大影响的地学理论几乎都是借用假说的形式，每一次较大的转折和突破也都伴随着假说的更替。

（一）地学假说的形成原因

　　地球科学强调事实论据，由地质事实归纳的结论具有不证自明的公

---

　　*　本文由笔者硕士学位论文选编而成。

　**　杨潇，中国地质大学（武汉）科学技术史专业硕士研究生。

理性质，但这类定律在地球科学中数量不多，更多的是以地学假说的形式存在。假说林立是地学方法的一个突出特点。之所以会出现大量的地学假说，并不是因为地学家比其他学科的科学家们更富于想象力，关键在于其研究对象的复杂性和特殊性。

地学的研究对象是有着复杂高级运动形式的地球，它的运动形式不是单一的，是包括物理、化学、生物、机械运动在内的一个复合运动，是一个系统自然的过程。这就势必造成人类认识上的困难。

首先，据考证地球已经有46亿年的历史，而人类社会的出现与地球的存在年限相比太微不足道了，地球演化的历史是人类无法亲眼看到的，所以在地球漫长的演化过程中，会出现很多令人疑惑的问题，这些问题也只有靠人类的猜想，即一个个假说才能得到解答。地球这个椭圆的球体的半径达6300万公里，巨大的地域和空间也形成了人类认识上的难度。

其次，地质过程的时间非常漫长，运动规律和原因也异常复杂，地质过程和地质现象的发生并不是绝对的，加之研究手段和方法受到整体科技发展水平的制约，因此地学研究只能靠推论来建立认识框架，这就促使了地学假说的产生。

最后，地球科学的复杂性和地学现象的多解性也增加了认识上的难度。以地质学为例，地质运动是一种包含化学运动、物理运动、生物运动的特殊运动形式，而且它的产物也会伴随年代的推移而迭加。地质现象的极端复杂性源于地质运动的这种复合和迭加的性质，在多种地质营力的作用下共同塑造出一种地质现象，这就造成单一的理论在解释上的困难。所以，在地学研究中，针对同一种现象，往往会出现很多不同的假说，这些相互竞争的假设，从不同角度进行互补，使这一现象得到较为完善的说明。另外，由于科技发展水平的限制，地学研究手段及方法也受到现实条件的制约，只有靠初步的推论来建立认识框架。

（二）为什么地学比其他学科更需要假说

假说方法并不是地学研究中的独特方法，但是相对于其他学科，地学更需要假说，这是由地学主客体矛盾关系的特殊性所决定的。

地学认识的主体和客体处于辩证的矛盾统一体中。一是地球空间的广阔性与研究者认识范围的有限性形成矛盾。随着科学技术的发展，地学工作者对资料的搜集、处理、加工能力不断提高，实验方法和技术手段也不断改进，但并没有从根本上解决这一矛盾。假说仍然是地学研究中最基本的方法，近现代的几次大的争论都是由假说引起的。例如，"水火之争""冰期之争""新激变论"等。二是地球演化时间的漫长性与研究主体观测的短暂性构成矛盾。为解决这一特殊矛盾，地学工作者进行了长期的探索，但是并不能很好地克服。例如对地震的观测和预报问题。三是地球客体变化的随机性与人的观测的一次性构成矛盾。地球客体变化的随机性并不是任意性，而是相对于人而言的无规律性，人们由于受到现实条件的限制并不能从历史上清楚地把握地球运动的规模、范围等。地球演化的过程虽然是一个极其缓慢的过程，但是是一个多种作用力复合迭加的复杂过程，这也造成了认识上的困难。[1]

　　地学假说也带有很大的随意性，基于同一事实基础可以建立许多不同的假说，传统地学方法的经验性也强化了假说的这种随意性。地学假说的更替频繁，还因为在地学研究中，假说检验的相对性十分突出，"判决性"检验几乎不可能。不同假说长期对峙，很难从中选出一个最优秀的，即使被淘汰的假说，若干年后也有可能复活。地球演化的过程是一个不可逆的过程，很难通过直接的经验对照方式进行检验，在间接检验的过程中，更多地采用的是多学科相结合的复合性方式，这就造成了结果确认的长期性。地学独特的学科特点使假说方法成为地学研究中的一个极其重要的手段。

（三）地学是"充满假说的科学"

　　地球科学体系从19世纪30年代独立出来后在较长的一段时期内都处于经验描述的阶段，缺乏理论上的支撑。20世纪以来，随着生物、化学、物理、数学等学科的发展及新兴技术的引入，地学领域才逐渐从定性描述过渡到定量分析，从传统经验描述过渡到理论综合。特别是大陆漂移、海底扩张、板块构造这地质学上的三大革命加速了地球科学体系理论化的进程。与数学、物理等精密科学不同，地学体系的理论化有其自身的鲜明特点，它达不到用"纯理论"构成理论体系的要求，往往表现出假说与理论互相渗透的显著特征，因而常常被称作"充满假说的科学"。

地学体系中假说与理论的互相渗透表现在以下两方面。首先，地学假说包含理论的内容。地学假说在形成的过程中，都是以事实材料和相关的科学理论为基础的，这些科学理论与假说的基本观念有着紧密的逻辑关系，有机地融入地学假说的内容中。假说在接受地球科学实践的检验之后，得到证实的内容就成为真理性的认识，也就是构成科学理论的要素了，那么得到证实的这部分假说就转化为科学理论了。

其次，地学理论也渗透着假说的成分。地学理论并不是绝对意义上的"纯理论"，其内容的真理性并不是都得到了实践的证实。在很多情况下，理论的主要部分被实践所证实，但是在理论中也存在尚待证实的内容，这就是渗透在理论中的假说成分。这些成分不构成地学理论的主要部分，因而并不影响地学理论的客观真理性，但它也是地学理论完整的逻辑体系中不可或缺的，不能因其具有推测的性质就把它排斥或抛弃掉。实践是不断向前发展的，地学理论建立以后仍要不断接受实践的验证，如此才能不断接近真理。例如，板块构造学说的基本内容已被实践所证实，人们也都把它当作一种科学理论，但是板块运动的驱动力问题仍然没有得到确切的解决而众说纷纭，板块构造学说中假说与理论互相渗透、有机结合。

地球科学体系中假说和理论互相渗透的现象充分说明了假说方法在地学研究中的典型性，地学研究离不开假说。从地学假说中脱胎而来的地学理论并没有割断与假说的血肉联系，仍然保留有假说的成分，对假说的不断检验又成为地学理论进一步发展的内在动力。[2]

（四）地学假说方法的运用需要辩证思维

地学假说是研究者在地学理论的基础上进行理论思维的产物，充分体现了人类思维的创造力。当人类产生需要新的假说来指导实践的迫切愿望时，已经在不知不觉中应用了理论思维。在对地学的探索和认识过程中，首先是对地学事实材料的搜集和积累，在这个直观研究阶段，尽管渗透着理论思维的因素但其作用显现得还不够充分，随着研究的不断深入，地学工作者必须对大量的材料进行整理、加工从而提炼概括出事物的内在本质和一般规律性，在这个过程中，理论思维的重要作用就充分显现出来了。由于研究对象的复杂性，地学工作者不可能从有限的事实中直接过渡到地学理论的建立，只能在事实材料的基础上针对地学现象做出一个初步的、尝试性的解释。这种暂时被接受的解释要成为具有真理性的地学假说，就必须使理论思维符合客观事物的发展规律。地球运动同其他形式的运动一样，都是辩证发展的，并处于广泛的联系之中，唯物辩证法正是概括和发展了自然界的这种客观性和辩证性。恩格斯指出"辩证法是唯一的，最高度地适合于自然观的这一发展阶段思维方式"[3]。只有用唯物辩证法指导，才能正确把握要研究的地球运动规律，找到正确的研究方向和路线，做到"去粗取精，去伪存真，由此及彼，因表及里"，才能抓住事物的主要矛盾、抛弃各种非本质因素，使思维规律同客观地壳运动一致，进而做出正确的科学假说。地学假说的产生、形成、发展、验证、转化的整个过程都离不开理论思维的指导作用，地学研究对象的复杂性也加深了地学现象特殊性与普遍性关系的复杂程度，所以就更加需要自觉地运用辩证思维。

二　地学假说的形成与检验

首先，地学假说形成的一般过程。地学假说的形成虽然是一个具有高度创造性的极其复杂的思维过程，但是也呈现一定的规律性，就其一般程序而言，可大致分为四个阶段。大陆漂移假说的建立过程也经历了这样一个步骤。

由魏格纳建立大陆漂移说的全过程可以发现，地学假说的形成一般存在以几个步骤。（1）抓住科学事实、提出科学问题是形成地学假说的关键一步。爱因斯坦曾经说过"提出一个问题比解决一个问题更为重要，因为解决问题也许仅仅是一个数学上或实验上的技能而已，而提出新的问题、新的理论，从新的角度去看旧问题，却需要创造性的想象力，而且标志着科学的真正进步。"[4]地学工作者结合已有的科学理论，在既有的知识背景下，通过认真观察和分析，针对未知现象及其规律性，提出科学问题，研究的方向也由此确定。（2）提出假说的基本观念是形成地学假说的核心部分。地学工作者在提出科学问题之后，不断进行观察和分析，运用科学的思维方法，在想象、直觉、归纳、类比等多种因素作用下，在科学事实中提炼出地学假说的核心和精髓，提出尝试性理论对科学问题进行初步解答。（3）论证假说的基本观念是关系地学假说生死存亡的一步。地学工作者在提出假说的基本观念后，往往需要搜集、提供更多有说服力的证据去验证它。如果缺乏充分的事实和理论依据，这个假说就会被抛弃。进行论证的过程也是地学工作者对猜测出的新思想进一步加工、深化和完善的过程，即利用经验事实和理论原理使这个假说具有逻辑性和系统性。（4）引申假说的基本观念是使地学假说由抽象到具体的一步。地学假说的基本观念在初步形成时并不完善，抽象程度较高，内容也比较单薄，作为科学假说生长发育的胚芽和种子，必须被不断加以补充和发展，如此才能扩大其适用范围，用以解释更多的地学现象，形成一个完整的理论体系。

以上四个步骤是建立地学假说的基本过程，但由于地学假说的形成过程非常复杂，并不排除其他偶然性。在建立地学假说的过程中，逻辑思维方法的恰当运用非常关键。个别的、特殊的、孤立的地质事实经过研究者运用分析、综合、归纳、类比等多种方法进行加工、整理有机地联系起来，成为具有一般性意义的假说的基本观念。论证假说基本观念的过程，是把已有的科学理论作为一般性原理，结合各种地质事实，演绎出各种推论的过程。引申假说的基本观念，则是运用演绎法从中得到关于个别的、特殊的地学现象之说明的逻辑过程。

其次，地学假说形成的一般原则。地学假说的形成具有高度的创造性，除了受到客观条件的制约外，还受到地学工作者主观因素的影响，通常不具有普遍适用的机械化的固定模式，但是存在一定的指导原则。包括：（1）科学根据原则；（2）解释性原则；（3）可检验性原则；（4）简单性原则。

三　地学假说的检验

如果说地学假说的形成还处于科学发现阶段，那么对地学假说的检验则进入了科学辩护阶段。地学假说的检验可以判定其是否具有客观真理性，而检验的唯一标准就是地学实践。人们提出假说的目的就是指导实践，也只有把它应用于实践，才能有效地判断它的真理性。马克思在

《关于费尔巴哈的提纲》中指出："人的思维是否具有对象的真理性，这并不是一个理论的问题，而是一个实践的问题。人应该在实践中证明自己思维的真理性，即自己思维的现实性和力量，亦即自己思维的此岸性。"[5]作为科学雏形的假说也只有经受实践的检验才具备了上升为科学理论的条件。

（一）地学假说的检验途径

地学假说的检验途径主要有逻辑论证和实践检验。实践检验是假说转化为理论的基本条件，逻辑论证是实践检验不可缺少的辅助手段。

地学的逻辑论证是依据需要被检验的地学假说的思想和观点，并以现有的地学理论为基础，从中引申出关于事实的结论并考察以确定假说的真理性。逻辑推演完成于形成假说的最后一个步骤，即引申假说的基本观念。在这个过程中，相关的地学理论和背景知识是必不可少的，只有在前提中说明相关理论和引入先行条件的陈述，再结合地学假说的基本观点才可能演绎出关于事实的结论。这个结论既可以是对已有事实的陈述，也可以是关于未知事实的论断，这和科学假说的解释功能和预见功能是相符合的。如果把能够很好地解释已知事实作为对地学假说的"一般检验"，那么与之相对应的"严格检验"就是对未知事实的前瞻性预测。后者比前者更为重要。对于那些比较复杂的科学假说，相应的逻辑检验的过程也较为复杂，科学家们往往是借助于建立一个辅助性假设来完成的。例如，德国天文学家培塞尔经过精密测量发现天狼星的位置左右摆动，总是存在周期性的偏差。翻阅了大量的观测资料并结合已有的科学理论，他做出了一个大胆的假设：天狼星有个光度较弱而质量很大的伴星，出现偏差就是出于伴星引力作用。随着实践的发展这个假设最终得到了证实。

（二）实践检验与逻辑检验的关系

作为科学认识的两大武器，理性思维与实践是不可分离的。同样，实践检验与逻辑检验也互为表里、相辅相成，逻辑检验始终伴随着实践检验的全过程。要想更好地实现对地学假说的检验，正确认识和处理实践检验和逻辑检验之间的关系就显得尤为重要。

首先，逻辑检验是实践检验的有效补充形式。实践检验存在实践本身的具体性和理论普遍性的矛盾，很多情况下不能对假说的基本内容直接进行检验，这就需要由假说中演绎出一些可以直接检验的推论，从而实现对科学事实的初步的间接判断。实践标准还存在确定性和不确定性的矛盾，实践是检验真理的唯一标准，但是由于历史局限性，这个标准具有相对性和不确定性，而这同样需要逻辑证明的支持。

我们可以区分理论检验的四个思路。第一是结论之间的逻辑比较，旨在检验该系统的内部一致性。第二是研究该理论的逻辑形式，目的是确定它是否具有经验理论或科学理论的性质，确定它是不是重言式。第三是同其他理论相比较，目的是确定该理论如果通过了各种检验，是否构成一个科学进步。第四是通过该理论推导出来的结论的经验应用来检验它。[6]另外，逻辑检验的跨越性推动了实践检验的连续性。实践检验过程中的每个细节都至关重要，只要有某一环节、步骤的缺失或操作上的失误，整个检验过程都可能会受到影响，检验的结果也会出现错误。而逻辑检验的过程是灵活的，没有严格的预设推理步骤，需要随着推理过程中出现的新问题变换逻辑规则或逻辑前提，不断对结果进行修正和完善。所以说逻辑检验是实践检验有效的辅助性验证方式。

其次，实践仍是检验事物真理性的唯一标准。"逻辑证明中的前提必须是在实践中被证明是正确的认识。逻辑证明中所奠定的逻辑规则也是在实践中产生，并且是被实践千百万次检验证明过的。逻辑证明做出的结论，仍需要经过实践检验，才能最终确定其是否正确。"[7]例如，由海底扩张学说的基本观念引申出的逻辑推演终因深海钻探船在各大洋的深海钻探而得到确证。即使是被逻辑检验证明了的假说，也必须得到实践的最终证明才能肯定其真理性。在对地学假说进行验证的过程中，要正确认识和处理两种检验方式的关系，既要保证实践检验的主导性地位，也要重视逻辑检验的辅助作用，最终达到对事物客观规律的真理性认识。

（三）检验的历史性与相对性

地球科学由于其自身的特殊性和复杂性，对实践过程也造成了一定的困难，地球科学实践对于假说的检验并不是一次就能够完成的，是一个复杂曲折的历史过程，因而说它具有检验上的历史性。

地学的实践活动带有历史局限性，一定历史时期内的实践检验活动还要受到主体认识水平、背景知识、文化传统等多方面制约，不可能绝对地完全地对地学假说进行验证，这就是地学假说检验的相对性。从而可能出现一种假说在某个历史阶段得不到实践的证实而被人们所忽略，但经过一段时间后却重新登上历史舞台，受到人们的青睐。例如灾变论认为地球曾遭受许多灾难，伴随着物种的灭绝和出现，与之相对立的均变论认为地球历史是长远且渐进的。最终，均变论的思想占了上风，但20 世纪之后，灾变论中的某些思想被重新审视并给予了应有的科学地位。

地学假说的历史性和相对性是对地球科学进行检验的一个挑战，实践仍然是检验真理性的唯一标准，随着历史的发展和科学的进步，实践最终将对地学假说的真理性做出最好解释。

（四）检验的标准和原则

地学假说的检验要遵循实践的标准和实事求是标准。假说的真理性不依赖于人们的主观因素，只有在与实践的相互作用中才能得到验证。正如马克思所说："人的思维是否具有客观的真理性，这并不是一个理论的问题，而是一个实践的问题，人应该在实践中证明自己思维的真理性。"[8] 只有经过实践严格检验的地学假说，才有可能上升为地学理论。

对地学假说的检验也要遵循一定的原则。

（1）不能忽视对地学假说的"一般检验"。如果把能够很好地解释已知事实作为对地学假说的"一般检验"，那么与之相对应的"严格检验"就是对未知事实的前瞻性预测。后者比前者更为重要，也往往能给理论提供更高强度的支持。因此，研究者都会倾注过多的注意力在假说的"严格检验"上而忽视一般意义上的检验。应当注意，对于已知事实的圆满解释也具有对理论的辩护功能，应该给予足够重视。

（2）往往不存在"判决性检验"。地学假说的检验活动具有相对性。一方面，对地学假说的检验不可能完全达到精准的程度，不能根据一次检验活动的成功或失败对假说的真理性做出绝对的判断。另一方面，人类的实践活动也存在历史局限性，由于条件的限制，技术水平或认识能力等方面的因素，一个假说中的真理性内容会暂时得不到证实。假说的检验活动是历史发展的。任何个别的检验活动都不能绝对地判定假说的真理性，只能作为评估其相对逼真度的参考，企图用一次检验就匆匆决定假说命运的做法是违反科学认识辩证法的，只能阻碍地学的发展。

（3）合理改进辅助性假设。在假说检验的过程中，如果检验的结果与假说预测的内容不符合，不能武断地认为此假说已经被证伪。这可能是假说的附加假设发生了谬误，研究者可以改进辅助假设，补充以符合事实的新材料，继续为假说的基本观念做出辩护。但这种辩解本身也必须是可检验的。

（4）要用正确的态度对待对立假说。地学研究者一方面要向对立的理论做出挑战，驳斥对方理论；另一方面要应战来自竞争理论的攻击，为自己的理论辩护。对待不同的声音，不能只是粗暴地反对，也要合理做出评价。这种评价也具有历史性和相对性，它将随着实践检验活动的进一步发展而日益完善。

（五）假说在检验中发展

地学假说经过实践的检验后，面临新的发展。一般有以下几种情况。

第一，假说的内容被实践所证实。那么假说的内容经过加工处理之后，突破原有科学理论的限度，上升为新的科学理论，这就使假说有了质的飞跃。

第二，假说被新的科学事实彻底推翻，在科学史上消失。如果假说经过实践的检验，被证明是错误的，这就意味着假说被证伪，那么这个假说就要被推翻。

第三，经过实践的检验，有些假说具有片面的部分的真理性，只反映了事物现象和规律的一个方面或一个部分。这样的假说不能因其片面性而被忽视，也不能因其存在被证伪的部分而抛弃它，我们应该经过不断的实验和探索，对这些假说予以修正、补充和完善，使它接受实践的检验，逐步转化为比较全面的科学理论。

第四，由于历史的局限性，有些地学假说在较长的时期内既不能被证实，也不能被推翻。这种地学假说有两种发展的可能性。其一，随着实践的发展，假说不断地被补充和修正，进一步得到完善，进而发展为科学理论。其二，这个假说随着实践的不断发展而被更加科学、完善的假说所取代。

参考文献

［1］王子贤：《地学哲学概论》，中国地质大学出版社，1989，第 130 页。

［2］王子贤：《地学哲学概论》，中国地质大学出版社，1989，第 236～237 页。

［3］恩格斯：《自然辩证法》，人民出版社，1971。

［4］爱因斯坦、英费尔德：《物理学的进化》，上海科学技术出版社，1962，第 66 页。

［5］《马克思恩格斯选集》第 2 卷，人民出版社，1995，第 78 页。

［6］Popper，Karl，*The Logic of Scientific Discorery*（New York：Harper and Row Publishers，1959），p. 3233.

［7］上海市高校《马克思主义哲学基本原理》编写组编《马克思主义哲学基本原理》，上海人民出版社，1994，第 171 页。

［8］《马克思恩格斯选集》第 1 卷，人民出版社，1972，第 16 页。

观察方法视角下地质学的发展轨迹[*]

白小芳^{**}

内容摘要：地质学方法的产生与发展是由地质学认识对象及其历史条件所决定的。但地质学方法的形成与发展又影响着地质学的发展。而作为地质学方法之一的地质观察法，在地质研究中具有特殊的意义，在地质学发展过程中起着不可估量的作用。因此，探讨地质学发展与观察方法进步之间的互动关系，对于促进地质学的发展与丰富观察方法的理论都具有重要的意义。

地质学作为一门以观察为基础的学科，它的发展是离不开观察方法的进步的，观察方法是促进地质学发展的重要因素之一。本文将以观察方法的视角，重新认识地质学由古代、近代到现代的发展轨迹，这无疑是考察地学发展的一种重要方法。

一 观察视野下的古代地质学

地质学是研究整个地球的构造和发展的科学，"地质学"一词来自古希腊文，其字面含义是："地球的科学或知识"。地质学又是一门实践性极强的学科，它与人类生产和生活紧密联系，自从在地球上出现以来，人类就在与地球接触的过程中开始了原始地质知识的积累。

---

* 本文由笔者硕士学位论文选编而成。

** 白小芳，中国地质大学（武汉）科学技术史专业硕士研究生。

古代地质学研究的内容主要表现为古生物、岩矿物以及地表形态等人类接触到的可用肉眼观察的一些简单的地质现象。

在远古时代，克罗马农人对他们日常看到或食用的野兽进行了忠实的描绘，成为历史上最早的古生物学者。古巴比伦人由于生活和生产的需要，对泥土的性能进行了研究。他们把泥土放在阳光下晒干，使之坚固，经过烧结之后，变成建筑用的砖。古埃及巨大的金字塔足以证明，当时仅凭自己的双手和粗劣的凿子从事这项工作的奴隶们在岩石的构造方面已经具有非常出色的知识。古希腊人和古罗马人对矿物、金属、化石、地壳运动、岩石分化等进行过研究，并对陨石成因做了推测。如：古希腊有一本专门论述岩石矿物的著作，书中记载有矿物岩石 16 种，着重实际应用，也涉及它们的属性，如琥珀、磁石具有吸引某物的属性等。

中国最古老的地质文献——《山海经》中就记载了古人对地质现象的研究内容。此书记述了山岳的位置、走向、距离；河流的源头、流向以及湖泊、沼泽；动植物的形态、性质及其医药保健功效；矿物岩石的色泽、特色、产地；地形、气候等。[1]

古代中国在地质学的研究上就已经形成了一系列的成果。如公元 863 年，唐代段成式在已有观察经验的基础上，在《酉阳杂俎》中记录了许多根据植物找矿的经验："山上有葱，下有银；山上有薤，下有金；上有姜，下有铜锡；山有宝玉，木旁枝皆下垂"[2]。古代中国人在观察的基础上，已经开始猜测植物生长与土壤中所含矿物成分之间的关系。

东汉张衡（78～139 年）在他自己编著的《浑天仪图注》中提出了浑天说："浑天如鸡子。天体如弹丸，地如鸡中黄，孤居于内、天大而地小，天表里有水，天之包地，犹壳之裹黄。天地各乘气而立，载水而浮。"[3]

沈括（1031～1095 年），于 1074 年秋天，在察访途中，观察到太行山山崖中有带状分布的螺蚌壳与卵石。他便在《梦溪笔谈》中根据海贝壳化石推断太行山麓曾是海滨，现今大海已后退千里，整个华北平原是由许多河流所挟带泥沙淤积而成。

古代中国通过观察天象预报地震，并对地震原因进行猜测。公元前 1809 年发生地震后，《竹书纪年》中记载："帝癸十年，五星错行，夜中陨星如雨，地震，伊洛竭。"庄子也对地震的原因发表过自己的议论："海水三岁一周，流波相薄，故地动"。[4]庄子对地震成因的说法虽然是错误的，但是他说地震是由地面上的因素引起，且有周期性，还是比较有见解的。

古代西方也在观察的基础上，通过推测形成了一系列关于地球的认识，包括化石的成因、河流的产生、地球起源、地震发生的原因等。古希腊的阿拉克萨格拉（Anaxagoras），认为地下有个大型蓄水池，拥有绵绵不断的水，一切河流、海洋的形成都是因蓄水池中水的流出。

笛卡尔（R. Descarts）为了解释地震和火山的起源，推测地球早期的阳光可以穿透地球外壳并使其干裂，而来自地球内部的挥发物像燃油一样进入裂缝并燃烧起来，它对岩壁的强大压力引发地震，喷出地面就是火山。[5]

莱布尼茨（GLeibniz）猜测，地球原来是一个发光的熔融球体，冷缩后形成由玻璃和炉渣状物质组成的地壳，进一步冷却就形成了褶皱。[6]布丰（G. L. L. de Buffon）根据陆地上岩石中有海生动物化石，推测过去地球上曾经是一个大洋，后来因为海水漏进地下孔穴，所以海平面普遍下降，最后出现了陆地和山脉。

公元前7世纪，古希腊的自然科学家泰勒斯（Thales），因为观察到了海水拍打海岸，所以他就推测海水冲击陆地是地震形成的原因。辛尼卡（Seneca）在《自然问题》中对地震成因进行推测："地震的主要原因是气。气，这个元素自然而迅速地在地内移动。当它在空旷处活动、潜伏的时间不长时，不致为害；一旦把气驱赶到一个狭窄而又堵塞的通道中，它就大发脾气，向周围障碍物吼叫、撞击，长时间连续搏斗，气就会冲向高处，变得比周围障碍物更凶猛、更强悍。"[7]

古代地质学的局限性表现在：第一，古代学者对地球的认识都是建立在肉眼观察基础上的，由于肉眼观察方法本身的一些缺点，传统地质学都带有直观、推测的性质；第二，古代地质学研究的内容虽然涉及古生物、岩石矿物、地震等方面，但从总体上看，古代地质学知识都是零碎的，没有形成体系，因此从严格意义上讲，它还没有成为一门独立的学科。

二　近代地质学的发展与实地考察

18世纪，地质学作为独立的学科出现在欧洲。被称为"地质考察之父"的盖塔尔（E. Guettard），通过对法国奥夫尼地区死火山的详细观察以及对海生动植物化石的精细观察与描绘，结束了古代学者对地质学研究的猜测阶段。

18世纪中期到20世纪初，是近代地质学产生和发展的时期。在这一百多年中，地质学开始由猜测逐渐转变为科学。在这一过程中，观察方法起到了重要作用，尤其是地质学家们开始将观察方法同分析方法、综合方法、归纳方法、演绎方法等结合起来加以使用，从而使地质学发生了质的变化。

近代地质学，也被称为经典地质学，它是在文艺复兴以来，特别是英国产业革命之后，随着资本主义工业的兴起而产生和发展起来的。18世纪资本主义生产关系的确立，推动了社会生产的发展和产业革命的完成。"首先实行产业革命的英国工业急速发展，人们不得不寻求新的能源而把煤作为燃料。由此，煤的需求量骤然增加，采掘方式也不得不从露头附近开采转向坑道开采。因此，必须对煤的分布和储量进行预测，为了了解煤层上覆盖地层与下部地层的岩性，并解决覆盖地层如何以最短距离挖到煤层等问题，都需要地质学方面的知识。"[8]许多自然科学家改变了传统的工作方式，纷纷走向大自然，进行实地考察，一套野外工作的方法逐渐形成，地质学也就在满地灰尘的采矿业中成长起来。英国的地层学之父威廉·斯密斯（W. Smith）在1794～1799年勘察运河和煤矿时，发现每一层岩层都有属于本岩层特有的化石，即地层层序律，从此翻开了地质学研究的新篇章。随着自然科学的发展，地质学从矿物学中逐渐独立出来，地质科学认识客观世界的过程，遵循着由局部到整体，由个别到一般的道路。地质科学的萌芽是从矿物学开始，然后发展认识化石研究地壳的发展历史，到整个地壳，再到整个地球的发展规律。[9]

赫顿（James Hutton）编写的《地球学说》以及莱伊尔的《地质学原理》，建立了地质学的理论体系，总结了地质学研究的科学方法，明确了地质学的研究对象，探讨了地质学的发展趋势，标志着近代地质学的产生。因此，赫顿被称为"近代地质学之父"。

和传统地质学相比，近代地质学在研究方法上已经取得很大进展，肉眼观察方法虽然仍然是近代地质学使用的方法，但它已不是唯一的方法。仪器观察方法的出现，促进了近代地质学的发展。近代地质学观察方法与传统地质学中的观察方法相比，不仅在内容上有很大进步，而且在研究形式、手段上都有很大的进步，这也使得地质学在研究水平上以及精确度上都有了很大提高。

近代地质学较传统地质学来说，已经有了很大的进步。但是由于时代的限制，它仍然存在自身的局限性。

其一，片面性。例如，从 18 世纪中叶开始了以考察地质现象为目的的旅行和探险，即以地质旅行为特征的系统地质资料的搜集工作，人们试图以岩石组分、结构、构造特征等排列出一个全球标准化的地层层序。魏纳（Werner）在于 1787 年出版的一本书中，将撒克逊地区的地层由老至新划分为：原生岩、过渡岩、盖层岩、冲积岩等。他并且推论，这个层序适合于全球，称之为"万有建造"，并提出自己的"地球学说"。魏纳认为：固体地球内部不存在任何自身的运动，阿尔卑斯山脉是地球所固有的；火山喷发的岩浆并非来自地球内部，是被埋藏的煤层自然熔化后形成的；因此，火山岩实际上是水成岩的派生物。[10]魏纳这种"一叶障目不见泰山"的思想，以及以偏概全的地球史观曾流行了半个世纪，成为当时地质学发展的障碍。

其二，机械性。例如，赫顿（Hutton）根据他自己研究的一些希腊、罗马时代以来的历史地理文献，认为两千多年来，海岸线的位置没有明显的变化。于是，他认为：自然界存在均一性原则。赫顿的均变论虽然对于近代地质学的发展有着重要的作用，但是这种根据不完善和不准确的资料概括出来的理论，将地球演变看成重复的均一过程，不能合理解释地球的发展，在反映地球历史方面存在严重的缺陷。

三　现代地质学与观察新方法

20 世纪是现代科技革命发生的时代，在科技革命的背景下，现代地质学也发生了重大的变革。莱伊尔（Charles Lyell）编著的《地质学原理》的出版，标志着现代地质学的产生，他因此被称为"现代地质学之父"。进入 20 世纪以来，地质学学科发展逐渐精细，学科研究日益深化。具体表现为地质学研究方法由宏观研究走向微观研究、由定性研究走向定量研究以及定性与定量的综合研究、由单一的野外肉眼和简单仪器观察转变为高精度的观测。地质学研究范围，则由大陆走向海洋、走向太空。越来越多的高科技运用到地质学观测中，从而大大地提高了地质学家的鉴定能力和分辨能力。如：现代电子显微镜在实践中的应用，使地质学家能够在放大 80 万倍的条件下，直接观察到矿物内原子的详细排列状况；电视机与偏光显微镜的结合，能够将岩石的微观特征直接显示到荧光屏上，使地质学家能够详细观察到岩石的微观特征。

地质学观察方法的新手段、新工具等的综合应用，对地质学的未来发展产生了重大的影响，地质学的研究范围也从陆地扩展到海洋与太空，从地表深入地下，从地球内圈扩展到外圈。从此，对地质学而言，上天、入地、下海，已经不再是梦想。

海洋地质学的兴起和发展，使得人们对海洋的认识跨入一个新的阶段，获得了丰富的海洋资料。1949 年，美国哥伦比亚大学拉蒙特地质观测所对海洋地质的系统调查，获得大量的第一手的海洋地质资料。1958 年前后，英美海洋考察队的深海探测等，都用确凿的资料诠释了海洋地质的新概念。1987 年，中国科学院沈阳自动化所研制出我国第一艘无人遥控潜水器"海人一号"，通过试验，证明它可以进行水下观测，帮助地质学家取得更为可靠的研究数据。同时，地质学者们用大陆地质理论去类比、推测海洋地质，认为海底是个平坦盆地，地层比陆地地层古老，地质作用不活跃。通过深海观测研究，人们还认识到大洋高原岩石圈结构可以和大陆地台岩石圈对比，岩石圈内部有低速层存在，表现为层间滑动带，并导致大陆地壳与海洋地壳的相互转化。

深海探测、深潜及卫星地球物理测量的应用，标志着地质学在海洋研究领域的飞跃。自 1978 年世界上发射"海洋卫星一号"以来，美国等国家相继发射了多颗以观测海洋要素为目的的卫星。以重力为影像图的糙度，可观测由海洋岩石圈和地幔密度异常所引起的线形构造，并可获得全球海底的影像图。

最新的地球物理观测资料显示出地幔的最底部是不均匀的，位于地幔最底层的是地球内部横向变化最大的复杂圈层。靠近核幔边界岩性的侧向变化超过了除地表以外的地球其他任何地方所能找到的变化。海底扩张说和板块构造说，就是地质学家对地壳深处研究获得的显著成果。

卫星与宇航对地观测技术的应用，使得人们对地球有了新的认识，地质学研究从地球走向了太空。在美国和苏联一系列月球探测仪器发射后，人类对月球的认识特别是对月球空间环境、地形地貌、地质构造、物质成分、起源与演化等的认识发生了质的飞跃。现代宇航观测表明，地球与月球、金星、火星等星球之间，有着显著的相似性：年龄近似，都诞生于 46 亿年前；在演化早期，都发生过重要的热力事件和玄武岩外溢，而且经历过分离作用和形成圈层的过程，因而，组成了类地行星族。

宇观相似原理现在已被广泛应用到天文地质学、天体地质学、行星地质学等新兴学科当中。天文观测、宇航考察和遥感地质技术的发展，使地质学家有可能把"由地论天"和"由天观地"有机结合起来，揭示地球与类地行星之间在物质成分、内部结构、外表形态和演化历程等方面的异同点。其中，天文地质学主要是"由天观地"，力求揭示各种天文因素对地球地质现象的影响，阐明岩石圈与各种宇宙物理场的相互作用对地球诸圈层的影响。近年来，天文地质学家通过天地类比，已经先后提出了陨星冲击说、彗星堕落说、彗星群爆说、超新星爆发说等众多假说，分别用不同的地外灾变因素来解释地质学演变史中，大量生物灭亡和中生代恐龙绝灭。

天体遥感观测技术的使用，使地质学家获得了过去无法获得的天体影像资料，扩大了地质学研究的范围，加深了人类对宇宙天体的认识，促进了地质学的发展。例如，地学家通过遥感观测摄制成的航空相片和卫星相片进行地震地质构造背景分析，进而确定可能发生地震的危险地区或者是危险地段。有些不易在地表发现的活动断裂，通过遥感观测，则可以在航空相片上看到清晰的影像。遥感的应用，使得卫星相片在对活动断裂的解释方面发挥了重大的作用。美国的科学家就正在利用激光测量地球上各点之间位置的变化，以研究大陆是否漂移。卫星观测还表明，非洲正在以每年几英寸的速度漂移。卫星相片扩大了人们的视野，便于对大范围内的各种地质构造现象进行综合的对比分析，避免了因视域狭小而造成的认识上的疏忽和误差。

参考文献

［1］ 赖家度：《张衡》，上海人民出版社，1979，第 8 页。

［2］ 李约瑟：《中国科学技术史》第五卷（地学），科学出版社，1976，第 58 页。

［3］ R. 劳特巴赫：《地质世界》，姬再良、龙长兴编译，科学普及出版社，1987，第 15 页。

［4］ 谢敏寿：《中国地震历史资料汇编》第一卷，科学出版社，1983，第 47 页。

［5］ Mather, K. F. & S. L Mason, *A Source Book in Geology*（New York：McGraw-Hill, 1939），p. 33

［6］ Geikie, A., *The Founder of Geology*（Macmillan & Co., London, 1905），p. 84.

［7］ Geikie, A., *The Founder of Geology*（Macmillan & Co., London, 1905），p. 81.

［8］ 小林英大：《地质学发展史》第一版，刘兴义译，地质出版社，1983，第 5316 页。

［9］ 恩格斯：《马克思恩格斯选集》第 4 卷，人民出版社，1972，第 412 页。

［10］ 孙荣圭：《地质科学史纲》，北京大学出版社，1984，第 24 页。

"将今论古"方法在地质学中的应用[*]

肖　婷[**]

内容摘要：一门学科是否科学，取决于它的研究方法是否科学；与此同时，科学的进步与否，则很大程度上取决于研究方法的进步与否。因此，选用正确的科学研究方法，对地质学的发展进步具有重大的促进作用。自地质学产生以来，"将今论古"方法得到了不断的丰富与完善，尤其体现在地质学的具体应用中。学术研究上，以地质学的视角，用"将今论古"方法研究地质具体问题的实例频频可见；然而，以哲学方法论的视角，研究"将今论古"方法在地质学中的应用则相对较少。本文通过以哲学的角度研究"将今论古"方法来探讨其在地质学中的应用。针对这一重要课题的研究，对地质学的发展进步与"将今论古"方法理论的丰富都具有重要意义。

一　地质学中"将今论古"方法的意义

莱伊尔提出"将今论古"方法，是 17 世纪地质学的一次飞跃，与在他之前的赫顿相比，无论是在方法具体应用上还是在理论上都做出了更为全面的阐述。因此，确切地说他完成的不仅仅是一种方法，更深远来说是完成了地质学史上的一次革命。正如著名生物学家、进

　＊　本文由笔者硕士学位论文选编而成。
＊＊　肖婷，中国地质大学（武汉）科学技术史专业硕士研究生。

化论倡导者达尔文说的绝不是我随身携带的任何一本著作中提到的方法所能比拟的。

（一）"将今论古"方法的理论意义

在莱伊尔去世后的 100 多年里。"将今论古"的方法在理论和实践上有了巨大的进展，在《地质学原理》的基础上，形成了一系列新的学科和新的科学方法。因此，"将今论古"方法应用的开创不仅给地学界而且给其他科学界带来了辉煌时代。

"将今论古"方法被认为是认识事物的历史形态和演化过程的重要方法、手段之一，在各个学科发展中都占有重要的地位，如在地质学、生物学、天文学、胚胎学、人类学等学科领域中。科学家研究的资料表明，地球历史演化历经 46 亿年，地球上的生物大概有 30 多亿年的历史，人类的演化史则大约有 300 万年，然而，人类真正经历的文明历史时代只有上下五千年。整个人类历史与地球演化的历史相比较而言，仅如喘息之间。对于自然界的演化过程，科学家们无法观测到全部概况，可供观察的就属自然演化史中的极小部分。为了对这些演化过程进行全面的认识，需要借助一定的观察手段，自然观察方法必不可少，同时也要用到模拟实验的方法。除此之外，在这种无法重演历史现象的情况下，必须有"将今论古"方法作为理论思维的支撑。有了"将今论古"方法的具体应用，科学家可以根据自然演化历史的某一过程形成科学的理论假说。因为，地球发展的"昨天"和"今天"是密不可分的，事物发展遵循辩证的否定的规律。正如唐代诗人王维说过的"观今宜鉴古，无古不成今"；还有唐太宗李世民说过的"以铜为镜，可以正衣冠；以古为镜，可以知兴替；以人为镜，可以明得失"。所以，无论是大自然还是人类社会或是人类思维都是历史演变的过程，我们现在所见到的事物就是历史遗留的若干成分的组合。今天是由昨天演化而来，又向明天演变而去。

莱伊尔在《地质学原理》一书中，详细论述了以地质渐变论思想为主的"将今论古"方法论。这种方法论原理为地质学领域做出了重要的贡献，甚至在整个科学史上都占有一席之地。纵观欧洲 18 世纪末期的科学历史，在这个时期尽管人类认识自然现象和研究各种信息的能

力远远高于以前任何时代，但是，宗教神学始终围绕着人们，使得浓
厚的形而向上的思想制约着人类向前发展。自然科学要得到更大的发
展，必须扫除眼前的约束与障碍，同神学宗教展开激烈的斗争。这是
以地质学为主的各门科学的首要任务。按照这种思想莱伊尔在《地质
学原理》中列举了多个实例对神学宗教观点进行强有力的抨击。《圣
经》认为人类的出现以及地球由原来的混沌状态演化为适合人类居住生
活的地方，这一切功劳都归结于上帝，上帝创造了地球，创造了人类居
住的环境。相反，莱伊尔则比较支持赫顿的均变论观点，坚信地球表面
的所有特征都是由较长时间的、难以识别到的自然过程形成的。看似
"微弱"的地质作用力（大气圈降水、河流、潮汐、风能等）在漫长的
历史过程中起作用能够使得地球的表面发生翻天覆地的变化。并且现在
地球表面和地面以下的活动作用力的种类、程度都与远古时代的地质变
化作用力完全相同，强调"古今一致"性。因此，解释地球演化亿万
年的历史，地壳中的岩石则是最好的载体，无须求助于《圣经》或者
灾变论观点。正是莱伊尔的这种渐变论观点，彻底地从理论上粉碎了神
学论或是后来的灾变论，在与上帝创造地球的"创世论"之间划出了
一条严格的界线，完成了近代地质学中的一次革命，使得人们知道，人
类赖以生存的自然环境不是完全不变的，而是以其所固有的规律，伴随
着漫长的地质时间处于不断的变化和发展中。莱伊尔的渐变论中"古今
一致"思想的出现为推动地质学的发展起了重要作用，并奠定了地质学
发展的基础。

（二）"将今论古"方法的现实意义

早在公元 1074 年，我国北宋著名的科学家沈括（1031～1095 年）
在他的名著《梦溪笔谈》中就对"将今论古"方法做了简单应用。在
书中他谈到"遵太行而北，山崖之间，往往衔螺蚌壳及石子如鸟卵者，
横亘石壁如带。此乃昔日之海滨。今东距海已近千里"，由此，可以推
断出距海已近千里的太行山过去曾经是海滨，太行山以东的位置有着肥
沃的平原，原来是由黄河、漳河、滹沱河的泥沙堆积而形成的。1000
多年前的沈括拥有如此深刻独特的见解的原因之一就是"将今论古"
方法的正确应用，这里沈括使用的"将今论古"方法是将研究对象的

历史形态与现在形态做出严格的类比，以现在的形态为认识和考察的基础，通过现在的形态去推导历史的形态。

像这样的推断在今天看来可谓非常普通，但是在当时的发展条件下能够正确应用"将今论古"方法却极其不易。方法论的正确应用是分析人们对地质规律认识的启发作用，明确以认识的"古"为目的，以认识的"今"为基础，对"今"进行深入的精确观察和了解，为推断历史奠定一个良好的基础。找出今天和过去的中间物（相同点或相似点），才能使今天更好地成为开启过去的钥匙。正是这种方法论思想的提出，使科学界的其他学科问题的研究都有了一定的借鉴。例如，古生物学中，物种由一种进化成另一种，为了研究旧物种的习性特征必须借助"将今论古"的方法，以新物种的现状为研究对象进而深入展开。"将今论古"的分析方法的应用不仅对推动地质学的发展起了重大作用，奠定了现代地质学发展的基础，而且为后来的其他学科的发展指明了方向。

二 地质学中"将今论古"方法存在的局限性

"将今论古"方法是莱伊尔正式提出的，发展到现在其理论意义已经非常丰富了，并且已经成为地质学发展中的一个基本应用方法。"现在"是开启"过去"的钥匙，简单地说就是将"现在"作为打开地球几十亿年来地质演变的钥匙，这样的说法未免太牵强，具有一定的局限性。因为我们今天所能看到的地质现象、感受到的时空都不再是过去历史上的了，地质灾变现象也是与地质渐变同步发生的，不能完全否定灾变的存在而肯定渐变的思想，今天的许多事实也证明了这点。地质变化的时过境迁，演化形式的千变万化，仅仅用今天观察的结果去解释过去的历史现象缺乏严格的范围界定。因此，作为渐变论的重要方法之一——"将今论古"方法具有明显的局限性。

（一）"将今论古"方法片面地强调古今一致性

长期以来，由于受到莱伊尔均变论思想的影响人们一致认为地球上的物质所存在的化学性质、物理现象、动物植物的生活习性以及生活环境等都是古今一致的、永不改变的，因此，人们便把这种理解看作自然法则。显然，在考察地质变化的历史进程中，"将今论古"的现实主义方法存在一定局限性。例如，在化学中具有较短寿命的放射性元素可能存在于地球起源的初期，到了现在地球上可能无法再发现这类元素。经过漫长历史的演变，具有较长寿命的放射性元素可能衰变成其他同位素了。物理学中的某个现象从古至今保持一致，这种说法遭到严厉批评与抨击。漫长的地质变化中，地球磁场的产生、消失及其方向变化不是在短暂时间内所能观察到的，也并非用实验方法能加以重演的，古今一致的说法必然遭到质疑。动物植物的生活习性方面，曾经有丹麦的 Galathea 号考察船（1950～1952）将原来生活在浅海区域的海百合从 8210 米的深太平洋海底打捞上来后，人为地改变了它的生活习性，这种在侏罗纪就存在的植物由于适应能力极其强悍，在不断改变的环境中都能存活下来，因此有"活化石"之美誉，所以动植物的生存与环境之间不具有同一性。生物赖以生存的环境也并非"古今一致"，科学研究表明地球起源的初期大气主要包括甲烷（CH_4）、氢（H_2）及氨（NH_3），与今天的其他外星球上的气体成分十分相似。我们人类赖以生存的氧气是在地球诞生 20 多亿年之后才有的，除此之外，水圈也具有相应的演变历史。可见，地球上生存环境绝非古今一致。

（二）"将今论古"方法片面地强调时间的可逆性

地球发展的历史是具有一定的阶段性的，这些阶段并不是过去的简单重复。既要注重全球大体的一致的阶段性，又要从空间上看地域各异的不平衡性。科学研究多方面证实，地壳形成的早期其地表温度远远高于现在，产生的热量比现在多四五倍，再加上外星球、陨石等撞击的因素，使地表处于极不稳定的高温状态，显然这一特点必然决定了早期的地质作用不同于现在。而在莱伊尔看来，研究地质变化的历史及其原因，仅仅是以时间为主要线索简单追溯到远古时代。可见这种思想带有明显的机械可逆性，在运用"将今论古"方法时没有遵循历史唯物主义的观点，地质变化的系列时间进程中，无论是灾变论还是渐变论都不可能断言后一次是前一次的机械重复。因此，在确定地球发展阶段上没有从时间上区分"古"与"今"的具体差别。另外，从空间上看，现在我们所生活的大陆并不是地质演变 40 多亿年中聚合在一起的单一的巨大板块，然后在最近两个多世纪的时候发生破裂、漂移而形成的。这种漂移至今还在不断地进行着，以岩石圈为主要形式的板块长期漂移运动，使得地理环境发生不断的变化，必然导致大陆区域的不平衡性更为复杂。

总之，结合"将今论古"方法所存在的局限性可知，在地质学研究过程中，必须正确地把握"古"与"今"的关系，充分考虑地球发展的历史，时间阶段性、空间上的不平衡性以及不同阶段下的自然环境、历史条件、自然现象、地球结构等因素，如此才能正确研究过去、了解现在、预测未来。

三　新思维——"将今论古"与"将古论今"的结合

地球历史长河中的瞬间状态，是地球演化至今的积累与展现。因此，为了全面地认识地球的演化历史，首先必须改变陈旧的思维方法，对这里所说的"将今论古"方法是既扬弃又保留的。也就是既要继承与坚持"将今论古"方法优势可取的一面，又要摒弃其不合理、片面形而上学的一面。所以为了正确地运用和把握"将今论古"方法，必须将其融入地球演化的历史长河中去考察和认识。

（一）"将今论古"与"将古论今"方法的异同

"将今论古"与"将古论今"均为地质学中的研究方法，通过相互比较，从方法论的角度看，两者之间既有同一之处，又存在不同之处。

对于"将今论古"与"将古论今"两种方法的异同点，既可以从时间上来研究又可以从空间上加以探讨。第一，从时间上，两者是以时间的向前或向后来对地质事件加以研究的，只是在出发点上不同，"将今论古"是以现在存在的地质事件为研究的出发点，通过现状的研究分析逐渐深入过去的历史时期，强调的是从现在向过去推断，分析过去历史的地质事件状况，如从地球演化角度来探讨原始地球的组成、形态以及构造特征等；而"将古论今"则与"将今论古"相反，它的出发点是以历史上发生过的有记载的地质事件为研究出发点进而过渡到现在乃至以后，然后找出过去和现在之间存在的直接联系、间接联系，如在揭示了早期的地球演化历史以后，根据亿万年前的生物地质历史形成的传统观点来分析研究今后一段时期的历史状况，这正是"将古论今"方法论发展的基本思想所在。

第二，从空间上，每一个地质事件都在某一瞬时某一个区域进行着变化的过程，使整个过程尽可能地呈现协调。"将今论古"方法以现在的事物为钥匙来开启过去的事物发展的历程，现在地质现象所展现在我们面前的也许就是一块不起眼的小岩石，且在地球上占有的空间相对较小，如果推断到远古可能是一个大它十几倍乃至几十倍的大块岩石，自然界的各种外因使它受到侵蚀，风化等，还有可能岩石块里面含有某种衰变的元素，经过漫长的演化衰变成其他同位素了，物质占据空间必然会发生一定的变化；这种假说用到"将古论今"上也是成立的，远古的事物存在的空间与现在的一定也存在空间差异。当然，仅仅是空间大小发生改变，其无论是从"今"到"古"还是从"古"到"今"都是有不可分割的联系的。

（二）"将今论古"与"将古论今"方法的结合

在地质学的实际运用中，"将今古论"与"将古论今"方法是相互结合在一起的，它们之间的存在形式是相互补充和相互佐证的。以现实的地质现象为研究对象的"将今论古"方法相比以历史材料为研究对象的"将古论今"方法而言，其研究材料更为直接、更为丰富，而反过来，后者相对于前者则逻辑推理更为严密，"将今论古"与"将古论今"在方法上各有优劣。为了更好地利用这两种方法，最有效的是取长补短、相得益彰将两者结合起来。经过各种论证研究得出的事实正是如此，例如板块构造学说的理论研究中，两者间的相互救助使得现代地热、现代地貌、现代地震与现代地质同古代地形、古代气候、古代地磁及古代生物的研究并行，相互丰富，最终使板块理论更为完善、更加成熟。

其实，从逻辑推理上来说，"将今论古"与"将古论今"是两种完全相反方向的推理过程，为了构成完整的辩证的历史方法需要将两者有机地结合起来加以运用，如同莱伊尔在谈到此种结合的形式时指出："我们虽然仅仅是地球表面上的过客，并约束在有限的空间，所经过的时间也很短促，然而人类的思想、非但可以推测到人类目前所不能看见到的世界，并且可以追溯到人类肇生以前无限时期内所发生的事故，并且对深海的秘密或地球的内部，都可以洞察无遗；我们和诗人所描写的创造宇宙的神灵，同样自由，——在所有的陆地上，所有的海洋里和高空中漫游。"[1]

（三）板块构造理论中"将今论古"与"将古论今"相结合方法的具体应用

众所周知，板块构造理论是地质学中的经典理论之一，也就是说地球的构造活动带将地球的岩石圈分为若干个板块，其中的动力以地幔对流为主使板块不断产生又不断消失。针对板块构造理论，著名的构造地质学家郭令智认为应该在地质实践中重新审查该原理。在验证板块理论的过程中，应该将研究方法的理论掌握落实到实践上，力求理论在实践中能"开花结果"。在理论研究验证中，郭令智并不是单纯地把"将今论古"与"将古论今"分开来看，而是适当地将两者结合起来，即在今昔对比过程中追溯地质事件发生的历史渊源，确定其发展的历史顺序，以便抓住关键性的线索，得出新的发现和发明的方法。如同他本人主张的，地质构造的形成与演化，在本质上是个陈旧布新的过程，地质学的研究过程必须采取变革式的思维方式，从固定论到活动论，不断根据客观存在的地质事实，重新认识、重新审查、不断比较、不断深化、不断更新观点。[2]

郭令智针对"将今论古"与"将古论今"在方法上的结合认为："将今论古"，与"将古论今"方法的结合，不仅仅是一种研究态度，同时更是一种研究方法，以客观存在的地质事实为依据，进行古今对比，既可以进一步验证原有的地质学原理，又可以进一步探索发现的新理论。[3] 在"将今论古"和"将古论今"方法的正确应用上，郭令智不仅证实了板块理论的准确性，还在此基础上进一步地发展与扩充了板块理论。例如，地质学家斯蒂勒雷主张远古时期的地质造山运动具有同时性和全球性两大规律，这一主张在当时的地质学界被广泛接受，而郭令智通过对华南地区的地质研究对斯蒂勒雷的理论提出挑战，并认为地壳运动应该是具有不均衡性的，在"将今论古"与"将古论今"方法的结合上论证说明在每次的造山运动中地壳凸起正上方的构造地区，根本不像以前学者们研究的那样存在不整合面，或是表现为假整合，而是在地质剖面上表现为连续的层积。根据郭令智的研究结论，可以在理论上论证不均衡的造山运动，在实践上在清楚地壳运动凸起正上方的构造地区的地质情况的前提下为矿产资源的勘测提供合理的依据。

　　总的来说，"将今论古"与"将古论今"结合的思维方法的正确应用首先要明确历史是现实的依据，现实又是历史的超越。从实质上讲，就是要求我们在具体应用时注意到历史与现实的统一、理论与实践的统一、继承与发扬的统一。

参考文献

［1］赖尔（又译莱伊尔）：《地质学原理》，科学出版社，1959，第 152 页。
［2］吕乃基、张相轮：《学会做人做学问：点击科学家的金色人生》，海天出版社，2001，第 221 页。
［3］吕乃基、张相轮：《学会做人做学问：点击科学家的金色人生》，海天出版社，2001，第 222 页。

哲学思维与找矿实践方法论

罗孝桓[*]

内容摘要：在找矿实践中，充分运用辩证思维模式、创造性思维方法、系统论观点等哲学思想指导地学研究和矿产资源调查评价，将极大地提高工作效率、拓宽找矿思路和有助于获取高质量的找矿成果，进而推动我国地学的整体研究水平上一个新台阶。

哲学，是关于自然知识、社会知识和思维知识的概括和总结。是理论化、系统化、科学化的世界观和方法论。哲学揭示自然、社会、思维的最一般的规律——对立统一规律、质量互变规律和否定之否定规律。[1]

对立统一规律。矛盾是指事物之间或事物内部各要素之间的斗争性和不协调性。矛盾是事物发展的动力。矛盾双方相互依存使矛盾得以存在和发展；矛盾双方相互排斥和否定，为矛盾的转化即质变做准备。[1]矛盾的同一性和斗争性相结合构成事物发展的内在源泉和动力。在地质作用过程中，成矿作用常发生在地质－地球物理－地球化学矛盾带。沉积间断面、褶－断带、氧化－还原界面、重力高－重力低过渡带、正负磁场转换部位、渗透障与不渗透障的相互叠置处等都是典型的成矿和富矿部位。

质量互变规律。质是事物自身的一种内在规定性，并以此与其他事

* 罗孝桓，中国地质大学（武汉）地质勘探专业硕士研究生、贵州地矿局高级工程师。

物相区别。事物的质具有多样性，质变是事物由一种质态向另一种质态的飞跃，是根本性的、显著的变化。质变表明事物连续性的中断。量是事物的规模/程度/速度，是表量概念的规定性。量变是事物数量的增减和场所的变更，是事物微小的、不显著的连续的变化。由量变到质变的界限是度。在度的范围内是量变，否则是质变。岩石（废石）、矿化岩、工业矿体既包含质、量、度的概念，同时也是相对而言的，且在一定的条件下可以相互转化。质量互变，反复循环，促进大自然、人类社会的新陈代谢、发展演化。

否定之否定规律。由于事物的矛盾运动，任何事物内部都包含着肯定和否定两个方面，肯定是维持其存在的方面，否定是促使事物灭亡的方面。否定是发展的环节，发展是通过否定实现的。否定产生新事物、消灭旧事物。否定是更新换代。对人类而言，地质过程中的成矿作用是一种肯定，改造是一种否定。改造有两种结果：富化或贫化，放大或缩小。一个矿床经历多次形成与改造（从肯定走向否定，再到否定之否定）可能形成大型超大型矿床，或反之。

简而言之，哲学是我们认识物质世界的重要的思想工具和从事社会实践的科学的工作方法。哲学，特别是马克思主义哲学的唯物辩证法思想是科学的世界观和方法论，是我们认识世界，进而改造世界的强大的思维武器。

一　科学的逻辑和非逻辑思维方法

唯物辩证法就是科学的逻辑思维方法，它是人们进行正确思维，实现由感性认识到理性认识、由理性认识向实践的飞跃，进而把握真理的科学。科学的逻辑思维方法是一个整体，主要有：归纳和演绎、分析和综合、抽象和具体等。这三对六类思维模式从矛盾运动的角度考察既对立而又统一。归纳和演绎，前者是一种发散性思维。它是从一般原理、概念推出个别结论的思维过程，它是从一般到个别的思维运动。后者是一种收敛性思维，即从许多个别事实中概括出一般概念、结论的思维方法，这是从特殊到一般的思维运动。分析和综合，分析是在思维中把认识的对象分解为不同的组成部分或方面，并分别对其加以研究，进而认识事物的各个方面，从中找到事物的本质。构造解析是分析，矿化期次的划分是分析，连续刻槽分段采样是分析。综合则是把分解出来的各个部分、方面按其客观的次序、结构、排列组成一个整体，从而全面认识该事物。构造解析是为了认识一个地区的构造变形历史，矿化期次的划分是为了了解矿化富集规律，分段采样是要掌握矿化与构造、蚀变的关系。分析和综合是对立的统一关系。分析是综合的基础，没有分析就没有综合；综合是分析的统一。离开了综合的分析也不是科学的分析，只有把二者结合在一起，才是一个完整的、科学的方法。分析和综合在我们矿产资源调查评价的各个阶段、各个环节中无处不在。

　　长期以来，逻辑思维一直被认为是科学思维的唯一类型，随着科学技术及科学思维的发展，人们越来越认识到形象思维、直觉思维与逻辑思维一起并列为科学思维的三种基本类型。[1]形象思维是在形象地反映客体的具体形态、姿态的感性认识的基础上，通过意象、联想和想象来揭示对象的本质及其规律的思维方式。意象是对同类事物形象的一般特征的反映，它是关于对象的生动形象的"内心图画"。这幅生动形象的"内心图画"是对同类事物的形象分析和形象综合而建立起来的。意象是以形象的形式，而不是以抽象的概念的形式表现出来的。联想是指由一事物想到另一事物的思维活动。联想是将头脑中的意象联系在一起，由一种已知的意象唤起另一种已知的意象，联想不创造新的意象。联想通过反映意象之间的关系来把握意象的内容；联想是对意象有所断定的思维形式；联想通过类比来揭示意象之间的差别、相似或接近。想象是在联想的基础上加工原有意象而创出新意象的思维活动。例如，卢瑟福提出的原子模型，就是运用与太阳系的恒星－行星结构的联想而创造的一种新意象。从美国卡林型金矿到中国的微细浸染型金矿，从构造作用、成矿作用到构造成矿作用等，都是缘于想象而创造出新意象。这也需要使用形象分析、形象综合等思维方法。[2]

　　毛泽东曾经说过："人类总得不断地总结经验，有所发现，有所发明，有所创造，有所前进。"创造性思维是人类创造活动的灵魂和核心。创造性思维有两种基本形式。（1）以非逻辑思维形式——想象、直觉和灵感等为主的创造性思维。这种创造性思维主要运用直觉、灵感、想象等触发新思想、新意象的产生。许多科学家的经验表明，只要具备必要的基础条件，如理论准备、实验研究、对问题的思考达到一定的程度，又为灵感创造一定的激发条件，灵感往往就会从希望变成实现。"机遇偏爱有准备的头脑"就是这个道理。

（2）以逻辑思维为主的创造性的思维。逻辑推理有三种方式：演绎推理、归纳推理和类比推理。演绎推理虽然强调前提与结论之间有必然关系，但是演绎外推完全可以进入还没有被人类考察过的未知领域。科学史上门捷列夫关于钪、镓、锗等新元素的预言，就是以演绎为主的创造性思维导致重大科学发现的典型例证。在一个地区通过成矿系列的研究，可以预测在该区还可能发现的矿床类型和矿种。归纳推理虽然结论不具有逻辑的必然性，但更明显地表现出是一种由已知到未知的方法。特别是直觉归纳，可以说是创造性思维的重要形式。老矿区、旧矿区找矿的工作思路，就是归纳推理的思维模式。类比推理所得到的结论不具有逻辑的必然性。但正因为如此，它为人们的思维过程提供了更为广阔的"自由创造"的天地。从而成为科学研究中非常有创造性的思维方式。矿床勘探网度是经典的类比推理模式。由于世界上绝没有两个完全相同的矿床，所以在类比的基础上创造性地布置勘探工程以求对勘探对象进行三度空间的有效控制才是地质技术人员的高招所在。若只类比不推理就只能算是机械地照搬规范。以类比为主的创造性思维是多种思维形式的综合。

二　哲学思维在找矿实践的应用

首先，找矿中的创造性思维。

在找矿工作中，创造性思维占有特别重要的地位。甚至可以说是找矿成败的关键；在一个新区或工作程度极低地区部署找矿工作更需要借助创造性思维。世界上找不到两个完全相同的矿床。地质找矿为创造性思维提供了无穷的机遇。一种新的找矿理论或新的成矿假说的提出，一个新的矿床类型或新矿种的发现，都是创新性思维的结果。一位有名的西方石油地质学家说过，"石油归根结底是在人们头脑中找到的"。这话初听似乎违背唯物论，但实际上符合唯物辩证法。大家知道，中国的卡林型金矿发源于贵州。20 世纪 70 年代以前，在贵州西南（黔西南）大片三叠系深海硅质碎屑岩分布地区的矿产资源除二叠系的煤外，其他矿产品种少、规模小。1978 年初，贵州省地质矿产局根据国家"加强黄金地质勘查工作"和地质矿产部"山东招远黄金地质工作经验交流会"精神[3]，在充分收集研究国内外特别是美国卡林型金矿床地质特征和正确认识贵州区域成矿的大地构造背景的情况下，提出了可能找到的新的矿床类型，并全面部署了找金工作。在短短的十数年时间里，仅在贵州就找到了册亨板其、丫他，安龙戈塘，兴仁紫木凼和贞丰烂泥沟等一批中大型至特大型金矿床。涂光炽先生指出："80 年代以来，不过10 年功夫在黔桂滇和川甘陕两个三角地带相继找到了 20 个左右矿床。卡林型金矿这样高速地在中、美两国发现，这不仅在金矿史上鲜见，在整个金属及非金属矿的发现史上也是引人刮目相视的。"[4] 90 年代后期，根据新的成矿理论和对贵州成矿大地构造背景的再分析，贵州省地质调查院又提出在黔东南晚元古代浅变质岩系分布区寻找构造蚀变岩型金矿。三年的勘察工作发现了翁浪、地虎、平秋等一批构造蚀变岩型金矿床（点）。认为，黔西南卡林型金矿的发现和成功勘探，以及在黔东南地区寻找构造蚀变岩型金矿的初见成效既是实施目标找矿理论指导找矿的范例，也是贵州矿床地质学家在找矿中运用创造性思维的结果。

创造性思维的初始源泉是新现象的揭示或新资料的积累。正如文艺工作者的创作需要深入生活一样，地质学家必须到野外去，要到露头上去，到坑道中去，到实验室去。去观察，去体验，如此才能获得创造性思维的第一手材料。同时，创造性思维需要动力，需要有意识地培养和锻炼，有意识地学习使用一些具体的方法如类比、分解、综合等。所以，每一个矿床地质工作者要有意识地培养自己的创造性思维。

其次，找矿中多种思维的辩证统一。

形象思维与抽象思维是两种基本的思维方式。直觉是形象思维的一种方式，逻辑推理则属于抽象思维的范畴。在地学中，形象思维占有很大比重。所有的地质现象，从宏观的地层、岩石到微观的矿物晶体都需要地质学家的直接观察，首先在脑子里形成一个第一印象，这就是直觉。但是直觉不等于认识，只有通过逻辑思维，直觉才能够成为认识。

例如，在野外看到一套产状零乱的地层或角砾岩带，马上就会意识到这是一个强变形构造带。这种不假思索而得出印象就是直觉在起作用。1999 年，笔者到黔东南的天柱磨山考察构造蚀变岩型金矿时，当时他的感觉就好像是站在烂泥沟 F3 断裂带上。爱因斯坦说："我相信直觉和灵感。"直觉好比原料，需要加工。原料要丰富，加工要精细。地质学家不但要善于获得原料，还要精于加工制作。这就要靠经验的积累。经验越丰富，就越能"触景生情"，据此认为地质科学是经验科学，虽有一定的道理但不全面。人们不可能认识从未见过的事物。敏锐的直觉从哪里来？从经验即脑子中积累的形象而来。因此对于一个地质学家来说，就是要多接触实际，多跑、多看、多观察、多思考。古人云："冰冻三尺，非一日之寒。"没有量的积累，哪来质的飞跃。没有日积月累，直觉从何而来，灵感由谁而生？

　　研究表明，人类的大脑左右分工为右脑主形象思维，左脑主逻辑思维。如果说数学家主要是依靠逻辑思维的左脑型科学家，绘画大师则是基本依靠直觉观察和形象思维的艺术家，那么，地质学家就要求两者兼备。也就是说，既要有高度形象思维能力又能进行深入周密的逻辑推理，成为艺术型的科学家。但是，实际上对于某一特定领域的地质学家来说，恐怕仍有一定的优先倾向性。例如，野外实践经验丰富的构造地质学家很容易通过露头观察建立一个具体的地质模型，而地球物理学家则善于通过正演反演计算得出物理模型。不同类型的地质学家互相配合、取长补短是发展地质学快出、早出成果的有效途径。也是培养多学科交叉、全面发展的新一代地质学家的既定方针，在大地质的今天尤其如此。

　　最后，发散性思维与收敛性思维的辩证统一。

　　在我们的地质找矿实践、认识矿床地质特征、总结成矿作用、建立成矿模式和指导新一轮找矿工作这一系列的社会活动中，发散性思维与收敛性思维经常交叉运用。演绎法是一种发散性思维。在一个新区找矿的初期阶段，一个有经验的矿床学家常常会自觉或不自觉地运用演绎法。根据赵鹏大教授的观点，找矿有三种基本方法：目标找矿法、综合找矿法和就矿找矿法。[1]其中的目标找矿法和就矿找矿法，在找矿者的潜意识中都是以类比、联想、想象为基础。通过类比、联想已知成矿区和找矿靶区成矿的大地构造背景、成矿条件、控矿因素、矿产（矿物、元素）组合等，并分析其异同和找到某一种或数种矿床类型、矿产的可能性。与此相对应，在一个地区一个找矿周期的后期阶段，则是对已收集到的所有地质填图、地球物理、地球化学、遥感、测量、水工环、探矿工程等资料，以及分析测试资料、选矿试验资料进行综合研究、高度总结、提炼和归纳。以便多角度、全方位分析地质背景、控制因素、物质来源、矿床特征和成矿规律。这就是归纳法。

三　结论

　　哲学是揭示自然、社会、思维最一般规律的科学。马克思主义哲学是科学的世界观和方法论，是我们认识世界进而改造世界的强大的思想武器。任何面向自然的、社会的科学研究都需要哲学思维特别是马克思主义哲学思想的指导。只有这样，我们的研究工作方能不走弯路或少走弯路而直奔目标。地学是一门既古老而又年轻的自然科学，同时也是一门极富探索性和挑战性的科学，因此哲学的科学思维在地学领域真可谓"海阔凭鱼跃，天高任鸟飞"。在找矿实践中，充分运用辩证思维模式、创造性思维方法、系统论观点等哲学思想指导矿产资源调查评价，将极大地提高工作效率、拓宽找矿思路和有助于获取高质量的找矿成果。

参考文献

［1］高等教育考试指导委员会：《哲学自学考试》，经济科学出版社，1990。

［2］赵鹏大、李亨君：《矿床勘查与评价》，地质出版社，1988。

［3］中国矿床发现史 – 贵州卷编委会编《中国矿床发现史》（贵州卷），地质出版社，1996。

［4］刘东升：《中国卡林型（微特浸染型）金矿》，南京大学出版社，1994。

第 五 篇

地学科学与社会

文化视角下的地球科学

杨力行[*]

内容摘要：从文化视角来审视地球科学，或将地球科学作为一种文化现象来研究，地球科学至少包含三方面的内容：一是地学研究方法或思维逻辑，即"真"的问题；二是人地关系或地学的价值理念，即"善"的问题；三是地球演化的平衡或人与地球的和谐，即"美"的问题。文化视角下的地球科学是由"真""善""美"三者构成的统一体系。

从文化视角来认识地球科学，就是要超越科学的范畴，将地球科学作为一种文化现象来认识，探讨地球科学的文化内涵。科学已经从传统科学时代进入到现代大科学时代，人类社会也已经由传统的工业社会跨入当今的信息社会。在这样的背景下，仅仅将认识与探究地球的地球科学视为一种纯粹的自然科学，局限性已暴露无遗。正因为如此，地球科学才开始由传统地学向系统地球科学转变。[1]

大科学时代的地球科学是在一定的社会文化背景下产生的，会受到社会文化价值观念的影响和制约；同时，地学研究的结果也会反过来对社会文化和价值观念产生影响，促进整个社会文化、价值观念的变革。欧洲近代科技革命正是在文艺复兴的背景下发生的，并以文艺复兴所倡导的文化理念为先导。在文艺复兴运动中提出的崇尚理性、探索自然的

* 杨力行，中国地质大学（武汉）教授，研究领域为科学哲学。

文化、价值理念构成了近代自然科学产生的逻辑根基。[2]

近代工业革命在促进人类物质文明进步的同时，也强化了人与地球的分离，对地球的认识和探究也就成为一种同社会文化无关的纯科学活动，并且使地球作为客体同人类相对立。而一旦地球作为客体与人类相对立，征服自然、战胜自然便成为一种必然的逻辑结果，各种异化现象便会接踵而至。

当今时代，地球已经被深深地烙上了人类活动的印记，地球的演变已经不可避免地将人类活动包含在其中。在这种状况下，对地学问题的研究已经不可能完全撇开社会和文化来单独进行，地球科学必须重新审视人类与地球的关系。而要重构人与地球的关系，必须超越传统地学的科学视角，从文化的视角来研究地球科学，赋予地球科学以新的文化内涵，这也是地球科学创新的内涵之一。

从文化的视角来审视地球科学，或者将地球科学当作一种文化现象来研究，地球科学至少应包含三方面的内容：一是地学研究方法或思维逻辑，即"真"的问题；二是人地关系或地学的价值理念，即"善"的问题；三是地球演化中的平衡及人与地球的和谐，即"美"的问题。"真""善""美"三者的统一就构成了地球科学文化的体系。

一　"真"的问题：从分析性思维向综合性、整体性和系统性思维转变

古代地学思维是一种整体性思维，它将地球乃至宇宙作为一个整体来研究，但是由于缺乏对地球细节的把握，这种对地球的整体性认识只能是笼统、直观、猜测性的，因而也是非科学的。近代分析性思维的产生是人类认识史上的一大飞跃。分析性思维将地球分解为各个部分，并对它们分门别类地加以研究（如地球的各个圈层），由此了解了许多过去不清楚的有关地球的细节，从而使人类对地球的认识有可能超越古代笼统的直观和猜测，建立在科学的基础上。分析性思维是近代科学的最基本的方法之一，它的产生和应用使地球科学更加接近于真实，从而促进了近代地学的极大发展。恩格斯对此给予了高度的评价，他将分析性思维称为"近代自然科学产生的助产婆"。[3]但是分析性思维只是认识

地球的一种方法，是地球科学研究地球整体的一个环节。如果地球科学对地球的认识仅仅停留在分析性思维基础上，那么在理论上就会走向形而上学，实践上则会导致一系列不良后果。

当今的地球科学所面对的问题，如资源枯竭问题、环境污染问题、全球气候变暖问题等，已不是分析性思维所能回答得了的。这些问题突出地体现了地球的整体性特征，因此必须以整体性思维来应对，必须要综合气象学、海洋学、地质学、地理学、生物学、化学、环境科学乃至社会科学来联合作战，共同解决。

人类已经进入一个新的地质时期——人类世。在这样一个地质时期，尽管各种自然力仍然一如既往地在对地球发生作用，但是同其他地质时期相比，人类世时期，人作为地球有史以来最具地质影响力的物种，正在以前所未有的能量改变地球的面貌。因此，人类世时期地球科学对地球的研究，不能将人的作用排除在外。在对地球的研究中见物不见人的思维方式应当被改变，社会科学以及社会科学的思维方式也应当进入地球科学的研究中来。

地球系统科学的产生体现了地球科学的整体性、综合性特征，它把地球的大气圈、水圈和生物圈作为一个系统，把地球与人类社会作为一个系统，来综合考虑地球的固体与流体、地球的各圈层以及地球与人类的关系。

从传统的地球科学到现代的地球系统科学，体现了地球科学已经开始由线性科学向非线性科学转变，地学思维开始由简单性思维向复杂性思维转变。而系统性思维、非线性思维、复杂性思维正是现代地球科学文化的内涵之一。

二 "善"的问题：从"人类中心主义"到"以地球为本"

人类中心主义主张人类一切活动都要以人为中心，以人为目的，一切从人的利益出发。

人类中心主义的产生有其历史渊源和历史必然性。早期人类是地球的奴隶，那时的人类，由于自身的弱小，不得不受制于自然，"顺者昌，逆者亡"是早期人类生存的唯一法则。中国古代哲学中提出的"天人合一"的价值理念正是建立在这种认识基础之上的。相比而言，古希腊时期的西方哲学家的思想则要积极一些。普罗泰戈拉提出了"人是万物的尺度"的著名命题，阿基米德更是扬言，"给我一个支点，我可以撬动整个地球"。尽管这一时期，人类尚不能实现作为万物尺度的价值理念，撬动地球至多也只能算一个科学假说，但其中所包含的主体意识的觉醒为以后"人类中心主义"的产生奠定了基础。

"人类中心主义"价值理念的真正形成应该是近代科技革命以后的事情，我们也可以把人类中心主义看成近代科技革命的产物。当人类有力量与自然界相抗衡时，便产生了征服地球以实现自身利益最大化的愿望。17 世纪的法国人笛卡尔主张让人"成为自然的主人和统治者"；稍后的德国人康德则明确地提出了"人是目的""为自然界立法"的思想。[4]这种价值理念又强化了人与自然之间的对立，强化了人类征服地球、战胜地球的行为与活动。

人类中心主义是科技进步与社会发展的产物，具有强烈的反宗教、反神学的意义，它也是"以人为本"的价值观念在科学领域中的具体体现。因此，人类中心主义的产生有其历史必然性。

问题的另一方面在于，人类中心主义的产生具有了不可避免的历史局限性，它对人与自然之间对立关系的强化也为后来地球科学和社会的发展留下了无穷的隐患。因为它把社会的发展建立在对地球破坏的基础上，英国哲学家洛克的一句话为此做了最好的注脚，他认为对自然的否定就是通往幸福之路。但问题在于，这种以破坏地球为代价所获得的幸福只能是暂时的，不可持续。早在 100 多年前，恩格斯就做出这样的警告，他说："我们不要过分陶醉于我们人类对自然界的胜利。对于每一次这样的胜利，自然界都对我们进行报复。"[5]当今全球范围内出现的资源枯竭、环境污染、气候变暖等一系列问题印证了这一点。

全球问题的产生要求我们的价值观念有一个根本的转变，即从"人类中心主义"到"地球中心主义"，重新构建"天人合一"的地学文化价值观念。

"地球中心主义"的文化价值观念当然是对"人类中心主义"的一种否定，但它不是对"以人为本"的人道主义的一种反动。因为地球是人类生存的家园，对地球的爱护，也就是对人类的爱护。如今的地球不仅担负着人类的现实，而且承载着人类的未来。没有地球的未来，也就没有人类的未来。从这个意义上讲，"地球中心主义"同"以人为本"的人道主义理念是相统一的。恰恰相反，"人类中心主义"把人类社会的发展建立在对地球的征服和破坏基础上，因此，它从"人类中心"这一前提出发，最终却导致毁灭地球从而毁灭人类的结局。

即使是在理论上，主体与客体的分离也只具有相对的意义，在现实中，人类与地球是不能分离的。由主客两分到"天人合一"，人与地球的关系也由主体与客体的关系转变成部分与整体的关系，人类社会只是地球的一部分。如果认同这一点，那我们就可以逻辑地推导出这样的结论来：善待人类，就是善待地球；善待地球，就是善待人类。

三　"美"的问题：在和谐即美的理念下构建人与地球的和谐

"和谐即美"是美学的基本理念，这一理念是在人类文明和文化的长期发展中形成的。

人类文明史上，对和谐与完美的追求不仅是科学的目标，还是神学的宗旨。古希腊时期的学者们认为存在无数个世界。但是这一认识被稍后的亚里士多德的统一观所替代。亚里士多德认为宇宙只能有一个中心，所有的星体都围绕这一中心运动，并且向这一中心回归。如果认同存在多个世界的话，必然会导致多个中心存在，而多个中心并存会使星体在向中心回归时变得不知所措，不知道该向哪个中心回归。因此亚里士多德断然拒绝了"多个世界"的假定，并且得出了"宇宙为一"的结论[6]。

中世纪的基督教从神学的角度强化了这一观念。当时的教父学的代表人物奥古斯丁论证说：如果真的存在多个世界，那么每一个世界都需要一个救世主，多个救世主的存在必然与基督的唯一性相矛盾。经院哲学的最主要代表人物托马斯·阿奎那也否定了多个世界的存在。在阿奎那看来，多个世界的存在有损上帝的形象。上帝是尽善尽美的，创造不出一个和谐完美的世界，对于全能的、至高无上的上帝来说总有点交代不过去，所以宇宙不可能是多，多就会有差异、有矛盾，就不会有和谐。[7]

尽管古代科学与宗教神学在对地球与宇宙完美问题的论证上还是有些本质的区别，但无论是亚里士多德，还是奥古斯丁或者阿奎那，他们的论证都是基于这样一个假定或前提：宇宙是完善与和谐的。

不能把这一假定看成一种凭空的捏造。和谐是地球存在和演化的基本前提和条件，在人类产生以前，整个地球总体上处于一种和谐状态，地球的各圈层之间、地表的各个物种之间所形成的生物链都显得井然有序。地球作为茫茫宇宙中的一颗行星，其存在和演化状态必然会受到宇宙及其他星球的影响，因而对地球和谐状态的认识，还必须从更宏观的层面，即将地球纳入整个宇宙系统中加以思考。但自从有人类以来，地球同宇宙以及其他星球的关系大体是和谐的。可以这样来说，人类最早关于和谐地球的理念不是来自对地球未来进化的期待，而是来自对当时地球和谐状态的一种反映，和谐原本就是地球的内在本性之一。

自从地球上有了人，地球的这种原始和谐状态就被打破。尤其是近代工业革命以来，地球自身的不和谐以及地球与人类社会之间的不和谐日益彰显。这种不和谐已经威胁到地球的存在和社会的发展。在这样的情况下，如果我们对地球的研究仍然仅仅局限在自然科学范畴中的话，那么我们会在无意的固执中，将复杂的问题简单化了。并且，不和谐不仅涉及质的方面，也包括量的延伸。当地球上的不和谐现象在量上积累到一定程度时，人类将在人与地球不和谐中走向毁灭。

人类当然不可能也不需要回归到原始地球和谐中去，但可以通过自身的克制来努力重新构建新的地球和谐，地球和谐或和谐地球包括两方面内容：一是地球自身的和谐；二是人与地球的和谐，即社会和谐。

对地球和谐的追求要求在地球科学中重塑和谐的理念，这种和谐理念的产生首先在于超越传统的文化理念，在对现实资源危机和生态危机的反思中实现文化的觉醒与升华。

正是在这种和谐理念的指导下，人类对地球和谐的重建才可能有新的突破。世纪之交在全球范围内兴起的新一轮深空探测热潮，标志着人类对构建和谐地球的视野已经超越了地球的框架，开始深入地球以外的其他星体和整个宇宙系统，无论是将地球上的人类转移到其他星球，实现所谓的星际移民，还是将火星、月球上的可用资源转移到地球上来，人类都是尝试在更大的空间范围内来解决地球上人与自然的矛盾。因此，从某种意义上讲，深空探测活动实质上是要把地球上无法根本解决的人与自然的矛盾转移到地球以外的其他星球去，从而构建一种新的和谐。

和谐是地球的本质，也是现代人类文化的主题。当今的地球科学正在实践"和谐即美"的文化理念，因此，"和谐即美"的理念理所当然地应当成为地球科学文化的基本内涵之一。

参考文献

［1］刘本培、蔡运龙主编《地球科学导论》，高等教育出版社，2000，第 2～3 页。

［2］殷跃平：《全球地质文艺复兴》，中国地质环境信息网，2004 年 11 月 23 日。

［3］恩格斯：《路德维希·费尔巴哈和德国古典哲学的终结》，人民出版社，1972，第 224～241 页。

［4］杨祖陶、邓晓芒编译《康德三大批判精粹》，人民出版社，2001，第 19 页。

［5］恩格斯：《自然辩证法》，人民出版社，1971，第 158～160 页。

［6］陈修斋、杨祖陶：《欧洲哲学史稿》，湖北人民出版社，1981，第 98～108 页。

［7］陈修斋、杨祖陶：《欧洲哲学史稿》，湖北人民出版社，1981，第 98～108 页。

地球科学的灾害学与社会文化的变迁

刘　郦　张茜茜[*]

内容摘要：人类社会从产生以来，对地球科学及地质灾害的认识经历了一个漫长的历史过程，从社会文化角度来看，经历了祭祀文化、科学文化与和谐文化三种不同的历史变迁，它们分别代表着人类宗教情怀的、科学精神的与系统和谐的对地球科学的不同诠释。由此拟说明地球科学的发展与社会文化的息息关联性，进而探索什么是地球科学的文化研究。

地球科学是以研究地球的形成、发展过程及其物质组成为主要目的的相互联系的学科群。在地质学领域内，地球科学的一些分支学科比其他学科更多地注重对灾害问题的研究。地质灾害，作为自然灾害的一种，是"指由于地质营力或人类活动而导致地质环境发生变化，并由此产生多种危害，使生态受到破坏、人类生命财产遭受损失的现象或事件"[1]。它包括自然的地质灾害和人类活动引起的地质灾害。对地震、火山活动、滑坡、洪水、飓风和酸雨等灾害的研究与人类的历史一样古老，从文化学的角度来考察这种研究，我们会发现地质灾害的历史实际上也是人类社会进化、文化变迁的历史。

一　灾害与祭祀——古代社会对地质灾害的认识

在地球的发展演变过程中，自然地质的作用和人类活动的影响会引

* 刘郦，中国地质大学（武汉）教授，研究领域为科学哲学；张茜茜，中国地质大学（武汉）科学哲学专业硕士研究生。

起地质环境或地质体的变化，这种变化达到一定程度后，对人类社会造成的危害就被称为地质灾害。由于地质灾害对人类社会的影响非常大，所以很早就引起了人们的注意并被载入史册。追溯历史，人类早期文明进程的最大阻碍往往来自可怕的地震、陨石雨、洪水和火山爆发等灾害的影响。公元前 1500 年，爱琴海桑托林岛火山爆发，许多城市被毁坏，海啸破坏了海岸地区的所有村庄；同一时期，地中海锡拉岛火山喷发后的海啸，使海岸地区遭到破坏，造成米诺斯文明的衰落。面对自然灾害，早期人类往往因恐惧和困惑而产生崇拜的心理，由此出现了以神话、传说和祭祀为标志的原始祭祀文化。

在希腊文化中，有关于洪水的记载，如丢卡利翁造船避难洪水的神话，也有上帝为惩罚人类施行瘟疫的描写，《圣经》中记载的有名的洪水大灾难就源于此。中国远古时代的"女娲补天"神话传说，最早记载于《淮南子·览冥训》，其中描写了当时"四极废，九州裂，天不兼覆，地不周载；火爁炎而不灭，水浩洋而不息"的灾难景象。中国少数民族之一达斡尔族遭到天灾人祸时，都要祭祀天神。遭涝灾，要社稷；蝗灾时，要郊祀；瘟疫时，要祀岳；等等。基诺族也有祭龙等祭祀活动，以求庄稼长势好，无灾害，保丰收。从《左传》中"国之大事，在祀与戎"就能看出古代祭祀活动的地位。古代所祭祀的神中，几乎包含自然界中的各种神灵。

人类在蒙昧时期，由于生产力极为低下，思维能力和认识水平有限，面对自然灾害或疾病以及一些自然现象，如明暗交替、风鸣闪电等无法做出正确的解释，因此对自然充满了恐惧和崇拜。他们崇拜自然界的一切事物，认为自然是人的主宰，在自然灾害面前，人们通常是无能为力的，因此常用一些朴素的祭祀仪式祈求神灵庇护。直到现在，仍有一些地方保持着这种祭祀传统。我国庐山的庆坛就是个典型的例子。直到民国年间，庆坛仍是庐山的一个重要节日，每年正月十五元宵节、三月十八菜花节和八月十五中秋节都由县长亲自主持，祈祷保佑一方水土。恩格斯曾说过："自然界起初是作为一种完全异己的、有无限威力的和不可制服的力量与人们对立的，人们同它的关系完全像动物同它的关系一样，人们就像牲畜一样服从它的权利，因而，这是对自然界的一种纯粹动物式的意识。"[2]

尽管如此，有证据证明，人类早期文明的衰落和湮没，与流水、干旱、灾荒、地震等自然灾害有直接的关系。祭祀并不能使人类文明免于毁灭。对于灾害的成因，一个比较普遍的看法是"上天惩罚说"。中国古代有"仰观于天文，俯察于地理"之说，汉儒董仲舒（前179～前104年）的"天人感应"说、"天人合一"说等。"天人感应"说就是把自然界的灾异现象与皇帝的过失行为联系起来的一种典型的学说。人间的罪恶会招致上天自然灾难性的报复，洪水猛兽、星坠木鸣都是自然给人类的警告。如果国内发生了大的自然灾害，皇帝要下罪己诏检讨自己统治的失误。耶和华让洪水泛滥四十日也是出于对人类罪恶的惩罚。所以归根结底灾难的根源在于人类自己。

从特点来看，早期自然灾害是有巨大的毁灭性和不可解的特点。由于"天意不可违"，所以早期人类只有通过牺牲、祭祀的方法获得部分解救，并通过人力顽强地自我拯救，如"女娲补天""大禹治水""后羿射日"等反映了古代中华民族面对自然灾害时的努力和抗争。综合起来，古代社会对自然灾害的文化认识表现在：（1）神秘的祭祀文化；（2）面对自然灾害的无能为力和人力抗争的弱小；（3）自然灾害根源的人化，即天灾根源于人祸。但对自然灾害本身缺乏科学的理解和认识。

二 科学文化——科学理性基础上的灾害学

科学始终是伴随着人类思想和技术进步而产生的一种文化现象。在地球科学领域，科学文化的最突出成就之一是对地质灾害的认识和研究。灾害学是自然灾害学与人为灾害学的总称。灾害学主要研究灾害的成因和时空分布规律，以寻求减轻灾害损失的途径。它涉及众多的自然因素和社会因素。

从欧洲中世纪教会统治下摆脱出来的科学，不仅在天体运行方面有了长足的进步，而且对于地震、火山、海啸、干旱和洪涝等各种灾害逐步寻找到了合理的科学文化的诠释。首先，各种各样的自然灾害，在科学文化看来，不再是由某种邪恶的魔鬼或代表正义的上帝施予人类的惩罚，而是一种随着地质年代逐步发生累积、变化而最终发生的一种自然现象；可以通过严密的科学观察与科学试验在自然界中寻找或在实验室里重现事件的发生过程而探寻到其中的机理和规律。其次，从系统论的角度来看，不同的灾害经常有因果、触发或同步关系，这使科学家们开始大力开展跨学科的、系统全面的综合研究工作。例如，地震灾害经常受天体、气象、地下水等环境因子的触发；地震、地表和浅层水经常诱发滑坡；旱灾经常引起蝗灾。[3] 科学家们还发现许多自然灾害发生后，常常诱发一系列其他的灾害，他们把这种现象称为灾害链。另外，科学家们根据灾害形成的过程和时间长短，将灾害分为突发性自然灾害和缓发性自然灾害，如地震、火山、海啸都属于突发性自然灾害。此外，科学家们力图寻找灾害的动因，并发展预测和确定灾难发生的时间及区域的详尽方法，估计灾难的严重程度，更试图通过科学的研究使人类免受灾难。

地震是一种可以在瞬间给人类带来巨大灾难的地质灾害。1000 多年来，全世界约 500 万人在地震中丧生。从成因来看，一类是自然条件下形成的，另一类是人类活动诱发的。但科学的认识更注重前者，把灾害作为自然的一种极端形式，与人类对立。在这种意义上，可以说人与自然灾害的关系是一种外在的、相互对立的关系。在方法论上，由于地震作为一种地质过程，人类尚无法控制，因此临震预报、减少灾害成为科学家们努力的主要目标之一，其中科学的灾难观察、数据的分析和逻辑推理占主导地位。从灾害后果来说，地震可以造成直接和间接的后果。直接的灾害后果是指由于地面强烈的震动而发生的地面断裂和变形，引起大地的龟裂、建筑物的倒塌和毁坏，从而造成人身伤亡和财产损失；间接的灾害后果主要包括对社会经济造成的损失和给人们心理上造成的影响等。

特大暴雨也是一种灾害性天气，它往往会造成洪涝灾害和严重的水土流失，导致工程失事、堤防溃决和农作物被淹等重大的经济损失，特别是对于一些地势低洼、地形闭塞的地区，一次短时的或连续的强降水过程，雨水不能迅速宣泄会造成农田积水和土壤水分饱和，给农业造成灾害，有时甚至会引起山洪暴发、堤坝决口等。2012 年 7 月 21 日，北京城遭遇了自 1951 年有气象记录以来最凶猛、最持久的一次强暴雨，一天内市气象台连发五个预警，全市平均降雨量达到 170 毫米，为 61 年以来最大。其中，最大降雨点房山区河北镇达到 460 毫米。暴雨引发了房山地区山洪暴发，拒马河上游洪峰下泄。北京 7·21 特大暴雨，一场60 年不遇的暴雨，带来的不仅仅是降水，还给人们的财产、人身带来了巨大的损失。这场暴雨导致城市积水严重，道路交通瘫痪，使北京处于一片汪洋之中，北京首都机场航班大范围延误、火车晚点，城市交通一度混乱。截至 7 月 25 日，全市受灾人口 160.2 万人，因灾经济损失116.4 亿元，遇难人数达 77 人。那么，北京为何会遭遇如此强暴雨呢？北京市气象局总工程师孙继松解释说，此次暴雨覆盖华北地区，北京雨势最大，是受高空冷空气和西南强暖湿空气的共同影响。7 月 21 日 10时开始，北京市就自西向东出现历史少见的强降雨，22 日凌晨 3 时强降雨基本结束。最强降雨集中在房山、门头沟等地是由于北京三面环山的地形，有利于暖湿气流形成抬升运动，而在抬升过程中一遇到冷空气就容易发展成强降雨云团。中国工程院院士王浩认为，此次北京强降雨还有深层次的原因：一方面，目前全球气候有变暖的趋势，地表温度升高，水的循环能力增强，循环速率加快，极端暴雨天气出现的概率增加；另一方面，城市"热岛效应"使城区气温难以回落，水汽无法流失，在一定程度上改变了暴雨发生的地区，增强了降雨强度。北京 7·21 暴雨被归到极端天气的行列。有专家表示，"实际上，随着全球气候变暖，水循环发生变化，大气不稳定性增加，强降水等灾害的强度、频次都在增多，只不过这些增多的极端天气事件并不会集中在一个地区，而是随机地分布在全球各地，可能去年在武汉，今年就是在北京。"

　　以上事实表明，在科学文化的解说中有几点需要注意。（1）相信科学且只有科学才能对灾害给予最终的、唯一的正确解释，其他非科学的见解和信念不仅对灾害的说明是无益的，反而是有害的。（2）坚持地球科学的内外因素之分。"内在于"科学的，是地质学、地理学、地球物理学、大气科学、海洋学、环境科学和生态学等认知的、理性的、学术的和认识论的考虑和活动，它们构成了地球科学的发展；"外在于"科学的，是地球科学发现的心理学和社会学，是自然灾害、地质灾害的政府管理学与公民参与的社会学，以及公平与效益相互权衡的经济社会学与伦理、责任分析，以及地球科学及地质灾害分析的社会文化背景、权威、权力的影响和国家的行政干涉等。（3）随着多学科、跨学科的研究发展，地质灾害的成因是多维度的。

三　和谐文化——地球系统科学的灾害学

面对地球面临的种种危机，从 19 世纪末期以来，人们逐步认识到在灾害成因的过程中人为因素的作用占有越来越大的比重，人类对自然的破坏，已由原来不自觉到后来的肆意掠夺，由此引发出一系列的地质灾害，严重威胁到了人类的生存和发展。例如，滑坡作为山区常见的一种地质灾害，是斜坡上岩土物质沿一定的软弱面或软弱带做整体性下滑的运动。滑坡的产生与人类活动有密切关系，人类的乱伐森林、改林造田活动可直接引起山体滑坡。滑坡成灾后，可摧毁公路、铁路、村镇、厂房或堵塞河道，阻断航行。[4]南非法尔－威斯特兰德矿区由于大量采矿导致落水洞和地面滑塌时有发生，采矿抽水在大多数地方使潜水面下降 100 米，在某些地方达 550 米，在 1862 年 12 月至 1966 年 2 月形成了 8 个分别大于 50 米宽、30 米深的落水洞，1962 年当落水洞发生塌陷时导致 29 人丧生；1964 年又有 5 人死于水洞倒塌。[5]北京 7·21 特大暴雨造成城市交通瘫痪和 77 人死亡，除了自然的因素外，还和气象预报预警机制、城市基础建设如排水系统的设计有很大的关系，如据报道，北京故宫，这座历时 600 多年的建筑，由于良好的排水系统，当时没有出现积水。

科学家们认识到人与自然之间不是绝对对立的关系。人作为自然大系统中的一个有机组成部分，对灾难的发生直接或间接地产生影响和作用。地球科学家们不再把目光盯着灾害的局部分析，而更多地转向人类及其行为本身。同时，科学家们也逐渐认识到，随着地质灾害的复杂化，任何一门学科都不可能独立解决这些问题，因此出现了越来越多的以研究人地关系为对象的新兴学科和交叉学科，它们从不同的学科背景、不同的层次和角度探究人地关系的不同侧面。地质灾害的研究已从单学科向多学科、跨学科发展。从研究对象上看，不同于纯粹的科学文化分析，系统的和谐文化不仅把灾害作为其研究对象，还把与灾害相关的人类及其活动作为一个整体系统加以考虑。所以从方法论上来说，它不再仅仅是分析的，而是综合的；不再是单一的，而是系统的协调合作。从责任上来看，不再是具有惩罚作用的邪恶势力或代表正义的神灵，不再是自然的自发演化，而是整个系统共同承担灾害的责任，而且从灾害的类型和发生频率的对比研究及其成因分析看，人类的责任更为重大。从管理部门考虑，过去抵抗灾害主要依靠祭祀，由上天发慈悲起作用，或纯粹由地球科学家独立研究，承担灾害的预测、分析和研究工作；20 世纪以来，系统的和谐文化更注重地球科学与社会的关系，它不仅强调科学家们积极努力工作的作用，还强调政府管理部门和民众的参与，越来越多的人文社会科学方面的专家也参与其中，他们组成团队，相互借鉴，力图更好地解决问题。联合国将 20 世纪最后十年定为国际减灾十年。"除了针对不同灾害进行全球范围的科学和技术研究外，还倾各成员国政府之力，组织和领导对灾害的预防和治理工程，从而表达了国际社会对于自然灾害的深切关注。"[4]

2007 年诺贝尔和平奖获得者美国前副总统艾伯特·戈尔（Albert Arnold Gore）在他的《濒临失衡的地球》一书中提到，为了应对全球危机，科学家和宗教领袖可以走到一起："我们这些宗教人士和科学界人士，几个世纪以来，常常走在不同的道路上。在这环境危机的年代，我们殊途同归。说明我们这两个古老的传统虽然有时相争不下，现在却正在彼此接近，为了保护我们共同的家园而一致努力……我们心中深藏着伟大道德勇气和精神勇气。为了我们子孙的健康、安全和未来，我们的责任感油然而生。我们懂得世界不独独属于任何一个国家或一代人，并怀有极度的紧迫感，因此，我们决心采取果敢的行动，珍惜并保卫我们地球的家园环境。"[6]

四　结论

对地球科学灾害学的认识，从祭祀文化、科学文化到和谐文化的演进，揭示了人类对地球与社会、自然与人类之间关系认识的逐步深化和完善的过程。地球科学文化，作为人类文化的一部分或子系统，是人类系统地认识和把握人和地球的关系、人类怎样与自然和睦相处的一个重要的思维方式，它有助于达到对自然、地球及灾害的全面系统的认识，并形成与此相关的地球科学理念、思想、生活方式及文化习俗等。概括起来，地球科学的文化研究有如下特征：

（1）地球科学的反本质主义。地球科学的文化研究一方面反对那种企图在地球科学与人文社会科学之间做出区分的本质主义假定，另一方面反对因地球科学的复杂巨系统性质而走向认识的相对主义。

（2）地球科学实践的非解释约定。地球科学的文化研究反对科学的唯一解释观点，这种解释把作为主体的人与被解释的对象绝对区别开来，文化研究更倾向于解释的可塑性（Plasticity）特征。

（3）强调地球科学实践的文化开放性。它同那种相对自我封闭的、同质的（Homegneous）并与其他社会团体或文化实践没有关联的地球科学家共同体的观念相对立，地质科学工作本身就足以有效地否定科学内部与外部，或什么是地球科学与什么是社会之间的任何区别。打破地球科学与社会之间的界限并把两者结合起来，这是非常重要的，因为在地质科学工作中，会不断地接触到这种联系，并受"外在的"文化所影响。

参考文献

［1］汪新文主编《地球科学概论》，地质出版社，1999，第 198 页。
［2］马克思、恩格斯：《马克思恩格斯选集》（第一卷），人民出版社，1972，第 35 页。
［3］李永善：《灾害系统与灾害学探讨》，《灾害学》1986 年第 12 期，第 7～10 页。
［4］刘本培、蔡运龙主编《地球科学导论》，高等教育出版社，2000，第 331、339 页。
［5］D. R. 科茨：《地质学与社会》，刘波、江昀译，西北大学出版社，1992，第 23 页。
［6］A. L. 戈尔：《濒临失衡的地球》，陈嘉映译，中央编译出版社，1997。

生态文明视角下新型地学文化发展思考

黄　娟　李枥霖　史　静[*]

内容摘要：党的十八大报告要求将生态文明理念融入文化建设全过程。作为人类文化的一个重要方面，地学文化也需融入生态文明理念。生态文明与地学文化相互影响，建设生态文明推动新型地学文化发展，发展新型地学文化促进生态文明建设。生态文明视角下发展新型地学文化的基本思路是：以十七届六中全会、党的十八大精神为指导，以建立地学文化体系为基础，以创作地学文化产品为目标，以发展地学文化事业为任务，以发展地学文化产业为途径，以培养地学文化人才为支撑，以完善地学文化制度为保证，推动我国新型地学文化大发展、大繁荣。

十七届六中全会通过的《中共中央关于深化文化体制改革推动社会主义文化大发展大繁荣若干重大问题的决定》要求推动文化建设与生态文明建设协调发展。[1]党的十八大报告要求将生态文明理念融入文化建设全过程。[2]作为人类文化的一个重要方面，地学文化也需融入生态文明理念，与生态文明建设协调发展。这是一个新问题，相关研究尚待展开。期待本文对我们辩证认识生态文明与地学文化的关系，推动新型地

---
* 黄娟，中国地质大学（武汉）教授，研究领域为哲学；李枥霖，中国地质大学（武汉）马克思主义理论专业硕士研究生；史静，中国地质大学（武汉）马克思主义理论专业硕士研究生。

学文化绿色发展有所助益。

一　生态文明、地学文化的基本概念

要认识生态文明与地学文化的关系，特别是生态文明视角下新型地学文化发展问题，我们首先需要厘清生态文明及其建设、地学文化及其发展的基本概念。

（一）生态文明及其建设

广义生态文明是指人们在改造客观物质世界的同时，积极改善和优化人与自然、人与人、人与社会的关系，建设人类社会整体的生态运行机制和良好的生态环境所取得的物质、精神、制度方面成果的总和。建设生态文明就是继农业文明、工业文明之后，走向生态文明新时代，是政治、经济、文化、社会的全方位的生态化构建。狭义生态文明是指人类在改造自然以造福自身的过程中，为实现人与自然之间的和谐所做的全部努力和所取得的全部成果。建设生态文明就是与建设物质文明、政治文明、精神文明等并列的一大领域。建设"两型社会"是全面建成小康社会的重要奋斗目标，建设生态文明是中国特色社会主义总体布局的重要组成部分。

（二）地学文化及其发展

广义地学文化包括地球科学的精神文化、物质文化和制度文化三个层次，是人类认识、开发、利用和保护地球的精神成果和物质成果的总和。狭义地学文化是指地球科学及其人文精神，包括地球自然科学技术，以及地学人文社会科学，前者是基础，后者是灵魂。作为人类文化的一个子系统，地学文化与酒文化、茶文化、饮食文化等其他众多文化共同构成了文化大系统。地学文化是一种历史现象，先后经历了古代地学文化——土地崇拜的文化、现代地学文化——人统治自然的文化、新的地学文化——人与自然和谐发展的文化。[3]新型地学文化即生态地学文化，是生态文化在地学领域的表现，是生态文明时代先进文化的重要内容。

二　生态文明与地学文化的相互影响

人类文明的不断进步推动地学文化不断发展，反映不同文明要求的地学文化服务于不同时代。建设生态文明推动新型地学文化发展，发展新型地学文化促进生态文明建设。

（一）建设生态文明推动新型地学文化发展

生态文明召唤着新的地学文化，促使其从单纯的地球自然科学研究，逐步发展成为以地球自然科学为主要特色、以地学社会科学为重要补充的新型地学文化。

首先，对地球自然科学发展的深刻影响。

工业文明需要大量自然资源，使经典地球科学得以产生与发展。这种传统地学文化对认识地球、发展经济做出了重大贡献，但也污染了环境、破坏了生态。在一定意义上说，生态环境危机是工业地学文化的危机，建设生态文明迫切需要建立新型地球自然科学。进入 20 世纪 90 年代，特别是 21 世纪以来，人与自然和谐成为地球科学的新命题和新任务。1995 年，朱训同志提出"协调人与自然的关系，开拓地学探索的新领域"。1996 年，第 30 届国际地质大会提出地质学要关注环境、人口和资源问题，从"找矿型"向"社会型"发展。[4]2002 年，殷鸿福院士在 21 世纪地球科学与可持续发展战略研讨会上提出：地球科学需要改革。面对新的机遇和挑战，地球科学只有通过深入分析学科和社会及人与自然的关系，找准方向，准确定位，才能为社会经济可持续发展做出新的更大贡献。[5]生态环境问题、生态文明建设的需要，拓展了地球科学的社会功能与研究领域，促使一系列新兴学科、边缘学科、交叉学科，如农业地质学、灾害地质学、城市地质学、遥感地质学、工程环境学、环境地质学、旅游地质学等应运而生。新型地球自然科学的大发展，使 21 世纪成为地球科学的世纪。

其次，对地学社会科学发展的重大影响。

资源环境问题既是科学技术问题，也是经济问题、社会问题、文化问题，乃至政治问题。建设生态文明对地学文化发展的重大影响，是地学社会科学的产生与发展，表现为社会科学与地学研究的结合，涌现出具有地学特色的社会科学研究。如，管理学领域的环境管理、地质管理、土地管理、矿产资源管理、矿山企业管理；经济学领域的资源经济学、环境经济学、灾害经济学、生态经济学、矿产资源经济学、国土资源经济学等。还有地学哲学、地学社会学、地学经济学、地学伦理学、地学文化学等交叉学科的产生与发展。如，地学哲学以人地关系为基本问题，在思维方式方面，从分析性思维转向整体性思维；在价值论方面，肯定地球体和地球科学的研究价值、地球对人类的商品性和非商品性价值，以及地球作为生命维持系统本身的内在价值。[6]不仅如此，建设生态文明还将进一步影响人文科学，促进人文科学与地学相结合，推动地学人文科学的产生与发展，实现人类对地球及其地球科学认识的新突破。地学人文社会科学在产生与发展中，逐渐成为新型地学文化的重要组成部分。

（二）发展新型地学文化促进生态文明建设

节约自然资源、改善生态环境、应对气候变化、防治地质灾害等是建设生态文明的主要任务，而发展新型地学文化可以在这些方面发挥重要作用。正如温家宝总理指出："地质科学要同经济、社会、环境紧密结合，主要表现在合理开发、利用、保护和节约资源，实现资源的永续利用；应对气候变化和环境变化，减少温室气体和其他污染物的排放；预防和减少地震等地质灾害对世界和人类的破坏，实现经济和社会的可持续发展，保护我们生存的家园——地球环境。这就是现代地质科学面临的任务，也是她的生命。"[7]

第一，节约自然资源。

发展新型地学文化可以在合理开发、节约利用资源方面做出重要贡献。当前，我国矿产资源供需矛盾十分尖锐，迫切需要发展新型地学文化提供矿产资源保障。发展新兴地学学科可以扩大资源利用空间，如：海洋科学有助于认识与开发海洋资源，空间科学帮助我们认识并开发太空资源。发展非传统矿产资源科学，可以开发利用风能、太阳能、地热能等非传统资源。节约资源是缓解资源紧张的有效途径，"节约资源是保护生态环境的根本之策"[2]，我们应坚持节约资源的基本国策，加快建设资源节约型社会，重点抓好节能、节水、节地、节材和综合利用工作。发展新型地学文化可以在这些方面促进生态文明建设，如：资源科学新发展可以提高矿产资源综合利用效率，煤炭科学新发展可以促进煤的清洁高效综合利用，能源科学新发展服务于节能型社会建设等。"国土是生态文明建设的空间载体，必须珍惜每一寸国土"[2]，土地管理学在节约利用土地资源方面大有作为。

第二，保护生态环境。

目前，水、空气、土壤污染成为严重损害群众健康的突出环境问题，气候变暖成为全球关注的重大问题，建设生态文明就是为人民创造良好的生产生活环境。发展新型地学文化可以为保护生态环境、应对气候变化提供重要理论与技术支撑。如，环境科学可以在地质环境保护、地下水资源开发利用、水土污染防治与修复、固体废物资源化等方面发挥作用。环境法学有助于完善环境立法，强化环境执法监督，健全重大环境事件和污染事故责任追究制度。环境经济学有助于完善环境保护经济政策，建立健全污染者付费制度，建立多元环保投融资机制。节能减排是应对气候变化的重要举措，节能是减排的前提，发展新型地学文化可以实现节能减排目标。如，能源科学新发展可以通过节能、提高能源利用效率，开发新能源、清洁能源；发展能源经济学、能源法学、能源行政学可以通过经济、法律、行政等手段鼓励不同主体节能。

第三，防治地质灾害。

我国是一个地质环境脆弱、地质灾害多发的国家，它们对人民生命与社会财产造成了巨大损失。从汶川大地震到舟曲泥石流，无一不与地质灾害有关，但是对于有效的预报、预防和治理，我们还差很多。[8]地质灾害的频发，催生出地质灾害学、环境灾害学、水文灾害学等学科，这些新型学科的发展在地质灾害防治中起着积极作用。汶川大地震发生后，中国地质大学及时组织科技赈灾专家组奔赴灾区，为灾区预防次生灾害、做好灾后重建与城镇选址等工作提供了强有力的技术支持。教育部在中国地质大学成立的三峡库区地质灾害防治中心，在预防、治理、解决三峡库区的地质灾害中发挥了重要作用。地质灾害的发生常常是多因素的结果，其中，人为因素的作用比重越来越大，而且往往带来多种后果，其防治既与地球自然科学各门学科相关，也与地学人文社会科学各个领域有关。如，灾害心理学的产生与发展，有助于安抚、疏导受灾人员。

此外，发展循环经济学可以推动我国"发展循环经济，促进生产、流通、消费过程的减量化、再利用、资源化"[2]。作为生态文明教育的重要内容，新型地学文化宣传教育，有助于"增强全民节约意识、环保意识、生态意识，形成合理消费的社会风尚，营造爱护生态环境的良好风气。"[2]

三　生态文明视角下发展新型地学文化的基本思路

生态文明视角下发展新型地学文化的基本思路是：以十七届六中全会、党的十八大精神为指导，以建立地学文化体系为基础，以创作地学文化产品为目标，以发展地学文化事业为任务，以发展地学文化产业为途径，以培养地学文化人才为支撑，以完善地学文化制度为保证，推动我国新型地学文化大发展、大繁荣。

（一）建立地学文化体系

建设生态文明要求建立并完善新型地学文化，将新型地球自然科学与地学人文社会科学结合起来，这是发展新型地学文化的重要基础。一是完善地球自然科学体系。这方面相对比较完备，但还需进一步完善，根据生态文明建设需要建立新的地学学科，并实现地球自然科学绿色发展，如地质科学、工程科学、灾害科学、资源科学、环境科学、能源科学等生态化，甚至是地球数学、地球物理、地学化学等绿色发展。二是发展地学社会科学体系。这方面发展还不太成熟，我们应大力发展地学哲学、地学伦理学、地学社会学、地学文化学、地学管理学、地学经济学、地学法学、地学传播学、地学新闻学、地学教育学、地学政治学、地学旅游学等学科，并推动这些学科绿色发展。三是建立地学人文科学体系。目前，这方面研究尚未起步，我们应逐步建立地学艺术学、地学文学、地学美学等学科，并推动这些学科生态化发展。总之，我们要加强地学文化的多学科、综合性、生态化研究，促使地球自然科学、地学社会科学、地学人文科学共同发展，构成一个完备的、新型的地学文化体系，为促进人与地球和谐协调发展做出更大贡献。

（二）创作地学文化产品

这是新型地学文化建设的重要目标。这里以地学文艺产品为例。美国创作出一批以地学知识为支撑的影视文艺作品和精品，《后天》《2012》《大地震》《火山爆发》《侏罗纪公园》等电影在国际舞台上引起了巨大反响。我国也推出了歌曲《勘探队之歌》、电影《深山探宝》《年青的一代》、报告文学《地质之光》、科教片《美丽的地球》《地球年轮——"金钉子"的故事》等地学文艺产品，其中不乏产生了广泛而深远影响的作品。近年来，我国地学文艺产品在科学性、艺术性、思想性等方面有了较大提高，但相对于丰富的地学文化资源与素材，地学文艺产品的内容不够丰富、形式不够多样，更缺少地学文化精品。为此，我们应吸引行业内外作家、导演以及各类文艺工作者，深入地学教育、科研、生产的实际，创作反映地学特色的小说、影视剧、报告文学、戏剧作品等。如，鼓励电视台创作设立更多更优秀的地球、资源、环境类专题节目；联合名导、影视部门创作拍摄地球科技、资源开发、环境保护题材的影视作品。[9]通过多种方式与途径，创作出一批人民群众喜闻乐见的优秀地学文艺作品和精品。当然，我们也应加大地学社会科学、地学新闻舆论和地学网络等方面产品的创作生产。

（三）发展地学文化事业

这是建设新型地学文化的重要任务。目前，我国室内地学文化场馆数量已有一定规模，全国有130多个自然科学博物馆，其中地学博物馆（或陈列室）70多个，但总体水平不高，内容、形式、手段还不够先进，场馆地域分布、规模、数量、安防、投入等方面有较大差异；建立了一批室外世界地质公园、国家地质公园、国家矿山公园，以及地学野外教育基地等，但这些室外地学文化场所的地学知识体系存有不足、文化内涵挖掘不够，地学文化遗产开发利用与保护矛盾突出。[10]针对以上问题，我们既要丰富室内地学文化场馆的展陈内容，采取多种形式，提高其展陈水平，增加展示吸引力。如，中国地质大学博物馆充分运用高科技和馆藏资源，发展成为首家高校国家4A级景点，以及重要地学文化教育基地。也要完善室外地学文化场所的知识体系，挖掘其科学文化内涵，提高地学文化品位。如，获得了"河北省爱国主义教育基地""中国十佳工业旅游景区""全国科普教育基地""全国国土资源科普基地"等荣誉称号的开滦国家矿山公园[11]，发展成为我国地学文化事业的典范。

（四）发展地学文化产业

文化产业被称为绿色产业、朝阳产业，发展地学文化产业是发展新型地学文化的重要途径。美国非常重视发展地学文化产业，以恐龙为题材的《侏罗纪公园》揽下了 9.2 亿美元的票房收入，还促成了以恐龙为主题的动漫、网络、出版、影视、软件、玩具、旅游、工艺品、主题公园等地学文化产业群。近年来，我国地质旅游、国家地质公园建设以及珠宝奇石珍藏和交易等都创造了巨大的经济效益[12]，展现了地学文化产业的良好发展前景。但是，我国地学文化资源开发程度不高，未能及时转化为文化产业实力；具有较好生态、经济、社会效益的地学文化产业不多，更谈不上地学文化的产业链与产业群。面对上述问题，我们要充分认识地学文化产业发展的重要性，利用国家发展文化产业的政策，拓宽地学文化产业投融资渠道，激励各类企业开发地学文化产品，培育一批著名地学文化企业和集团；提高地学文化科技创新能力，实现地学文化与高新科技的良好结合，提高地学文化产业及其产品的水平与档次，增强其市场吸引力、社会影响力和国际竞争力；提高公众地学文化消费水平，扩大地学文化产品消费，以引领我国地学文化产业快速发展。

（五）培养地学文化人才

这是发展新型地学文化的重要支撑。进入 21 世纪以来，越来越多的人员投入地学文化的研究、创作、传播、普及中，但地学文化人才队伍力量分散、专业结构不合理，创新人才与团队缺乏，学科建设与专业人才培养滞后，公益性地学文化队伍较弱，专家学者对科普文化创作缺少热情等问题依然存在。中国不缺优秀的地质学家，也不缺优秀的大众文化创作人才，但非常缺乏能把二者有机结合起来的复合型人才。[13]为尽快培养一支德才兼备、锐意创新、结构合理、规模宏大的地学文化人才队伍，我们应加强组织领导，制定地学文化人才队伍发展规划，将地学文化人才培养纳入地学创新人才工程；加强人才交叉培养，在地球自然科学专业开设地学人文社会科学课程，在地学人文社会科学专业开设地球科学技术方面课程；加强地学文化学科建设，开展地学文化专业教育，培养地学文化专业人才；抓紧培养善于开拓地学文化新领域的拔尖创新人才、掌握现代传媒技术的专门地学人才、懂经营善管理的复合型地学人才、适应文化走出去需要的国际化地学人才；加强地学人才职业道德建设和作风建设，使其自觉践行社会主义核心价值观，增强其社会责任感，以弘扬地学精神和职业道德。

（六）完善地学文化体制

地学文化建设之所以存在种种问题，与地学文化体制机制不完善紧密相关，建立并完善地学文化体制机制可以为新型地学文化建设提供重要保障。我们要建立认识地球的科学和实践体制，如从地球自然科学研究扩展到地球人文社会科学研究的学科体制；地学人才从高度分科向综合发展，兼顾地壳各种运动形式，地球物质、能量、信息和空间的科研体制；兼顾地球资源勘探、开发、利用和保护的地学实践体制，或矿产科学开采、选矿、运输、冶炼的综合体制，以及矿产利用和再生体制。[14]我们还应建立并完善地学文化激励机制，增加地学人文社会科学评奖内容，奖励地学文化优秀作品和成果；推进地学文化事业单位，特别是国有地学文化单位改革，加大对地学特色的科技馆、博物馆、图书馆等公益性地学文化单位的投入；完善地学文化产业发展政策保障机制，在财政、税收、金融、土地等方面支持地学文化产业发展，对自主创新文化项目给予资金扶持；制定社会团体或个人投资地学文化建设的激励机制，建立国家地学文化事业与产业发展基金，发行"保护地球"等相关公益事业彩票，确保文化事业与产业投资来源多元化。

参考文献

［1］中国共产党第十七届中央委员会第六次全体会议：《中共中央关于深化文化体制改革推动社会主义文化大发展大繁荣若干重大问题的决定》，http://www. people. com. cn/h/2011/1026/c25408 - 3495663258. html，2011 年 10 月 26 日。

［2］胡锦涛：《坚定不移沿着中国特色社会主义道路前进　为全面建成小康社会而奋斗——在中国共产党第十八次全国代表大会上的报告》，http://news. xinhuanet. com/18cpcnc/2012 - 11/17/c_113711665. htm，2012 年 11 月 8 日。

［3］余谋昌：《生态文明时代的地学文化》，《辽东学院学报》（社会科学版）2011 年第 2 期，第 12 页。

［4］余谋昌：《生态文明论》，中央编译出版社，2010，第 246 页。

［5］明厚利：《"21 世纪地球科学与可持续发展战略研讨会"报道》，《地质科技情报》2002 年第 4 期，第 80 页。

［6］余谋昌：《生态文明论》，中央编译出版社，2010，第 283 ~ 285 页。

［7］温家宝：《在会见国际地科联执行局成员时的谈话》，《中国地质大学学报》（社会科学版）2009 年第 5 期，第 1 页。

［8］温家宝：《温家宝总理在中国地质大学的讲话》，http：//news. xinhuanet. com/edu/2012 - 05/30/c_123211217. htm，2012 年 5 月 30 日。

［9］段怡春主编《地球科学文化研究文集》，地质出版社，2006，第 36 页。

［10］段怡春主编《地球科学文化研究文集》，地质出版社，2006，第 70 ~ 73 页。

［11］李军：《重现开滦百年历史展示矿业文化魅力》，《中国煤炭》，2011 年第 6 期，第 120 页。

［12］段怡春主编《地球科学文化研究文集》，地质出版社，2006，第 79 页。

［13］段怡春主编《地球科学文化研究文集》，地质出版社，2006，第 119 ~ 122 页。

［14］余谋昌：《生态文明论》，中央编译出版社，2010，第 282 页。

生态文明与地学文化产业发展探析

黄　娟　李素矿　单华春[*]

内容摘要：作为文化产业的类型之一，地学文化产业以地学为基础，以文化为灵魂，以经济为依托，以促进人与自然和谐为目的。文化产业发展应当与生态文明建设紧密相结合，而地学文化产业是一种生态产业、绿色产业、低碳产业，当前发展地学文化产业是建设生态文明的需要。本文还探讨了在中国地质大学（武汉）地学文化资源与相关产业的基础上，创建武汉地学文化产业示范区的一些初步构想，对武汉市发展特色文化产业具有一定的启发意义。

党的十七届六中全会关于文化体制改革的决定，要求推动文化建设与生态文明建设协调发展；党的十八大报告在大力推进生态文明建设部分，突出强调了生态文明建设的重大意义，并提出将生态文明建设融入文化发展和文化建设中。文化产业发展应当与生态文明建设紧密相结合，目前，学术界研究文化产业发展、生态文明建设的成果都很多。本文以地学文化产业为特定研究对象，探讨生态文明视域下地学文化产业发展的问题，对深化地学文化产业研究和推进生态文明建设均具有一定意义。

* 黄娟，中国地质大学（武汉）教授，研究领域为哲学；李素矿，中国地质大学（武汉）教授，研究领域为教育学；单华春，中国地质大学（武汉）教授，研究领域为科技与社会发展。

一　生态文明建设与地学文化产业发展

不同的文明时代具有不同的产业结构，农业文明以农业产业为核心，工业文明以工业产业为核心，生态文明则以生态产业为核心。党的十八大报告明确指出，生态文明建设必须形成节约资源和保护环境的产业结构。而文化产业以创意为源头，是一种科技含量高、资源能耗低、环境污染小、知识密集的绿色产业，在增加就业、扩大消费、拉动内需中发挥着越来越重要的作用，对建设资源节约型、环境友好型社会具有不可替代的作用。[1]作为文化产业的类型之一，地学文化产业以地学为基础，以文化为灵魂，以经济为依托，以促进人与自然和谐为目的，是追求地学、文化、经济协调发展的产业，具有资源消耗低、环境污染小等显著特征。

首先，地学文化产业的资源消耗低。地学文化产业以地学文化资源为生产要素，而地学文化资源是以地球科学为主体，以包含在地学史、地学人物、地学思想、地学理论、地学事件、地学景观中的精神文化现象为内容的特殊人文资源，具有可多次开发、反复使用，成本低、投入少、回报大等特点，如著名地质学家李四光的人物题材就被多次开发利用。地学文化产业所需消耗的自然资源较为有限，对于深受资源制约的我国来说，挖掘、开发地学文化资源，形成各具特色的地学文化产业，可在建设资源节约型社会中大有作为，也在新一轮文化经济竞争中具有比较优势。

其次，地学文化产业的环境污染小。地学文化产业主要通过文化创新，将地学文化资源转化成多种形式的地学文化产品和地学文化服务。同一地学题材可以衍生出多种产品，如唐山大地震，已经被开发出报告文学、电影、电视等相关作品，今后还可以继续被开发出科教片、卡通片、动漫片等其他作品。与农业尤其是工业相比，地学文化产业对生态环境的影响要小得多，是真正的"无烟产业"。因此，发展地学文化产业可以有效保护生态环境，在建设环境友好型社会中做出更大贡献。

地学文化产业具有的资源消耗低、环境污染小等显著特征，加上地学文化的核心是人与地球和谐发展，这就决定了地学文化产业是一种生态产业、绿色产业、低碳产业。例如，地质公园旅游是地学文化产业的重要形式，我国国家地质公园旅游开发，能在满足游客地学旅游需求的同时，实现人与自然的高度和谐共处，从而促进国家地质公园地质遗迹环境保护与旅游的可持续发展。[2]发展地学文化产业是我国建设生态文明的重要选择，鉴于地学文化产业的重要性、绿色性、基础性，国土资源部将发展地学文化产业纳入"十二五"规划。伴随文化产业成长为国民经济的支柱性产业，我国地学文化产业必将迎来一个良好的发展机遇期。

二　创新发展理念与地学文化产业的绿色发展

建设生态文明，就是要促进人与自然和谐相处，建设以资源环境承载力为基础、以自然规律为准则、以可持续发展为目标的资源节约型、环境友好型社会。因此，节约资源、保护环境是生态文明建设的重要任务与根本要求。地学文化产业是绿色产业，但也需要一定的资源环境作支撑，如果在开发利用中不注意节约与保护，也会造成一定的资源浪费与环境破坏。近年来，我国地质旅游、珠宝玉石等地学文化产业发展迅速，但在发展过程中出现了一些不容忽视的资源环境问题。因此，大力发展地学文化产业，必须创新发展理念，将生态文明建设的理念融入其中。

其一，地学文化产业发展的地质资源节约理念。地学文化资源是发展地学文化产业的重要基础，我国地学文化资源非常丰富，但开发利用中浪费破坏现象也不少。一种是闲置性浪费，由于发展水平不高、创意能力有限，地学文化资源开发利用还在走资源粗放型道路，多数地学文化产品属于附加值偏低的初级产品，浪费了不少潜质较好的地学文化资源。另一种是破坏性浪费，对地学文化资源过度开发而不注意保护，致使许多有重要价值的地质遗迹未能得到有效保护，并遭到不同程度的破坏，降低了地质遗迹的观赏价值，有些甚至永远地消失了。这些情况说明，发展地学文化产业必须节约与保护资源。玉是一种不可再生的宝贵资源，发展玉文化产业要特别注意资源节约与保护。我国对独山玉文化产业发展进行了积极探索，充分利用以往不被重视的黑料、没有多大用途的小料、边角废料，开发出各种新产品，既节约了原材料，又增加了玉石产品新门类，更增加了玉文化的新内涵。

其二，地学文化产业发展的地质环境保护理念。近年来，影视业破坏环境事件时有发生，电影《唐山大地震》剧组事件也一度被传得沸沸扬扬；和田玉价格的持续升温，使玉龙喀什河岸遭到破坏性、掠夺式挖掘，生态环境破坏、水土流失严重。地质公园的过度开发，越来越多游客的进入，土地、水和矿产资源未能得到合理利用，带来了诸多生态环境问题，如生态环境系统失调、自然景观破坏、生物多样性减少、水土流失加剧、环境污染等。发展地学文化产业应该尽量减少和避免对环境的破坏。生态环境破坏成为影响我国地学文化产业可持续发展的障碍，就地质公园旅游而言，无论是在地质旅游开发设计，还是在地质公园经营过程中，都应该遵循可持续发展理念，按照循环经济发展要求，科学合理地定位旅游产业发展目标，在旅游开发时落实环境保护责任，为振兴旅游经济探索新的发展之路。[3]

根据中央关于文化建设和生态文明建设的精神，我们既要大力发展地学文化产业，构建结构合理、门类齐全、科技含量高、富有创意、竞争力强的现代地学文化产业体系，也要推动各类地学文化产业实现绿色发展。

一是传统地学文化产业绿色发展。地学出版发行、地学影视制作、地学印刷、地学广告、地学演艺、地学娱乐、地学会展等都是传统地学文化产业，建设生态文明要求这些产业实现绿色发展。以地学影视业为例，它是美国电影家族的一大门类。美国拍摄了大量以重大地质事件为背景的电影，如《后天》《天地大冲撞》《山崩地裂》《2012》《大地震》《火山爆发》《侏罗纪公园》等，这些电影在国际舞台上引起了巨大反响。我国也先后推出了《深山探宝》《年青的一代》《李四光》《唐山大地震》《走进罗布泊》等电影，其中不少也产生了很大影响。影视在传播地学知识、开展地学科普、弘扬人地和谐理念方面具有广泛影响力，我国影视企业不仅要制作更多地学文化题材的影视作品，而且要重视发展地学题材电视剧，因为电视剧受众更多、影响更长，而影视企业在制作相关作品时，必须牢固树立绿色理念、坚持绿色生产、实现绿色发展。

　　二是新兴地学文化产业绿色发展。地学文化创意、地学数字出版、地学移动多媒体、地学动漫游戏等是新兴地学文化产业，建设生态文明需要大力发展并推动这些产业实现绿色发展。发展地学文化产业必须以创意为手段。玉文化产业是典型的文化创意产业，是以玉为载体的文化创意和文化再创造产业。玉雕行业崇尚"玉必有工，工必有意，意必吉祥"；"意"就是玉雕行业的文化创意，它植根于中国悠久的历史文化，深受宗教文化、历史文化和民俗文化的影响。那些拥有丰厚文化底蕴、具有较高艺术价值和社会价值的玉雕产品，无一不受到中国传统文化的影响和启迪。独山玉文化产业非常注重绿色发展，设计人员巧妙构思、精心设计，利用创意将传统的黑料、小料、余料变成艺术价值高的玉雕作品，获得"天工杯"银奖的《妙算》，以及《长发妹》《清明上河图》等都是其代表作品。[4]

　　三是地学文化相关产业绿色发展。建设生态文明还需推动地学文化产业与地学旅游、地学体育、地学信息、地学物流、地学建筑等产业融合发展，并促使这些地学文化相关产业实现绿色发展。以地学文化旅游为例，发展地学文化旅游是以地学文化提升地学旅游，以地学旅游传播地学文化。地质公园是地学文化旅游的重要载体，地质公园的资源环境问题要求它实现绿色发展。地质公园绿色发展，就是建立在地质生态环境容量和地质遗迹资源承载力的条件下，以地质遗迹环境保护与区域社会经济协调发展为目标的一种新型发展模式。其中，地质公园的绿色发展，主要包括地质遗迹绿色保护、生态环境绿色发展、土地资源绿色发展、生物多样性与退化生态系统恢复等。[5]

三　关于建设武汉地学文化产业示范区的构想

（一）地学文化产业适宜打造良好的绿色文化产业园区

　　文化产业示范园区建设，必须利用当地资源优势和产业发展基础，选择能够体现比较优势的特色产业，必须在节能、环保、土地等方面适应生态文明建设要求，注重经济效益、社会效益、生态效益的有机统一。由是观之，建设地学文化产业示范园是实现地学文化产业绿色发展的良好途径。

地学文化产业示范园区是我国文化产业示范园区的重要类型之一，建设地学文化产业示范园区是推动它绿色发展的一种模式。近年来，我国地学文化产业园、地学文化产业示范基地、地学文化产业示范区得以快速发展。常州的中华恐龙园，是以恐龙文化为特色的文化产业园，建成以来一直发展良好，已经成为长三角地区的重要休闲地。杭州的中华玉文化中心良渚文化产业园，是围绕玉文化及玉产品，专门研究、展示、加工玉器的产业园，园内有玉创作工作室，玉文化研究工作室，玉精品展示、交易拍卖中心，玉文化交流会所等。正在新建的万山地质文化产业园，把文化创意同资源开发相结合，突出旅游观光、休闲健身、生态修复、地球科学普及等多种功能，同时开发深层地热资源，建设国内最大规模的观赏石市场，最终建成一个国际一流、国内最大、功能最全、最具特色的地质文化产业园和地质文化主题游乐园。新疆"和合玉器"文化产业示范基地，是第三批国家文化产业示范基地之一，以其规模的优势、品牌的力量，走在行业前列，成为中国和田玉行业第一品牌。河南镇平石佛寺珠宝玉雕有限公司，是第四批国家文化产业示范基地之一，这是一家集珠宝玉器生产加工、质量检测、工艺培训、销售出口与文化研究传播于一体的产业链较为完整的企业。东阳中国古生物文化产业示范区，是一家由中国古生物化石保护基金会策划兴建的地质文化旅游示范园，目前尚在兴建中。这些地学文化产业园、示范基地和示范园区建设，有力推动了我国地学文化产业发展。当然，这些地学文化产业园区要起到典型、示范、榜样作用，还必须牢固树立生态文明理念，积极探索绿色发展道路。

（二）创建武汉地学文化产业示范区的构想

2013 年 7 月，习近平总书记视察武汉期间，对武汉建设国家中心城市、复兴大武汉给予了充分肯定。武汉市出台了文化产业振兴计划，准备未来 5 年投资 2628 亿元，为复兴大武汉打造文化产业基础。[6]创建地学文化产业示范园区符合武汉市文化产业振兴计划、武汉城市圈"两型社会"建设整体规划。中国地质大学（武汉）拥有地学人才资源丰富、地学文化特色鲜明、地学产业基础良好等有利条件，在中国地质大学地学文化资源和地学文化产业的基础上，创建武汉地学文化产业示范区，是武汉市发展特色文化产业的重要选项。武汉市政府、中国地质大学、湖北省国土资源厅、国土资源部、中国古生物化石保护基金会等可以联手，共同打造一个华中地区最大的地学文化产业示范区。为此，示范区可以重点发展以下地学文化产业。

1. 珠宝文化产业

中国地质大学建有珠宝检测中心、湖北省珠宝玉石质量监督检验站、武汉市金银珠宝检验站、武汉市地大珠宝生产力促进中心、宝石商贸基地、珠宝鉴定仪器研制中心（自主研制生产的宝玉石仪器，质量优良、品种齐全，蜚声海内外）、首饰设计和制作中心，已经初步建成集观赏、购买于一体且享有盛誉的宝玉石一条街。为适应日益增长的宝玉石需求，武汉市洪山区正在中国地质大学兴建珠宝大厦。武汉市政府计划打造玉谷，与光谷等相映成趣、相得益彰。这就需要借鉴国内外先进经验，通过科学规划，采取得力措施，将武汉玉谷建设成国家文化产业示范基地。就目前而言，可以建立一个集勘探、开采、设计、生产、销售、服务于一体的展示区，让越来越多喜爱珠宝玉石的人们了解珠宝玉石开采生产销售过程及其生态环境影响，不断提升珠宝玉石的文化内涵与品位，使珠宝玉石不仅成为财富的象征，而且成为提升审美情趣和生态意识的重要媒介。目前，"黄金有价玉无价"成为一些商铺漫天要价的借口，购买珠宝玉石变成一个斗智斗勇的过程，我们要借鉴新疆"和合玉器"文化产业示范基地经验，培养一个或几个具有较大影响力的珠宝玉石企业，发挥其规范珠宝玉石市场的良好作用，实现经济效益、社会效益、生态效益的有机统一。

2. 地学旅游产业

中国地质大学建有逸夫博物馆，开辟了5个地学展厅，即地球奥秘展厅、生命起源与进化展厅、珠宝玉石展厅、矿物岩石展厅和矿产资源展厅，还设计开发了一些矿物、岩石、宝玉石等具有地学文化特色的纪念品，年均受众人数10万余人，是全国高校首家国家4A级旅游景区、全国科普教育基地、全国青少年科技教育基地、全国古生物科普教育基地，是中部地区地学科普宣传教育的一颗璀璨明珠。中国地质大学还建有勘探队员塑像、院士长廊、校训石碑、四重门（中国高等地质教育标志性文化景观）、地质年代长廊等蕴意丰富的地质文化景观。地大隧道正在计划绘制全景式壁画，打造艺术科普长廊。这些景观为发展地学文化旅游打下了良好基础。还需进一步提升博物馆及其他景观的文化内涵，如在地质年代长廊附近或旁边建立一排橱窗，对各个地质年代进行文字和图片说明，让人们在亲近大自然和休闲之余认识地球发展史，体会沧海桑田的变迁和人类的渺小，树立起尊重自然、顺应自然、保护自然的生态文明理念。

3. 地学出版产业

1985 年，中国地质大学出版社成立，该社依托中国地质大学及国土资源行业的资源优势和特色，走出了一条专、精、特的发展道路，成为我国地质行业的重要出版机构。2011 年，在原有《地球科学——中国地质大学学报》（中文版）、《地球科学学刊》（英文版）、《中国地质大学学报》（社会科学版）、《地质科技情报》《工程地球物理学报》《安全与环境工程》《宝石和宝石学杂志》的基础上，成立了中国地质大学期刊社。其中，《地球科学》进入 SCI/EI 国际著名检索系统，《中国地质大学学报》（社会科学版）进入 CSSCI 来源刊，特色栏目"资源环境研究"被评为教育部"名栏工程"建设栏目，成为"多学科研究资源环境问题的国内高端学术平台"。在现有特色出版社和期刊社的基础上，要进一步明确发展方向，建设绿色出版社与绿色期刊社，抢占国内绿色出版和发行市场，使之成为我国传播和宣传地学知识及人地和谐理念的重要平台。

4. 化石文化产业

化石林是中国地质大学的一大文化景观，是华中地区最大的迁地保护景观。在现有化石林基础上，可以考虑扩大规模和品种，通过文字和图片说明，增加其地学文化内涵，加强化石林资源环境保护。通过化石林来体会人地和谐、天人合一的重要性。观赏石是中国的传统文化，观赏石具有很高的艺术和经济价值，随着民间观赏石需求量越来越大，观赏石文化产业得到空前发展。目前，在中国地质大学不远的地方建有武汉奇石园，但规模太小、品种太少，观赏价值有限。可以考虑通过收集、整合、采购等多种办法，建立一个真正的奇石馆或奇石公园，让人们在欣赏之余体会大自然的奇妙。武汉市具有九省通衢的地理优势，可以考察学习国内外先进经验，建立一个华中地区最大的恐龙园，演绎恐龙王国的历险记。这是孩子们的共同兴趣所在，是一种直观的生态文明教育形式。

5. 地学体育产业

中国地质大学已经形成了以登山、攀岩、野外生存体验、定向越野、拓展运动等为主要内容的特色地学体育项目。2012 年，中国地质大学登山队成功登上珠穆朗玛峰，成为我国第一支登上世界最高峰的大学登山队。体育馆内建有亚洲最大的室内攀岩壁、进行户外体能和技巧训练的健身中心等。这些特色体育和运动，可以较好地满足体育爱好者的健身、探险等新需求。同时，也还需要进一步完善相关场馆，开拓更多特色体育项目，并进行商业化和市场化运作。

此外，中国地质大学是我国地学教育和培训的摇篮，各个学院都开展了大量的地学培训。如，珠宝学院是我国珠宝教育和珠宝培训的摇篮，可将地学培训发展成为一个产业。还可以发展地学会展产业，举办珠宝文化节、环境艺术节、地质文化节等，利用现有宝玉石年会召开环境艺术会议，创办珠宝、赏石展销会等，打造华中地区地学文化会展产业的中心。

地学文化产业具备较强的产业链效应，珠宝文化产业、地学旅游产业、地学出版产业、化石赏石产业，以及地学体育产业、地学培训产业、地学会展产业等之间具有很强的关联性，创建武汉市地学文化产业示范区，必须在中国地质大学现有资源与产业的基础上，整合、共享、综合利用各种地学文化资源，形成集地学物质文化、地学精神文化、地学生态文化于一体的地学文化体系，发展集传统地学文化产业、新兴地学文化产业和地学文化相关产业于一体的地质文化产业集群，使之成为一个集观赏、体验、购物、销售、教育等于一体的地学文化产业多功能示范区，并融入武汉市东湖大文化旅游圈中，甚至与湖北省各地地学景观、国家地质公园、国际地质公园融为一体，争取成为武汉城市圈和湖北省建设"两型社会"、建设生态文明、建设特色文化产业的重要基地。当然，创建武汉地学文化产业示范园，涉及项目建设规划的可行性等一系列问题，需要做好项目论证工作。本文提出了一些初步的思考与设计，希望能对推动武汉特色文化产业的发展有所助益。

参考文献

［1］《〈中共中央关于深化文化体制改革推动社会主义文化大发展大繁荣若干重大问题的决定〉辅导读本》，人民出版社，2011，第 58 页。

［2］温兴琦：《论生态文明视角的国家地质公园旅游开发》，《求索》2008 年第 11 期。

［3］黄晓凌等：《中国地质旅游可持续发展研究》，《山东社会科学》2010 年第 9 期。

［4］孟珂：《浅谈独山玉文化产业的可持续发展》，《科协论坛》（下半月）2011 年第 5 期。

［5］王兴贵等：《地质公园绿色发展研究》，《国土资源科技管理》2012 年第 3 期。

［6］《武汉出台文化产业振兴计划　5 年投 2628 亿提升软实力》，中国经济网，http://www.ce.cn/culture/gd/201210/30/t20121030_23799907.shtml。

我国地质行业民间奖励研究[*]

王俊华[**]

内容摘要：从 1925 年中国地质学会设立我国地质行业第一个民间奖励葛利普奖章，到 1989 年我国相继设立李四光地质科学奖、黄汲清青年地质科学技术奖、金银锤奖－青年地质科技奖，已有约 600 多位地质工作者得到了不同程度的奖励。我国地质行业的民间奖励不仅在社会上产生了广泛而深远的影响，而且对中国地质事业的发展起到了推动作用。

一 新中国成立前地质奖励

中国地质学会是我国成立较早的学会，也是较早推行民间奖励制度的学会。早期设立的科学奖励开始于 1925 年，1929 年会章明文规定："本会得设奖章或奖金，以奖励地质学者之有贡献者"[1]。学会设置的科学奖项有：葛利普奖章（1925 年）、纪念赵亚曾研究补助金（1930 年）、丁文江纪念奖金（1936 年）、学生奖学金（1940 年）、许德佑纪念奖金（1945 年）、陈康奖学金（1945 年）、马以思奖学金（1945 年）。从 1922 年到 1948 年的 27 年，正是我国内忧外患、局势动荡的年代，然而，中国地质学会却在外部条件恶劣的情况下实践着自己的宗旨，即使经费极其拮据，奖励制度的实施也从未被取消。因此我们后人有必

　＊　本文由笔者硕士学位论文选编而成。
　＊＊　王俊华，中国地质大学（武汉）科学技术史专业硕士研究生。

要对这些奖励制度的制定、运行及获奖者的情况做一番了解与研究。

（一）葛利普奖章

葛利普（Amadeusw William Grabau，1870～1946 年），美国地质学家、古生物学家、地层学家。1920 年应聘到中国，任农商部地质调查所古生物室主任，兼北京大学地质系古生物学教授。1929 年任中央研究院地质研究所通讯研究员。1934 年任北京大学地质系系主任。1941 年 12 月，太平洋战争爆发，他被侵华日军送进北平集中营。1945 年抗日战争胜利后恢复自由。1946 年 3 月 20 日在北平病逝。

葛利普把自己的后半生完全贡献给了为中国古生物学、地层学奠基的伟大事业。中国最早一批地层古生物学者大多出自他的门下，赵亚曾、田奇隽的腕足类，孙云铸、黄汲清、俞建章、计荣获、朱森的珊瑚，孙云铸、许杰的笔石，孙云铸、田奇的海林檎与海百合，陈旭的纺锤虫，尹赞勋、许杰、赵亚曾的腹足类和瓣鳃类，孙云铸、盛莘夫、王钰、卢衍豪的三叶虫，秉忠的昆虫，孙云铸、赵金科、俞建章的头足类，都得到葛利普的指导。[2] 当时中国科学落后，地质学尚未兴起，他在中国从事研究与教学工作共 26 年，发表了许多研究论文，涉及中国古生物志、中国地质史，为当时的中国地质人才提供了许多资料，可谓是中国地质学之父。

王宠佑于 1904 年留美时就学于哥伦比亚大学，师从葛利普学古生物学。1925 年作为第四任学会理事长的王宠佑为纪念其师葛利普教授，捐款 600 元为基金，按期定制金质"葛利普奖章"，由"中国地质学会就对于中国地质学或古生物学之有重要研究或与地质学全体有特大贡献者授给之"，并规定每两年授予一次。此奖设立时，葛利普还健在（55 岁），时人立奖，科学史上似不多见，足见葛氏确是学有专长、享誉当代的地质、古生物学家。葛氏奖章 1937～1946 年没有颁发，很可能是因为抗战期间葛利普滞留敌后，不能授予此奖。抗战胜利后才继续颁发。新中国成立后，此奖停止。从整体授奖的情况看，此奖是中国地质学会的最高学术奖。

（二）纪念赵亚曾研究补助金

赵亚曾（1898～1929 年）字予仁，河北蠡县人，1917 年入北京大学预科，1919 年升入数学系，后改学地质，1923 年毕业。在学时期，兼任助教三年，教授地质课程数门。毕业后考入地质调查所当练习生，后任调查员、技师。1928 年任古生物学研究室主任。他是葛利普、李四光的学生，受他们的影响很大。

赵亚曾在地质调查所实习期间工作十分努力，为此得到该所所长翁文灏先生的高度评价，在地质调查所的 6 年间，赵亚曾深入许多偏僻的山区，进行大量的野外地质调查，他在短短的 6 年中，一共发表论文和专著 18 种，100 多万字。其中《中国长身贝科化石·卷上》《中国长身贝科化石·卷下》和《中国石炭纪及二叠纪石燕化石》3 部专著被国内外同行奉为有关石炭纪、二叠纪长身贝类和石燕贝类的经典之作，成为后人研究有关化石必不可少的参考文献。

他所主张的以三个主要因素，即贝体轮廓、外表装饰和内部构造为依据，对腕足类进行分类的原则，一直沿用至今。特别是关于将内部构造形态作为主要分类要素的观点，较当时采用单一的形态特征为主的分类，显然是一重要进步。

1929 年 3 月，他参加丁文江组织的西南考察队，和黄汲清一起由陕西进入四川考察。同年 11 月与黄汲清分头去云南与贵州踏勘。11 月15 日在云南昭通旅舍遭遇匪徒，惨遭杀害，年仅 31 岁。

赵亚曾是中国地质界第一位殉难的地质学家。为了纪念赵亚曾"考察西南地质在云南殉难，并为鼓励中国地质学者从事专门研究，以贡献于地质学及古生物学之进步起见，募集基金以二万元为额，无论是否满额，每年以所得利息为补助金，名为纪念赵亚曾先生补助金"。这项补助金于 1930 年 10 月 30 日止，共募得捐款 17221.63 元，1931 年投资生息，1932 年开始颁奖，此奖规定用于科学研究，不能挪作他用。[3]纪念赵亚曾研究补助金共颁发了 18 年，包括黄汲清、许德佑、叶连俊、孙殿卿等在内的 22 人先后获奖。

（三）丁文江纪念奖金

丁文江（1887～1936 年）字在君，1887 年生于江苏省泰兴县黄桥，1902 年秋（15 岁）东渡日本留学。1904 年夏，由日本远渡重洋前往英国。1906 年秋在剑桥大学学习。1907～1911 年在格拉斯哥大学攻读动物学及地质学，获双学士。1911 年 5 月离英回国，回国后在滇、黔等省调查地质矿产。1911～1912 年在上海南洋中学讲授生理学、英语、化学等课程，并编著动物学教科书。

1913 年 2 月赴北京，担任工商部矿政司地质科科长，其后不久，与章鸿钊等创办农商部地质研究所，培养地质人才，并任所长。

1916 年他与章鸿钊、翁文灏一起组建农商部地质调查所，担任首任所长。1921 年丁文江辞去地质调查所所长职务后，兼任名誉所长，担任北票煤矿总经理。1929 年春负责对西南诸省的地质调查，并开始兼任地质调查所新生代研究室名誉主任。

丁文江在创办地质调查所及担任地质调查所所长期间，非常重视野外地质调查、提倡出版物的系列化、积极与矿冶界协作和配合，并热心地质陈列馆及图书馆的建设。他担任《中国古生物志》主编长达 15 年，在地学界极有影响。丁文江为中国地质学会创立会员，1922 年 1 月在北京两城兵马司 9 号主持召开了第一次筹备会议。1923 年当选第二届会长。

1936 年元月 5 日，时任中央研究院总干事的丁文江在湖南谭家山煤矿考察时因煤气中毒并发胸膜炎而与世长绝。丁文江是我国地质事业的奠基人之一。创办了我国第一个地质机构——中国地质调查所，领导了我国早期地质调查与科学研究工作；又在该调查所推动了我国新生代、地震、土壤、燃料等研究室的建立。积极从事地质教育，善于发现与培养人才。著有《芜湖以下扬子江流域地质报告》《中国的造山运动》和《申报地图》等，对我国地层学、构造地质学、地图学做出了重大贡献。他的去世不仅是中国地质界的损失，而且是整个中国的损失。

丁文江纪念奖金，设于 1936 年，募得基金 43765 元，于 1940 年开始授予，每两年一次，授给"中华国籍研究地质有特殊贡献者"[4]。实授五次。

（四）学生奖学金

学生奖学金，是 1940 年由翁文灏建议中国地质学会设立，章程规定："为奖励学生努力研究工作，提高兴趣，更求精进起见，设学生奖学金"。奖学金分甲、乙、丙三种，授予在校四年级地质系学生。[5] 1941 年始发，实发五次，池际尚、杨起、谷德振等 31 人获奖。

（五）许德佑先生、陈康先生、马以思女士纪念奖学金

1944 年 4 月，中央地质调查所许德佑、陈康和马以思（女），在贵州西部调查地质遇匪，一同罹难。学会为了纪念许德佑等三位不幸为学牺牲，将 1944 年 12 月出版的《地质论评》第九卷第五、第六期合为《许德佑、陈康、马以思纪念号》，并建立"许德佑先生、陈康先生、马以思女士纪念奖学金"。

许德佑（1908～1944 年），江苏丹阳人。青年时代从事文艺活动，1930 年毕业于上海复旦大学，同年底留学法国。1935 年毕业于法国蒙伯里大学地质系，获硕士学位。7 月回国，11 月进入南京地质调查所工作，担任技士，专攻三叠纪地层与古生物，贡献卓著。历任中国地质学会助理书记（1942 年）、助理编辑、编辑（1937～1944 年），许德佑生平著作丰富，已完成的达 74 种，其中约 2/3 为文学、政治、科普等方面的文章（1931～1937 年），1/3 为地质古生物学专著（1935～1944年）。被害时年仅 36 岁。

陈康（1916～1944 年），广东番禺人，家居香港。1937 年入广东文理学院博物学系，抗战初投笔从戎，后复学修业，1941 年毕业。杨钟健审阅陈康的毕业论文《广东连县东陂之地质》，大为赏识，遂与黄汲清、李承三联名推荐他入中央地质调查所任职。1942 年 9 月，陈康由两广地质所转中央地质调查所任技士，随许德佑研究三叠纪。遇害时年仅 28 岁。

马以思（女）（1919～1944 年），原籍四川成都，生于黑龙江。东北沦陷，随家迁居上海，后入四川。1939 年入重庆中央大学地质系，1943 年毕业。在校期间，考试成绩居第一名共计 28 次，兼通五种外语（英、德、法、俄、日）。大学毕业后以优等成绩考入中央地质调查所当练习生，随尹赞勋、许德佑研究古生物。被害时年仅 25 岁。[6]

这三项奖都于 1945 年始授，实授五次。

二　新中国成立前地质奖励制度特点

（一）不断完善的评奖制度

葛利普奖章先后修订过三次，1926 年用英文在《中国地质学会志》

上刊出，整个规则共七条。1935 年学会删去了原规则的第七条。1948
年由谢家荣提议，学会对葛利普奖章颁发规则做了进一步修订，对奖章
委员会组织入选、委员会事务执行人、奖章膺选人资格做了更详细的规
定，规则由 1935 年的六条增加到十条。[7]

纪念赵亚曾研究补助金 1930 年制定，1941 年由黄汲清提议对原规则
的第二条，就选举委员会的选举事宜做了修订。详见《地质论评》第
六卷。[8]

丁文江纪念奖也修改过二次，1936 年制定的基金管理规则有十一
条，1941 年对原规则的第二条增加注文如下："委员会第一次改选三
人，以后二年内每年改选二人，从此依照章程每满五年改选"[8]。1943
年，学会又对丁文江纪念奖管理规则中的第一、第二、第十条做了修
订，原规定中规定理事会选举委员七人组织委员会管理，中国地质学会
理事长为当然委员。委员会自选主席、书记各一人并提请理事会审核。
任期五年，每次改选 1/3，由未满任委员选举，提请理事会核定，同一
人不能连任三次以上。修改后委员会由七人改为九人，任期一到两年，
每两年改选 1/3，同一人不能连任超过三次。[9]

中国地质学会根据奖励的不同采取不同的奖励规则，而且在奖励运
作过程中，不间断地修改完善各项奖励制度，有力地促进了奖励制度的
体制化和规范化。

（二）奖励侧重点各有不同

1926 年的《中国地质学会志》用英文颁布了葛利普奖章规则，
1935 年第十一次年会通过及 1935 年 2 月 18 日理事会审议出台新修订的
葛利普奖章规则，这两次颁布的规则都对获奖者的条件做了这样的规
定：（1）葛氏奖章每两年授给一次，由中国地质学会就对中国地质学或
古生物学有重要研究或于地质学全体有特大贡献者授给之；（2）得奖章
之人无国籍限制，得奖章之著作以中英法德四国文字或至少用此四国文
字之一作为详细提要。[10]1949 年理事会又对葛利普奖章规则进行了一次
更详细的修改，其中规定"得奖人应对于中国地质学持续研究在十年以
上，确有重要贡献者"[11]。

纪念赵亚曾研究补助金规定："甲已有地质学及生物学专门研究成

绩足以证明其确有精研深造之能力者；乙能因本补助金而更作实地考察及专门研究于相当时间内可有一定成绩足以发表者；丙前项研究性质在最近五年内以能继续及扩充赵亚曾先生生前之工作者为尤善但五年以后得由委员会酌量决定补助任何地质学及古生物工作"[12]。

1936 年颁布的丁文江纪念奖金规定条件为：甲曾将工作方法及所得结果妥当记录于著作中；乙对于地质学之各部分（例如古生物学、矿物学、岩石学、矿床学、地文学）及其密切相关之学科（例如土壤学、地球物理学）有新颖贡献者；丙对于中国地质及其密切相关事项有重要贡献且有推进作用；丁能专心从事科学研究不分心其他工作。[13]

由奖励的规章制度中规定的获奖者条件可以看出，中国地质学会的奖励各有其侧重点：葛氏奖章被定位为一种国际性质的奖励，侧重于奖励中国地质学或古生物学方面的研究，而且对获奖者要求最高；纪念赵亚曾研究补助金不仅奖励地质学及生物学专门研究有成绩者，而且奖励对赵亚曾生前的研究有发展者，旨在纪念赵亚曾；丁文江纪念奖金奖励的范围比前两种奖励要广泛，涉及地质学的各个方面；而学生奖学金旨在奖励地质专业的学生，充分体现了当时中国地质学会对人才培养的重视。

（三）基金管理公开化

奖励基金是奖励得以维持的一个重要保证。葛利普奖章是由其发起人王宠佑捐款 600 元作为基金，这笔基金和图书馆基金一起作为永久基金定期存款。纪念赵亚曾研究补助金是由社会各界人士捐款近两万元发起的，学会成立了基金委员会保管和运作基金，其中的一部分作为银行存款，一部分投资生息，曾先后由徐光熙、竹生、计荣森、黄汲清经手管理。丁文江纪念奖金是所有奖励中收到捐款最多的，丁文江纪念奖励的基金委托中华教育文化基金董事会保管生息。早年的中国地质学会做到了"账务公开"，每一年的基金运作情况都由账务委员会在《中国地质学会志》及后来的《地质论评》上详细地刊出。

（四）对奖励仪式的重视

奖励仪式是奖励制度中精神奖励的一种方式。奖励仪式是中国地质学会年会的重要项目之一，学会对每一届的奖励仪式都强调隆重举行，由理事长亲自颁奖，致贺词，由授奖人宣读论文、致答词。每届的授奖仪式都在《地质论评》做了较详细的记录。以下是《中国地质学会史》中收录的第八次葛利普奖章授予仪式："……学会在南京举行第22届年会期间授给章鸿钊。因理事长李四光未能到会，授奖仪式由谢家荣代表主持。谢氏致辞说：'章先生为我国地质界之元老，清末即开始提倡地质学。民国初年创办最早之地质教育机关，并为地质调查所之首任所长。章先生非但具推进之功，其本人对研究工作之兴趣，数十年从未稍减。在矿物、岩石、地质构造及地质学史等方面，均有重要贡献。涉猎之广、造诣之深，深为后进所钦服。'章氏亲自接受奖章后，致答词。"[14]

（五）同行评议情况

最早的同行评议源于对专利申请的审查，20世纪30年代以后，美国率先把同行评议引进科研项目经费申请的评审工作中，此后为欧美国家广泛采用，成为国际学术界通行的学术水准评价手段。早期的中国地质学会在奖励制度的运作中对"同行评议"并没有形成系统的认识。中国地质学会的七项奖励中只有葛利普奖章、纪念赵亚曾研究补助金、丁江文江纪念奖金明确选举出了奖励管理委员，但是这些委员往往一人身兼数个奖励的委员，而且回避制度也没有得到足够重视，有的委员在评奖当年既是评委，也参加评选。当然，这些评委委员的学术水平是不容置疑的，他们都是我国地质事业的开拓者。造成地质学会早期同行评议不规范的原因不外乎：奖励设置过多，地质人才匮乏。

三　新中国成立后地质奖励

（一）李四光地质科学奖[15]

我国著名科学家、卓越地质学家、教育家、社会活动家和我国现代地质工作的奠基人李四光教授对我国科学事业和地质事业有巨大贡献。为了继承和发扬他积极参加科学实践，勇攀高峰，不断创新的精神，鼓励广大地质工作者为祖国建设和社会的可持续发展多做贡献，由地质行业各部门共同发起，经中央批准，于1989年李四光100周年诞辰之际，设立了"李四光地质科学奖"。李四光地质科学奖，是面向全国地质工作者、最高层次的地质科学奖。主要奖励长期从事地质工作、热爱祖国、热爱地质事业，为发展地质科学和祖国现代化建设做出突出贡献的地质科技工作者。该奖分野外地质工作者奖、地质科技研究者奖、地质教师奖和荣誉奖。每两年评选一次，每次除荣誉奖外，共选出不得多于15人的获奖者，获奖者一生只能被授予一次，并作为终身荣誉。截至2005年，此奖已评选过九次，各类奖获奖者总计150人，其中特别奖2人（新"章程"已取消）、荣誉奖23人、野外地质工作者奖67人、地质科技研究者奖41人、地质教师奖17人。所有获奖者都是成绩卓著、对我国地质工作做出突出贡献的地质科技工作者，其中两院（中国科学院和中国工程院）院士46人，占获奖总人数的30.6%。该奖挂靠单位为国土资源部（前为地质矿产部），办事机构设在中国地质科学院。

（二）黄汲清青年地质科学技术奖[16]

黄汲清青年地质科学技术奖是在黄汲清先生所获首届何梁何利基金优秀奖奖金中的50万港元捐款的基础上发起建立的，旨在奖励我国地质学领域做出重要贡献的45岁以下的杰出青年地质工作者。

黄汲清先生被称为地质学界的一代宗师，是我国地质事业的开拓者和奠基者之一。他为我国地质科学、地质找矿和石油勘探开发做出了巨大贡献。为纪念黄先生对我国地质科学和地质事业做出的巨大贡献，鼓励青年地质工作者积极投身地质事业，中国地质学会在黄先生捐赠的基础上，设立了黄汲清青年地质科学技术奖，而且特在"黄汲清青年地质科学技术奖"基金中设立"黄汲清奖学金"，专门奖励黄汲清先生母校仁寿一中的优秀学生。黄汲清青年地质科学技术奖和李四光地质科学奖被认为是我国地质学界的最高奖项。

（三）金银锤奖－青年地质科技奖[17]

1987年11月，中国地质学会举办了首届全国青年地质工作者学术讨论会，评选出28篇优秀论文。1988年中国科协评选青年科技奖，中国地质学会从28名优秀论文作者中择优推荐5名作为中国科协青年科技奖候选人，其中1人获奖。

为鼓励青年地质工作者奋发进取，促进更多的优秀青年地质工作者脱颖而出，1989年4月20日中国地质学会第33届理事会第5次常务理事扩大会议决定设立"中国地质学会青年地质科技奖"，分为"金锤奖"和"银锤奖"两类，当年即开展评奖活动，于11月29日对5名金锤奖和17名银锤奖获得者颁发了证书和奖牌。金锤奖获得者中包括1988年中国科协授予的2名青年科技奖获得者（其中由中国地质学会和青海省科协各推荐1名）。为了便于追溯历史，第34届理事会第九次常务理事会会议决定将1987年那次评奖列为中国地质学会第一届青年地质科技奖，相应将1989年的授奖改为第二届青年地质科技奖。

从2001年第八届青年地质科技奖开始，年龄要求在40周岁以内（与中国青年科技奖要求一致）。评选标准为热爱祖国，热爱社会主义，热爱地质事业，具有"献身、创新、求实、协作"的科学精神和科学道德及学风，并在地质科技工作中具备下列条件之一。（1）在学术上提出了新的思想和见解，文章发表后被多数同行专家公认为达到国内或国际先进水平者；（2）在地质科技实践中，勇于创新，做出重要贡献，并已取得较大经济效益或社会效益者；（3）在传播地质知识和新技术推广工作中成绩显著，取得良好的社会效益或经济效益的重要贡献者；（4）长期在边疆地区或常年在野外第一线从事地质工作，做出显著或突出成绩者，规定获奖者的成果和贡献必须以国内工作获得的为主。

到2005年，中国地质学会已经连续评选十届青年地质科技奖，共评出金锤奖76名，银锤奖300名。其中有17名金锤奖获得者荣获了中国青年科技奖。所遴选的获奖者约占当年全国在职地质科技人员（5万人）的1‰，这个数据表明，该奖项具有很高的含金量，在社会上具有很高的知名度和社会影响力，原地质矿产部人事司和人事部职称司在1993年下发的地矿行业技术职称晋升条例中，把获得青年地质科技奖作为破格晋升高级职称申报条件之一，对解决当时的人才断层问题起到了积极的作用。青年地质科技奖已经成为中国地质学会的品牌项目，获奖者大多数已成为地质勘察工作骨干，科研创新基地成员或一定层次的科技领导干部。

四　新中国成立后地质行业民间奖励特点

李四光地质科学奖、黄汲清青年地质科学技术奖和青年地质科技奖这三大奖励构成我国地质行业社会力量设奖的整体结构体系，它们对激励我国地质行业工作者起着同样重要的作用。

（一） 各奖励的侧重点不同

李四光地质科学奖和黄汲清地质科学技术奖都分野外地质奖、科技奖、教师奖，李四光地质科学奖没有年龄限制，奖励范围最广，黄汲清地质科学技术奖年龄限制在 45 周岁（含 45 周岁）以下，青年地质科技奖分为"金锤奖"和"银锤奖"二等，评选年龄限制在 40 周岁（含 40 周岁）以下。评选标准中强调奖励长期在边疆地区或常年在野外第一线从事地质工作，做出显著或突出成绩者。这三种奖励制度在奖励侧重点上相互补充，既奖励老一辈的地质工作者，又鼓励年轻人不断创新；既奖励地质科技工作者，也奖励地质行业教育工作者，而且强调对野外工作者的激励，从而形成了我国地质行业民间奖励的完整格局。

（二） 对奖励仪式的重视

中国地质学会历来重视颁奖仪式，在第八次李四光地质科学奖颁奖大会上，国土资源部部长孙文盛说："李四光地质科学奖是中国地质界的最高奖项，历来受到党中央、国务院的亲切关怀和高度重视，得到各有关部门、广大地质工作者和社会的广泛关注。李四光地质科学奖颁奖会是地学界的盛会。"[18]

无论是李四光地质科学奖、黄汲清地质科学技术奖，还是青年地质科技奖，它们的颁奖仪式都得到全国各级领导、相关媒体及人民群众的高度关注。颁发奖金是对获奖者的物质奖励，奖励仪式则是一种精神奖励的方式，对奖励仪式的重视是物质奖励和精神奖励相结合的体现。

（三） 对野外工作者的重视

野外地质工作者的工作艰苦程度可想而知，对从事野外艰苦工作的地质工作者的重视，是我国整个地质行业发展的一个重要导向。目前，我国地质行业民间奖励制度的设置都一定程度地向野外地质奖励倾斜。我国民间奖励制度反映出整个地质行业发展的导向，地质行业发展的导向可以通过奖励制度加以体现。

五 我国地质行业民间奖励制度的意义和不足

从 1925 年中国地质学会设立我国地质行业第一个民间奖励葛利普

奖章，到 1989 年后我国相继设立李四光地质科学奖、金银锤奖及黄汲清青年地质科学技术奖等，已有约 600 多位地质工作者得到了不同程度的奖励。可以说，我国地质事业的发展与地质行业奖励制度的运行是分不开的。

（1）对地质前辈的缅怀。

以赵亚曾、许德佑、马以思等为我国地质事业献身的学者的名字命名的奖励，纪念赵亚曾研究补助金、许德佑纪念奖金、马以思奖学金，及后来以李四光、黄汲清等我国老一辈地质学家的名字命名的奖励，将发展地质事业与先辈们为地质事业献身的无私精神相结合，不仅是对他们的尊重与纪念，而且能增加获奖者的荣誉感。以地质学者的名字命名奖励不失为一种促进奖励事业发展的有利方式。

（2）弥补了国家奖励制度的不足。

一般来说，国家科技奖励是奖励关系国家重大科研工作，关系国家长远计划的项目，奖励的对象是项目；民间科技奖一般限于某一方面或行业，奖励的对象绝大部分是人，这些一般是国家科技奖励所顾及不到的。

民国期间，国民政府的政府奖励是相当薄弱且有限的，中国地质学会在恶劣的物质及社会环境下，坚持不懈地将奖励制度贯彻到底，弥补了国家奖励制度的严重不足。无论是新中国成立前，还是新中国成立后的地质民间奖励都是以科技创新成就突出的人员为授奖对象，弥补了国家奖励的不足之处，扩大了科技奖励对地质科技人员奖励的内容和体系。

（3）在地质行业中的激励作用。

奖励制度的核心作用是激励。科技成果获得奖励意味着该成果已被社会承认和接受，还包含对获奖者的尊重、信任等内在内容。同时也是评价一个研究群体或个体在学术界的社会影响、知名度，考核能力、水平、业绩的重要指标。

当今地质行业的艰苦性和市场经济条件下与其他行业收入落差的加大，导致地质院校和专业日趋萎缩且招生逐年减少，以及地质行业的人才外流加重。新的人才匮乏和断层有了逐渐形成的趋势，需要有新措施包括奖励，以促进人才的成长和地质事业的健康发展。

（4）对地质事业发展的导向和预测作用。

纵观我国科技人员奖励的发展史，分析各种奖种、授奖数量与分布、人员结构特点，可以看出科技奖励非常直观地向社会表明国家的需要和重点支持的科学领域。国家通过对重要成果的奖励，向科技界及科学技术人员表明哪些课题是我国经济建设的重大问题，是城市和农村最需要研究的问题、什么是科学技术前沿，什么是值得弘扬的科学精神、什么是科技人员优良作风和优秀品质，以吸引更多的科技人员研究这些问题，引导和鼓励科技人员不懈努力、奋勇攀登科技高峰。[19]

从对民国期间的奖励进行分析，可以得知当时的地质工作是以理论研究为导向的；从李四光地质科技奖的获奖情况分析中，我们知道我国地质行业严重老龄化，这一结果指导我们关注对年青地质工作者的培养。从对野外地质工作者和青年地质工作者奖励的重视，可以看出国家对艰苦行业工作者及行业新老断层问题的关注。获奖人的情况可以反映出地质行业的很多问题，地质行业的现状也一定程度上可以在获奖人的情况中体现出来。民间地质奖励的发展对我国地质行业发展起到了指导和预测作用。

（5）引起全社会对地质行业发展的关注。

通过隆重的颁奖仪式和各种宣传活动，募集各种社会团体、企业、个人及海内外社会力量对奖励事业的捐助，减轻了国家的财政负担，有利于我国地质事业的发展，也有利于改善科技人员的待遇和研究条件。同时，社会各界参与科技奖励活动的过程中，增进了人们对地质科学重要性的认识及对地质工作者的了解，让人们更多地关注地质事业的现状和发展，在全社会形成尊重知识、尊重人才的良好风尚。

与此同时，我国地质行业民间科技奖励还存在以下问题。

（1）奖励制度有待进一步完善。

我国地质行业的奖励制度实践时间短，制度本身不够成熟与完善。就世界范围看，主要科技大国民间科技奖励运行的时间一般都比我国早得多。英国的伦敦地质学会是世界上最老的学会，创立了200多年，它设有14个奖章，如威廉·斯密斯奖章、莱伊尔奖章等；美国地质学会成立于1888年，"彭罗斯奖"是美国地质学会的最高荣誉奖，于1926

年 5 月 17 日正式设立。与世界地质领域的民间科技奖励相比，我国地质行业民间奖励的运行时间是非常短暂的。可以说，我国地质行业民间奖励还处于起步阶段，缺乏实践经验，制度体系不成熟、不完善，也难免存在一定的问题。比如操作不规范、评审不公正等。这些问题的存在将影响人们对地质行业科技奖励的评价。

（2）筹资力度不够，经费来源少。

经费的多少直接关系奖励的设立与运行。我国地质行业奖励经费的筹集渠道比较窄，奖励的金额与其他民间奖励相比也比较少。相比之下，国外地质领域的社团经费来源不仅包括会议、展览、出版以及会费、捐赠、投资等收入，还有经营服务收入。建议增强积极筹资的意识与手段，主动与企业沟通，获得捐赠，采用安全有效的运行方法，保证奖励基金增值。另外，有关部门应该尽快落实财税优惠政策，为筹集奖金提供政策支持。

（3）宣传力度不够。

新中国成立前，所有地质学会奖励的运行情况、获奖情况仅刊登在中国地质学会出版的《地质论评》这一种杂志上；新中国成立后，《地质论评》上对每一种奖励每次获奖情况都有登载，但是篇幅很小。李四光地质科学奖和黄汲清青年地质科学技术奖每一届受奖励者的情况都编辑成书，出版发行，但是发行量很有限。金银锤奖并未出书。长期以来，人们形成了关注国家奖励，忽视民间奖励的偏见，很多民间奖励在行业内被广泛接受，却得不到行业外或广大群众的关注。所以，建议通过各种传媒广泛宣传所设奖励的意义和作用，及时报道获奖项目和人员，扩大社会力量设奖的影响。同时，利用舆论监督，规范奖励的运行，提高民间地质奖励的社会地位。地质行业民间科技奖励制度是我国发展地质事业不可缺少的重要组成部分，它的兴起是党尊重知识、尊重人才方针的具体体现，虽然这些奖励制度现在还存在一些问题，但相信通过不断的完善和发展，它们的积极作用会更得到充分的发挥。

参考文献

［1］复湘蓉、王根元：《中国地质学会史（1922~1981）》，地质出版社，1982，

第 32 页。

［2］夏湘答、王根元：《中国地质学会史（1922 ~ 1981）》，地质出版社，1982，第 32 ~ 33 页。

［3］王子贤、王恒礼编著《简明地质学史》，科学技术出版社，1985，第 232 页。

［4］王子贤、王恒礼编著《简明地质学史》，科学技术出版社，1985，第 232 页。

［5］王子贤、王恒礼编著《简明地质学史》，科学技术出版社，1985，第 233 页。

［6］王子贤、王恒礼编著《简明地质学史》，科学技术出版社，1985，第 234 页。

［7］中国地质学会：《地质论评》1949 年第 14 卷第 1 ~ 3 期，第 90 页。

［8］中国地质学会：《地质论评》1941 年第 6 卷第 3 ~ 4 期，第 332 页。

［9］中国地质学会：《地质论评》1943 年第 8 卷第 1 ~ 6 期，第 215 页。

［10］中国地质学会：《地质论评》1935 年第 14 卷第 1 期，第 2 页。

［11］中国地质学会：《地质论评》1949 年第 14 卷第 1 ~ 3 期，第 97 页。

［12］中国地质学会：《地质论评》1930 年第 9 卷第 2 期，第 3 页。

［13］中国地质学会：《地质论评》1936 年第 15 卷第 6 期，第 732 页。

［14］夏湘蓉、王根元：《中国地质学会史（1922 ~ 1981）》，地质出版社，1982，第 35 ~ 36 页。

［15］李四光地质科学奖概况相关资料参阅 http://ww. cags. net. cn/office/lisiguang/index1. htm。

［16］黄汲清青年地质科学技术奖概况及获奖者情况相关资料参阅 http://www. geosociety. org. cn/article. asp？ cnid = 33&cfnid = 5。

［17］金银锤奖 – 青年地质科技奖简介相关资料参阅 http://www. geosociety. org. cn/article. asp？ cnid = 34&cfnid = 5。

［18］孙文盛：《切实树立全面、协调、可持续的发展观——在第八次李四光地质科学奖颁奖大会上的讲话》，《国土资源通讯》2004 年第 2 期，第 18 页。

［19］李志：《浅淡科技奖励的激励和导向作用》，《厂矿科协》2001 年第 5 期，第 12 页。

地球科学文化与人类生存方式的关系研究[*]

地球科学文化与人类生存方式的关系研究 [*]

叶云招 [**]

内容摘要： 地球科学文化是人类在长期的生存实践中认识地球、开发地球、利用地球、保护地球，在与地球相互作用的过程中形成的一种文化体系。地球科学文化以地球科学为基础，以谋求人类的可持续发展为宗旨，以协调人与自然的和谐发展为目标，是一种与人类的生存方式密切相关的先进文化。本文通过对人类生存的文化本质及不同时期地球科学文化下人类生存方式的详尽分析，探究地球科学文化与人类生存之间的关系，引导人类形成科学的价值观、选择科学合理的生存方式及协调日益严重的人与自然的矛盾，并为"两型社会"建设提供理论上的支撑。

一　地球科学文化的产生及特点

人类产生于自然界，生活在地球上，与地球发生密不可分的关系。地球是目前为止我们生存的唯一家园，我们的衣食住行、吃喝玩乐都与地球密不可分，人类每时每刻都离不开地球。认识地球、关爱地球、保护地球是我们不可推卸的责任。一部人类社会的发展史，就是一部人类认识地球、开发地球、利用地球的历史。

---

　　* 本文由笔者硕士学位论文选编而成。
　　** 叶云招，中国地质大学（武汉）科学技术史专业硕士研究生。

（一）地球科学文化的产生

地球科学文化形成于人的生存实践中。在古代，人们由于生产和生活的需要，对自身居住地周围环境产生了朴素的认识，包括地理位置、空间方向、事物分布、土壤气候条件等。随着社会的发展，人类的活动范围不断拓展，认识不断增加，并把这种认识作为一种知识不断地积累起来，从而产生了最早的地球科学文化。"从世界各地发现的古文化遗址、遗物中可以看出，在有文字之前，人们已经对自己生活所在的地理环境有了某些认识，可以选择适宜的地点居住下来。'刀耕火种'农业出现之后，人们有条件定居下来，过着集体闭塞的氏族生活，发展着本地区的农业、畜牧业和手工业。对居住地的选择，表明古人已具备土壤、气候、河流的知识并能运用这些知识。"[1]为了获得食物和抵御凶猛动物进攻，人类必须使用工具，石器的使用使人类对岩石的硬度、韧性等性质有了一定认识，积累了丰富的矿物知识，并逐渐地出现矿业文化的萌芽。

地球科学文化源于人类对自身周围环境的认识，由于受智力水平和社会生产力发展的限制，人类在那时并不能对客观规律进行系统的总结，所以不是严格意义上的地球科学文化。由于人类居住环境的差异和交通的闭塞，所以一开始地球科学文化就具有环境和地域差异，并且是不平衡的。

地球科学文化作为科学文化的一种，依据科学文化种类分为五个部分：地球科学知识、地球科学方法、地球科学思想、地球科学精神、人地关系的价值观念。[2]

地球科学知识是地球科学文化的基础，是人类长期认识地球客观规律所形成的理论体系，蕴含在如地质学、地理学、气候学、土壤学等地球科学的各分支学科中，体现为各种原理和规律，包括地球系统的组成成分结构、形成演化机制、资源环境形势等，是国民素质的重要组成部分，帮助人们正确认识地球、认识地球与人类的关系及处理人类与地球的关系。

地球科学方法是人类在长期的认识、开发、利用地球的过程中所采取的方法、技术及手段。自身研究对象的独特性，决定了地球科学所采用的方法也与其他自然科学有很大的差别。地球科学的研究方法主要有野外调查、仪器观测、大地测量、航天航空遥感技术、实验室分析、测试与科学实验、历史比较法、假说方法、综合方法、电子计算机技术等。地球科学方法是衡量地球科学进步与否的标志，是开启地球科学文化发展之门的钥匙，地球科学方法的不断进步，不断促进地球科学文化的发展。

地球科学思想是地球科学工作群体在长期的地球科学实践中形成的共同的思维方式和思想观念，是地球科学原理的思想结晶，是地球科学文化的灵魂。它是地球科学家进行科学活动的思想指南；同时，它通过同广大群众的生产生活结合起来，内化为个人素质，变成巨大的物质力量和精神动力，促进社会发展。

地球科学精神是人类在长期的地球科学实践活动中形成的共同信念、价值标准和行为规范的总称，是地球科学文化发展的动力。它内化在地球科学工作者的良知中，体现在地球科学方法上，贯彻在地球科学实践中，对地球科学的发展起着基本性和根本性的作用。

人地关系的价值观念是在认识和分析人与地球关系的基础上形成的观点和信念，是地球科学文化的核心。它反映了人们在处理人地关系问题时一种对社会行为和生活方式的选择取向，影响着人们对地球的需求和欲望以及对实现这种需求、欲望的方式选择，从而形成不同的人地关系。

地球科学文化的五个部分紧密联系，构成一个相辅相成、互相作用的有机整体。地球科学知识是基础，地球科学方法是钥匙，地球科学思想是灵魂，地球科学精神是动力，人地关系的价值观念是核心。地球科学方法、地球科学思想、地球科学精神都贯穿在地球科学知识中，贯穿在认识地球、利用地球、保护地球的实践活动中。[3]在地球科学知识、地球科学方法、地球科学思想、地球科学精神的共同作用下，人地关系方面的价值观念得以形成，并成为地球科学文化的主导价值取向，规范、引导着人们的行为活动方式。

（二）地球科学文化的特点

地球科学文化是人类文化的有机组成部分，既有一般科学文化的共性；作为一种独立的文化形态，也具有自身的特性。地球科学文化的特点是：范围的广泛性、历史的悠久性、在文化体系中的基础性、符合时代要求的先进性。

1. 地球科学文化范围的广泛性

地球科学文化无时无处不体现在人类的生活中。人类为了生存需要生产，生产需要原料和工具，矿产既可以用来制作工具，又是生产中重要的原料，尤其是进入工业社会以后，更是如此。人类在长期的认识、开发、利用矿产的过程中形成了矿业文化；土壤可谓是人类的"衣食父母"，对土壤的认识、开发和利用，就形成了土壤文化；海洋虽然对于人类而言是变幻莫测的，但是它阻止不了人类对海洋认识的脚步，人类对海洋的认识、开发和利用，就形成了海洋文化。在科学技术高度发达的今天，各门学科的交叉和综合，以及地球科学分化深入，地球科学文化更是涉及天、地、生，山川、江河、湖海，人文、地理、经济与社会等各个领域。

2. 地球科学文化历史的悠久性

地球是人类共同的家园。人类从出现的那一天起，就开始了认识、开发和利用地球的历史。人类社会的发展史，可以说就是人类认识、开发和利用地球的历史，即地球科学文化发展的历史。从远古时期的石器文化到今天的地球系统科学文化，不仅表明了地球科学文化的不断发展，也代表了人类社会的进步历程。

3. 地球科学文化的基础性

文化像一个大家庭，成员众多，流派纷呈。地球科学文化在这一体系中位于基础的地位，渗透并影响其他子文化。地球科学肩负着揭示地球形成及演变的科学使命，能够帮助人们认识自然界，影响人们世界观的确立，从而间接地影响其他学科的发展，如古代地球科学文化的宇宙观是"地心说"，它不仅成了宗教教义的核心，而且体现在文学、艺术等领域里，同时也阻碍了科学发展的步伐。近代地球科学文化中的"日心说"是对"地心说"的超越，不仅仅打破了宗教的统治地位，更为重要的是由它吹响了自然科学解放的号角，科学自此才走上自由、独立的发展之路。地球是维持人类生存发展的基础，据学者研究表明，人类社会的进步60%来自地球科学的贡献，由此可见以地球科学为依托的地球科学文化在人类社会中所具有的不一般地位。

4. 地球科学文化的先进性

文化是一个动态的体系，是一个不断发展的过程，在不同的时代，有不同的时代要求，能够满足时代要求的文化，都可以称它具有先进性。由于人类与地球的紧密联系，不同时代的地球科学文化，代表了不同的时代要求。例如，远古时期的地球科学文化，是地球科学文化的神话阶段，虽然是原始和蒙昧的，但是它反映了人类认识地球、适应地球的需要。农业文明时期，人类对地球的认识更进一步，但还是处于直观阶段，此时形成的地球科学文化表明人类不再是仅仅适应地球，而是开始了改造地球的历史。到了近代社会，随着工业发展，科学技术的进步，人类开始了大规模地向地球进攻，这时的地球科学文化的典型特点是人地关系观中的人类中心主义。人类中心主义虽然在今天许多的环保主义者眼里，是人类生存危机的"罪魁祸首"。其实，人类中心主义在开始时是具有先进性的，它表明人类主体性地位的增强，让人类从宗教、神学的枷锁中解脱出来。只是当人类把它发展到了一种极致的地步，才导致日益严重的生态和环境危机。在生存危机凸显的今天，地球科学发展为地球系统科学，地球科学的进步带动了地球科学文化的进步，地球科学文化发展为地球系统科学文化。现代地球科学文化的核心是建立和谐的人地关系，宗旨是实现人类的可持续发展。它不仅要为人类社会的发展提供资源供给，还要为环境优化、防灾减灾及灾害治理提供科学与技术支持。此外，还担负着提高公众地球科学素质，树立环境保护、节约资源、理性消费等各种科学意识，为和谐社会建设营造良好的文化氛围的重任，与时代要求是高度一致的。

综上可知，地球科学文化通过引导人类正确处理人与自然的关系而不断体现时代要求，从而具有先进性。

二　地球科学文化的发展

从人类诞生的那一天起，人类就开始了对地球的认识和利用，地球科学文化可谓源远流长。地球科学文化的发展过程根据地球科学的形成发展可以分为三个阶段：古代地球科学文化、近代地球科学文化、现代地球科学文化。

（一）古代地球科学文化

古代地球科学文化是在总结古代生产生活经验的基础上，以直观猜测的思维方式为主，以顺从自然、适应自然为主导价值取向的地球科学文化，主要存在于原始社会和农业社会。

古代地球科学文化的成就主要体现在如下方面：资源产业的平稳发展、地质学思想的逐渐发展、地球中心说的提出、炼金术的发展。

资源是人类社会发展的基础，从古代到中世纪，人类对矿产、土地等资源的认识不断提高，利用的水平不断提高。原始社会石器的制作、果实的采集，到了中世纪，制铁生产繁荣起来，制陶业在世界广泛发展，石头成了一种重要的建筑材料，云母被大量使用。11 世纪、12 世纪中亚细亚许多地区已经开采水银、石炭、石油和石棉。

由于生产力水平的限制，人类对于天和地的关系，宇宙的起源，大自然的变动不居、神秘莫测等问题，虽然不能给出正确的答案，但是人类对它们的思考和想象是从来没停止的，满足了古人的好奇和精神需求。在中国古代，有盖天说和浑天说，印度古代有三层结构说——地、大象和龟，古希腊人则把宇宙看成一个扁盘，漂浮在水面上。这些都是关于天地关系的一些最早的认识。中国的《周易·谦》中的"地道变盈而流谦"及《诗经·小雅·十月之交》中的"高岸为谷，深谷为陵"都是关于地球表面形态变化的认识。到了晋朝，中国已经有了关于海陆变迁的明确的记录，如"东海三为桑田"这一句话就是关于这一方面的记录，它出现在葛洪的《神仙传》中。在古希腊，著名哲学家亚里士多德利用气候因素解释了海陆变迁的原因。对于地球的起源，西方有"创世说"，中国有庄子提出的"生生者不生"的宇宙起源理论。《黄帝内经》和西周初期的"五行八卦说"都体现了中国先民认识人地关系中的系统思想，《黄帝内经》认为人体是一个统一的整体，与外界环境密不可分。"五行八卦说"认为世界万物由金、木、水、火、土构成，并且它们之间相互转化，再通过八卦的摆列组合，天地构成一个有机的整体。古希腊的赫拉克利特、德谟克利特、泰勒斯等也提出了相近的观点。德谟克利特是最早提出和使用"系统"概念的，而泰勒斯提出了"水是万物的始基"，认为整个宇宙是不断循环变化的整体，这蕴含着系统思想的萌芽。亚里士多德的系统思想则更加丰富和精湛。他主张"四元素"和"四性说"，认为火、气、土、水是万物的始基，它们有热、冷、干、湿不同的特性，世界万物是由这四种元素和四种特性根据不同比例两两组合形成的，元素原有比例的改变，就导致物质的变化。他以此为基础解释地质现象，建立宇宙体系，把大地看成生物的母体，会不断生成和变化，海陆会交替变化并有极其长的周期，四元素在天体的作用下形成各种矿物和岩石。

"地球中心说"是重要的古代地球科学思想，公元前 2 世纪亚里士多德就提出了"地球中心说"，统治西方长达 13 个世纪，对人们的生产生活产生巨大影响，阻碍了人们对各种地球现象和地质特征进行研究，不利于地球科学文化的发展，但是，这是人类认识地球过程中必须经历的一个必然阶段。

炼金术是中世纪的一种化学哲学思想，虽然经过现代科学的证明表明是错误的，但是对炼金术的批判和赞成的各种争论，促进了各门相关科学的发展，如英国学者罗吉尔·培根，不仅在他的著作中谈到了地理学，而且大力提倡实验科学。德国化学家阿尔伯特不仅发现了砷，而且写出了《论矿物》一书。这些在地球科学的发展和地球科学文化的进步中都是不容忽视的。

（二）近代地球科学文化

近代地球科学文化是建立在近代科学技术革命基础上，以机械的分析思维为主要思维方式，以人类中心主义为主导价值取向的地球科学文化，主要存在于工业社会时代。

近代地球科学文化的主要成就有航海大时代的出现、太阳中心说的提出、对化石的科学解释、矿物学巨著的出现、地球科学研究组织和机构的成立和发展、科学地质学的逐步诞生及地球科学的完备和发展。

航海大时代的出现，扩大了人们的眼界，通过实践证明了地球的形状，对人们的思想乃是整个世界的格局都产生了重要影响，丰富了地球科学文化。

"太阳中心说"是指与"地球中心说"相对立的关于天体运行的学说,它认为太阳是宇宙的中心,地球围绕太阳运动。严格说来,它是属于天文学范围,但它的意义远远超出于此。由于它涉及地球问题,所以同样属于地球科学文化的范围。早在公元前300多年,赫拉克里特和阿利斯塔克就已经提到过太阳是宇宙的中心,地球围绕太阳运动。完整的太阳中心说宇宙模型则是由波兰天文学家哥白尼在1543年发表的《天体运行论》一书中提出。它的提出推翻了在科学史上长期占统治地位的"地球中心说",是人类对宇宙认识的一次大变革,为唯物主义和"无神论"提供了科学根据,在认识论和方法论上都具有重要意义,促进了整个自然科学的革命化,推动了近代自然科学的发展。

对化石的科学解释为建立科学地质学奠定了基础。矿物著作如阿格里可拉的《论金属》,详细地说明了采矿技术和冶炼技术,甚至叙述了矿石、矿物、矿脉的生成过程,对整个欧洲都起着指导作用。静止的观点、突变的观点和渐变的观点是早期关于地质变化的三种观点;到了18世纪,出现水成论和火成论的争论、均变论和渐变论的斗争,这些都是科学地质学诞生的前奏。18世纪末期,各种科学协会相继成立,最有代表性的是英国的伦敦地质学会。1878年召开的第一届国际地质大会,更加促进了协会之间的联系和交流。与此同时,地质调查所也在各地纷纷成立。英国地质调查所1835年正式成立,从事地质调查、地质研究、普及地质学等工作,极大地促进了地质学的发展。1830年莱伊尔出版了《地质学原理》,提出"现在是过去的钥匙"的著名论断,地质学成为一门实证科学。加之史密斯以化石作为鉴定地层的标志,并编制了层序表和化石一览表,科学地质学逐步确立,地球科学踏上了科学发展之路。[4]

(三) 现代地球科学文化

现代地球科学文化是指以生态环境问题为契机、以地球系统思维为主要思维方式、以人与自然的和谐发展为主导价值取向的地球科学文化。

现代地球科学文化的发展主要体现在地球科学的各分支学科的深入发展及各种交叉、横断、综合科学的出现,地球科学的各种研究方法的进步,地球科学理念的转变和新的地球科学理念的形成,地球文化产业的极大发展等。

对地球进行的最初研究形成的科学称为地质学或地质科学，它仅仅对地球的不同组成部分进行专门研究，如水圈的海洋学、冰川学等，大气圈的气象学、大气物理学等，由此地球科学的各分支学科获得长足发展。随着研究的深入，人们逐渐认识到地球作为一行星必须从整体上来研究，从整体上研究地球内部各圈层及各圈层之间的运动变化过程、趋势及形成机制，地质科学发展为地球科学。在短暂的停留之后，随着研究由地心向空间外层延伸，科学家们很快就认识到地球是一个由地核、地幔、土壤以及岩石圈、大气圈、水圈、生物圈组成的统一系统，地球科学向地球系统科学转变，它是地球科学各分支学科深入发展的必然结果，同时与空间技术的突飞猛进的发展是分不开的。地球系统科学，不仅研究地球系统本身，同时还把周围环境也纳入研究范围，进行多层次、多学科、多序列的研究，即把人类社会系统、地表生物系统、地球物质系统、宇宙天体系统看成一个复杂巨系统进行研究，形成天地人综合研究的局面。与地球科学发展同步的是地球科学技术体系的形成和发展。现代地球科学由观察与探测技术体系、测试与分析技术体系、模拟与实验技术体系、科学深钻技术体系、信息计算与处理技术体系五大技术体系构成，是进一步揭开地球奥秘的钥匙。21 世纪以来，文化产业已经成为一个全球性的文化创新领域，是全球新的文化增长点。地球科学文化产业作为文化产业的一部分，以其贴近自然、贴近大众生活的独特魅力吸引了越来越多的注意，并取得了极大的成功。如美国的"侏罗纪公园"，它是包括以恐龙为核心内容的影视、动漫、出版、软件、玩具、工艺品、主题公园等在内的地球科学文化产业群，是地球科学文化产业成功发展的典范，使自身蕴含的地球科学文化理念深入人心。[5]地球科学文化在人类社会发展中特别是在可持续发展中扮演着越来越重要的作用，并日益占据着主导地位。

三　地球科学文化视角下的人类生存方式

地球科学文化是在人类长期的生存实践中形成的一种文化形态。不同时期的地球科学文化，代表人类不同的生存理念，体现为不同的生存方式。本节从地球科学文化的三个不同时期，即古代地球科学文化、近代地球科学文化、现代地球科学文化出发，分别对人类的不同生存方式进行分析和审视，归纳和总结地球科学文化对人类生存方式的影响和作用。

（一）古代地球科学文化对人类生存方式的诠释

古代地球科学文化蕴含在人类的整体认识中，主要体现为对自己周围的环境、自然现象的观察和思考及对自身与自然关系的探索，顺从、适应地球是此时地球科学文化的核心价值。

原始社会是人类的"童年时期"，人类对地球的认识是零星的、原始的，对地球的思考是直观的、猜测的。由于智力水平的低下，人类并不能把自身与周围环境、事物区别开来，人与自然处于混沌一体中。风雨雷电、日月运行等各种自然现象激起了人类的强烈好奇心，但是人类无法给予正确解释。加之大自然在人类面前展示了巨大的威力，人类只能通过想象，赋予它们以神性，于是人类头脑中便呈现一幅万物有灵的自然图景。图腾崇拜、巫术、祭祀等是这一时期的文化表现形式。人类在凶悍的自然面前，只能完全服从自然。正如马克思所说："自然界起初是作为一种完全异己的、有无限威力的和不可制服的力量与人们对立的，人们同它的关系完全像动物同它的关系一样，人们就像牲畜一样服从它的权力，因而这是对自然界的一种纯粹动物式的意识（自然宗教）。"人类通过采集、狩猎等生存手段获取生存资料，通过祭祀祈祷、巫术占卜、不断迁徙的形式来应对大自然的各种灾害，维持生存，这是屈从自然生存理念的体现。与这种生存理念相一致的是原始生存方式。在原始生存方式中，人类是作为自然的奴隶而存在的，自然界是人之外的至高无上的统治人类的力量，人类匍匐在自然之神的脚下，人与自然的关系是一种完全被动的关系，是人类最低级水平的生存方式。这严重地阻碍了人类的发展，历经了漫长的岁月，人类才进入农业社会。

进入农业社会，受认识水平及科学技术手段的限制，人类对地球的认识还是初步的、零散的，没有形成系统的认识，对地球上的许多现象都不能给予科学的解释，把它们都看成天意或上帝的安排，由此形成了以敬畏、适应地球（自然）为主导价值观的地球科学文化。例如把某种资源看成上天的恩赐,如我国的"河伯娶媳"这一民间传说就代表了此种思想。在古代地球科学文化看来,由于人类不能正确解释各种地球现象,为了维持生存,人类只能通过对天意或上帝旨意的服从而顺应自然,这就是此时人类的生存理念,与之对应的人类生存方式是农业生存方式。在农业生存方式下,人类的生产活动基本只是利用和强化自然,人类驾驭自然的能力还不高,人与自然处于初级的平衡状态,在相当程度上保持了生态平衡。但是,这种平衡是与人类对自然的开发不足和人类的主体能动性的发挥不够紧密联系的,是人对自然的一种消极态度,它不能带来丰富的物质文明和精神文明,不能真正地使人类获得解放。因此,这不是人类向往和追求的理想境界。

农业社会时期的古代地球科学文化把地球以及地球中一些现象看成不可违的天意,否认了地球的物质性,否认了地球系统的内在规律性,否认了人类认识地球的可能性和必要性,阻碍了地球科学文化的进步。与此同时,相对远古时期而言,农业社会时代的古代地球科学文化,表明人类对地球的认识和利用的加深,反映人类的主体能动性和自信心不断增强,人类把自己提升到高于其他世界万物的地位,人类由自然神的奴隶变成了在天命或神的支配下的地球自然的主人,开始了人类解放的征程。

(二) 近代地球科学文化对人类生存方式的反思

近代这里主要指工业社会时代。此时人类对地球的形状、大小有了比较准确的认识,对地球在宇宙中的地位有了清晰的认识,特别是哥白尼《天体运行论》一书的出版,把人类从神学、宗教的束缚中解脱出来,人类的主体地位开始确立。以"人类中心主义"为主导价值取向的地球科学文化,实质是人的自我中心主义,是人类整个现代文明的思想基础。它的典型表现为人统治自然,人的利益是唯一的尺度,人以自身利益对待他人和其他事物,地球是一座巨大的宝藏,人类对其取之不尽、用之不绝,因此人类可以凭借科学技术的力量不断开发利用自然资源。在此种文化的引导下,形成了征服自然和统治自然,让自然臣服于脚下的人类生存理念。于是,一座座矿山被开发,一条条河流被截断,一处处湖海被切割(如围湖造田、围海造田等),它使人类获得了巨大的物质享受，同时也造成森林大面积消失、物种急剧减少、各种人为地质灾害不断加剧、气候极度异常等各种生态环境问题。这是由于人类活动超出了地球的承受极限，地球运行出现异常，人类社会发展陷入危机之中。这就是工业时代的技术生存方式。

以人类中心主义为主导价值取向的地球科学文化，把人俨然看成驾驭和征服自然和地球的"神"，彰显了人类的主体性地位，使人类获得大大的解放，创造了丰富的物质财富，极大地改善了人类的生活水平。但是近代地球科学文化将人与自然、人与地球截然分离，割断人与自然的有机联系，忽视了地球作为一个系统所具有的规律性，造成人类在开发、利用自然的过程中只顾及自然、地球的工具价值、经济价值等外在价值，而忽视自然、地球的生态、审美等多种价值，造成对自然资源的过度开发和垃圾的大量排放；只顾及了人类的利益，而忽视了其他物种的利益，引起了物种的减少和消失；只顾及对自然的开发、利用，缺少对自然的关爱和保护，带来了威胁人类和地球持续发展的危机。在以人类中心主义为主导价值导向的地球科学文化及与之对应的生存理念的作用下，人类统治自然，"征服"地球的思想变成了现实，人类走上了技术生存之路。人类利用技术不断地向自然索取资源，人类获得了丰富的物质文明，取得了对自然的空前胜利。但正如恩格斯所言，"我们不要过分陶醉我们对自然的胜利，对于每一次胜利，自然界都报复了我们"。技术生存使人从自然的奴役下解放出来。但由于对物质欲望的过度追求，又使人类成了新的物质的奴隶，淹没在物质世界中，活在焦虑、疲惫之中，造成人的片面发展。

（三）现代地球科学文化对人类生存方式的解读

现代地球科学文化认为人类是自然的重要组成部分，人类的生存要受到自然的影响，人类也影响自然的发展变化，正是生物的进化才引起环境的演化，才产生了适宜生物生存的环境，促进人地和谐，谋求人类的可持续发展是其主导价值取向。它要求人类的活动要遵循自然的规律，符合生态原理，促进环境各要素的有机协调，保持地球系统的良好运行，实现人与地球的可持续发展。同时，现代地球科学文化包括自然资源有限、自然环境资源有限、自然环境资源有价等观点。要求人类必须节约资源、合理有效地利用自然资源。现代地球科学文化强调地球是人类唯一的生存家园，人类只是地球系统的一部分，人类是地球系统发展演化的一个阶段，善待和关爱地球、与地球和谐共存是人类生存和发展的永恒主题；人类要自觉协调人与自然、自然与社会的关系，妥善处理人口、资源、环境三者之间的关系。人类的发展观、生存观、世界观等必须符合自然法则和地球科学原理，建立全球道德政策框架，加强管理地球系统，促进地球系统朝着有利于人类健康发展的方向运行。与此相对应，人类形成了尊重自然的生存理念，引导人类选择生态生存的科学生存方式。生态生存就是改变传统的高消费、高污染、低产出的生产模式，通过科学技术的发展，选择清洁、高效的生产模式，提高资源利用率，减少对环境的危害，追求简洁高尚的生活方式，综合考虑经济、社会、环境利益，维持人类的可持续发展，实现人类与地球系统的和谐共存。生态生存是人类通过合规律性、合目的性的活动，使自然朝着有利于人类发展的方向发展，人与自然互利共存，共生共荣，是人类社会发展的一个全新阶段。

以人地和谐为主导价值观的现代地球科学文化，是人类在不断认识地球、利用和开发地球的基础上产生的一个新的质的飞跃。它从辩证、系统的观点出发，不仅说明了人类与地球的有机联系，同时还表明了地球系统对人类所具有的多种价值；人类的生存和发展离不开地球，人类必须关爱地球，保护地球，适可而止地利用自然资源，保护物种的多用性；人与各种生物乃至整个自然界都处于平等的位置，人类与其他生物相比而言，只是多了看管和保护地球系统的权利。此时的人类不仅从自然的奴役下解放出来，而且从物质的奴役下解放出来，实现了真正的解放，人与自然真正和谐。

参考文献

［1］张明正、孟杰主编《自然科学与高技术发展概论》，河南大学出版社，2003，第202页。

［2］杜向民：《地球科学文化建设论纲》，地质出版社，2006，第29~30页。

［3］本书编写组编著《科学技术普及概论》，科学普及出版社，2002，第91~

109 页。

［4］段怡春：《地球科学文化建设与发展报告研究》，中国大地出版社，2007，第 68 页。

［5］段怡春、陈萍：《地球科学文化产业发展的潜在优势和对策》，《资源与产业》2007 年第 2 期，第 28 页。

后 记

　　地学哲学及其思辨，是当今科学哲学、科学社会学、科学思想史等研究的百花园中一朵含苞待放的花朵。一方面，相较于盛行于 19 世纪 20～30 年代的西方经验实证主义以来对自然科学的哲学研究，如科学逻辑学、科学语言学、科学历史与社会学、科学知识的政治学及科学的实践哲学等来说，地学科学的哲学分析和研究一直是科学哲学研究前进道路上的一道独特的风景线。另一方面，关于自然界及其认识论的哲学思辨，起源于马克思、恩格斯以来的自然辩证法，对自然，进而对从中产生的自然科学进行的哲学反思，对地学科学的辩证思辨产生了重要的影响。恩格斯把《自然辩证法》看作对那个时代的全部自然科学成果的一种总结。物理哲学、数学哲学、生物哲学、医学哲学等各种科学学科分门别类的哲学研究近现代以来得到了迅速而全面的发展。地学哲学就是这些科学研究百花园中开出的一朵奇特而美丽的花朵——关于我们生活的地球，包括地质、地理、海洋、大气和古生物等地质学和地球物理学等知识的哲学思辨的"最美丽的花朵"，是科学哲学思想及辩证唯物主义原理在地球科学认识中的集中体现，也是关于现代科学界、人文思想家关于现代人地关系的哲学思考和系统总结。

　　在我国，对地学哲学的思辨一般遵循两条路径。一条是从马克思主义自然辩证法及其方法论角度，去探讨分析地学思维及其方法。以朱训的《找矿哲学概论》《运用辩证唯物主义指导找矿工作》等为先导，开拓了矿产勘察哲学这一新的研究领域，即关于找矿哲学的理论研究和应用研究的问题域。这一研究适应了我国社会经济发展的需要。80 年代末，王子贤的《地学哲学概论》推进了地学哲学的理论研究向纵深发展，引起了对地学包括地理环境、生态等多方位的哲学思辨和研究。另一条路径是从科学哲学的角度考察地学自然科学。何为地学科学？地球科学是否具有客观性？地球科学的研究方法？地学科学的独特解释特性？地学科学的语言表达方式是什么？地球科学的逻辑起点？经验起点？地球科学与社会变迁的关系？等等。这两条路径相互作用、相互交叉，近年来逐渐呈现相互融合的趋势。20 世纪 90 年代陈国达的《怎样进行科学研究》和《大地构造研究中的辩证思维》，马宗晋的《地球动力学发展中的地球整体系统论》和白屯的《从地质运动形式到地球运动形式》等研究成果，表明了地学哲学及其科学思辨走向地学、哲学与社会研究的更广大的视野。

　　本书融合了上述地学哲学及其研究的主要思路，精选了中国地质大学（武汉）科学技术与社会发展研究所，及科学哲学、科学技术史等专业自 1998 年以来的地学、哲学与社会等方面研究的重要成果，对地学科学思想、地学史及其渊源、地学科学哲学、地学科学方法论和地学与社会关系等方面，做了全方位的探讨和思考。

　　本书得以出版面世，首先感谢刘爱玲、杨力行、余良耘、张存国、黄娟、陈炜等各位中国地质大学（武汉）科学技术与社会发展研究所从事科学哲学、科学技术史研究的老师们及其所带领的研究生团队，对地学、哲学与社会这一课题的长期追踪研究。还要感谢中国地质大学（武汉）马克思主义学院院长高翔莲、陈军和阮一帆对出版该书所做的不懈努力，陈军院长更是在后期的出版工作方面不遗余力地给予支持。感谢中国地质大学著名地质学家赵鹏大院士，80 多岁高龄，仍于百忙之中欣然作序，对本书的工作做了积极的肯定。同时还要感谢中国地质大学（武汉）马克思主义学院科学哲学、科学技术史和思想政治教育专业的杜艳芬、王宇、黄志、曾玉真、高地等研究生们，为本书的资料收集和整理付出了辛勤的劳动。最后，感谢社会科学文献出版社的陈凤玲和田康，没有他们的指导和努力，本书的出版工作将难以完成。

刘　郦

2018 年 7 月 29 日

于喻家山庄

图书在版编目（CIP）数据

地学、哲学与社会：走向思辨的地学之旅 / 刘郦，
刘爱玲，阮一帆编著. -- 北京：社会科学文献出版社，
2018.12

ISBN 978 - 7 - 5201 - 3975 - 5

Ⅰ.①地… Ⅱ.①刘… ②刘… ③阮… Ⅲ.①地球科
学 - 科学哲学 Ⅳ.①P5

中国版本图书馆 CIP 数据核字（2018）第 273343 号

地学、哲学与社会
——走向思辨的地学之旅

编 著 / 刘 郦 刘爱玲 阮一帆

出 版 人 / 谢寿光
项目统筹 / 陈凤玲 田 康
责任编辑 / 田 康

出 版 / 社会科学文献出版社·经济与管理分社（010）59367226
地址：北京市北三环中路甲 29 号院华龙大厦 邮编：100029
网址：www. ssap. com. cn
发 行 / 市场营销中心（010）59367081 59367083
印 装 / 天津千鹤文化传播有限公司

规 格 / 开 本：787mm × 1092mm 1/16
印 张：21.75 字 数：326 千字
版 次 / 2018 年 12 月第 1 版 2018 年 12 月第 1 次印刷
书 号 / ISBN 978 - 7 - 5201 - 3975 - 5
定 价 / 99.00 元